Sigrun Mittl

Nachhaltig Imkern mit gesunden Honigbienen

Haupt
NATUR

Sigrun Mittl

Nachhaltig Imkern mit gesunden Honigbienen

Aus Vergangenheit und Gegenwart für die Zukunft lernen

3., korrigierte Auflage

Haupt Verlag

Sigrun Mittl ist Diplom-Biologin und hat Botanik, Zoologie, Geologie, Pharmazeutische Biologie und Mikrobiologie studiert. Sie ist seit 33 Jahren beruflich im Natur- und Artenschutz tätig. Seit 10 Jahren erforscht sie verschiedene Themen rund um die einheimische Dunkle Biene und die Honigbiene in Imkerhand im Spannungsfeld zwischen Naturschutz und Nutztierhaltung. Ihr Schwerpunkt liegt dabei auf der Vermittlung von wissenschaftlich fundiertem Wissen zur nachhaltigen Bienenhaltung und dem Schutz der wild lebenden Honigbienen. Darüber berichtet sie auf https://bienen-dialoge.de/ und auf ihrem YouTube-Kanal bienen-dialoge.

3. Auflage: 2024
2. Auflage: 2022
1. Auflage: 2021

ISBN 978-3-258-08369-8

Umschlaggestaltung: Tanja Frey, Bern
Gestaltung und Satz: Die Werkstatt Medien-Produktion, D-Göttingen
Umschlagsbild: Solvin Zankl/Alamy Stock Photo

Wir verwenden FSC®-Papier. FSC® sichert die Nutzung der Wälder gemäß sozialen, ökonomischen und ökologischen Kriterien.
Gedruckt in der Tschechischen Republik

MIX
Papier | Fördert gute Waldnutzung
FSC® C010798
FSC www.fsc.org

Diese Publikation ist in der Deutschen Nationalbibliografie verzeichnet. Mehr Informationen dazu finden Sie unter http://dnb.dnb.de.

Der Haupt Verlag wird vom Bundesamt für Kultur für die Jahre 2021–2024 unterstützt.

Wir verlegen mit Freude und großem Engagement unsere Bücher. Daher freuen wir uns immer über Anregungen zum Programm und schätzen Hinweise auf Fehler im Buch, sollten uns welche unterlaufen sein. Falls Sie regelmäßig Informationen über die aktuellen Titel im Bereich Natur & Garten erhalten möchten, folgen Sie uns über Social Media oder bleiben Sie via Newsletter auf dem neuesten Stand.

www.haupt.ch

Inhalt

Hauptsache Bienen und Schmetterlinge

Einleitung

Bis vor wenigen Jahrhunderten galt der Mensch vielen noch als Geist- oder Seelenwesen und die Natur mitsamt allen Pflanzen und Tieren als lebendiger Organismus. Die Gegenbewegung des Materialismus sah Mensch und Natur als reine Maschinen. Die zunehmende Industrialisierung Europas gab der Denkrichtung des mechanistischen Weltbildes Auftrieb und führte dazu, dass das gesamte Leben, der Mensch und die Natur dem Profitstreben unterworfen wurden. Die Auswirkungen im Bereich der Natur zeigten sich bereits ab etwa 1800, sodass der berühmte Vogelkundler Prof. Naumann im Jahre 1849 den dramatischen Rückgang der Vogelwelt Deutschlands beklagte, der vor allem durch die Intensivierung der Landwirtschaft verursacht wurde. (Naumann, 1849) Aus heutiger Sicht nahm sich der Rückgang der Vogelwelt zwischen 1800 und 1950 mit 15 % nach Aussage von Prof. Berthold geradezu bescheiden aus, verglichen mit dem dramatischen Verlust von 80 % ab 1800 bis heute (Berthold, 2018), eine Entwicklung, wie sie auch für die gesamte Insektenwelt gilt. (Hallmann et al., 2017)

Auch für das Schicksal der Westliche Honigbiene *Apis mellifera* waren diese 150 Jahre entscheidend, ein kurzer Wimpernschlag der Geschichte verglichen mit der mindestens 6 Millionen Jahre währenden Lebensspanne dieser Art. Vor etwa 2 Millionen Jahren begegnete sie im Nahen Osten oder Asien nicht nur dem ersten Vertreter der Gattung *Homo* in Gestalt des *Homo erectus*, sondern erlebte auch die Entwicklung des frühen *Homo sapiens* und des modernen Menschen live mit. So lange währt unsere gemeinsame Geschichte, die sich über einen so langen Zeitraum relativ harmonisch gestaltete. Aber ab etwa 1800 erfuhr auch die Nutzung der Westlichen Honigbiene eine Intensivierung, sodass der berühmte Bienenkundler Freiherr von Berlepsch im Jahre 1860 verschiedenste Imkermethoden wie die Nutzung von dünnwandigen Bretterbeuten und die Unsitte, kranke mit gesunden Völkern zu vereinigen, verurteilte. (von Berlepsch, 1860)

Alle Mahnungen verhallten allerdings ungehört, bis die Biologin Rachel Carson 1962 mit ihrem Hauptwerk «Der stumme Frühling» (Carson, 1962) die Umweltbewegung ins Leben rief. Für die einheimische wilde Honigbiene, die in Erd- und Baumhöhlen sowie in Felsritzen und Mauerwerken lebte, war es allerdings bereits zu spät. Sie war in Deutschland, Österreich und der Schweiz schon nahezu ausgestorben.

Die Bienenhaltung erlebte innerhalb dieser 150 Jahre einen GAU nach dem nächsten. Waren die Honigbienen in Imkerhand noch bis etwa 1850 relativ gesund, so löste ab diesem Zeitpunkt eine Bienenseuche die nächste ab. Es begann mit der Amerikanischen Faulbrut, die sich aufgrund der veränderten Imkermethoden schlagartig ausbreitete. Der Erreger wurde als der Feind betrachtet, den es auszurotten galt. Diese Strategie zeitigte zwar nicht die erwünschten Erfolge, wurde aber unbeirrt weiterverfolgt. Den Blick auf die Imkermethoden zu werfen, die die Ursache für diese Ausbreitung darstellten, wurde fast zwanghaft verweigert. So wundert es nicht, dass diese Strategie auch auf die nächste Bienenseuche angewandt wurde – und die nächste und die nächste – und gleichfalls scheiterte. Die Honigbienen wurden mit quecksilber- und bromhaltigen Schädlingsbekämpfungsmitteln «behandelt», aber alles war umsonst. Die Erreger konnten einfach nicht vernichtet werden. Anstatt die Methoden zu überdenken, gab man den Imkern die Schuld, die ihre Honigbienen nicht «behandelten». Sie verfolgten andere Strategien, wie die Resistenzzucht oder gar die Strategie der Natur, sahen sie doch, dass wild lebende Honigbienen ohne diese Behandlungsmittel gesund in den Wäldern lebten.

Heute ist die Varroamilbe der Feind, der ausgerottet werden muss und die Strategie, mit der dieses Ziel verfolgt wurde und wird, ist wiederum die der Ausrottung des Feindes. Dass diese Strategie wiederum gescheitert ist, gelangt langsam ins Bewusstsein, wie der Aussage von Dr. Rosenkranz von der Uni Hohenheim zu entnehmen ist, die er 2016 anlässlich einer Tagung in Nürnberg tätigte:

> «Die imkerliche Praxis und die Bienenbiologie fördern die Verbreitung neu eingeschleppter Parasiten und die imkerliche Praxis erschwert die Entstehung natürlicher Abwehrmechanismen bei den Bienen. Es gibt varroatolerante wild lebende Völker und die Anpassung erfolgt in ca. 6 Jahren. Wenn die nächsten Parasiten kommen, der kleine Beutenkäfer und die Tropilaelaps-Milbe, und wir behandeln diese dann auch noch, potenzieren wir das Problem.» (Rosenkranz, 2016)

Aus diesem Grund ist dieses Buch nicht noch ein weiteres, das die Ablegerbildung oder die Brutentnahme bei den Honigbienen in Imkerhand erklären möchte. Es ist eines, das versucht, Bewusstheit zu mehren. Bewusstsein dafür, dass wir Verantwortung tragen für die Natur, nicht, weil wir Teil der Natur sind, sondern weil die Natur ein Teil von uns und in uns ist. Quälen oder zerstören wir die Natur und die Wesen der Natur, zu denen auch die Honigbienen gehören, quälen und zerstören wir auch einen Teil von uns und in uns. Betrachten wir einen Teil der Natur als Feind, den es auszurotten gilt, kämpfen wir auch gegen uns selbst. Umfassende und nachhaltige Gesundheit lässt sich nicht durch Vernichtung eines angeblichen Feindes wie der Varroamilbe erlangen, sondern nur durch Einbeziehung der Kraft der Natur und eines friedlichen Umganges mit uns selbst und der Natur. Dies allein stärkt das Immunsystem, das seit Millionen von Jahren für das Zusammenleben der Arten mit allen Arten von Viren, Bakterien und Pilzen sorgt.

Das Bienenvolk als Maschine zu betrachten, die man nach Belieben manipulieren und reparieren kann, hat in die Sackgasse geführt. Dieses Weltbild von der Natur und uns Menschen müssen wir überwinden. Dieses entzauberte, von allem Lebendigen befreite Leben, das verwaltet und der Technik untergeordnet ist, möchte erfüllt werden mit zarter Lebendigkeit und Beseelung. Die Biochemikerin Francé-Harrar beschrieb 1950 den Umgang mit unserem Boden, der doch erstaunlich dem der Bienenhaltung gleicht: «Es ist etwa so, als ob Riesen mit tölpischen Fingern und Fäusten in die geheimen Wunderstädte kunstreicher Zwergenvölker einbrechen würden, und zwar mit der Ausrede, sie verstünden es viel besser zu machen als jene.» (Francé-Harrar, 1950) Frei nach Nietzsche: «Man hat nur spät den Mut zu dem, was man eigentlich weiß» (Nietzsche, 1980), möchte ich Sie ermutigen, aus der Vergangenheit und der Gegenwart für die Zukunft zu lernen.

Dieses Buch möchte einführen in die neuesten wissenschaftlichen Erkenntnisse und in die Bedenken, die erfahrene Imker und Bienenwissenschaftler schon vor Jahrzehnten geäußert haben. Es wendet sich an alle Hobby-Imkerinnen und -imker, die das Bedürfnis in sich spüren, anders zu imkern. Es möchte neue Wege aufzeigen, aber nicht planlos und gegen alle Erkenntnisse, sondern auf wissenschaftlichen Fakten basierend, die Klarheit schaffen und Rückhalt geben. Aus den Fakten werden die Grundzüge einer nachhaltigen imkerlichen Praxis abgeleitet, die so viele Stressfaktoren wie möglich von den Honigbienen nehmen möchte. Ziel ist die Stärkung des Immunsystems der Honigbienen und die Rückkehr zu wirklich gesunden Bienen. Dazu möchte dieses Buch seinen Beitrag leisten.

Teil I

Als Mensch und Honigbiene sich vor 2 Millionen Jahren fanden – Der gemeinsame Weg von Mensch und Westlicher Honigbiene in der Altsteinzeit

Haben Sie schon einmal darüber nachgedacht, warum Mensch und Honigbiene so eng miteinander sind, warum so viele Menschen unbedingt Bienen halten möchten? Wenn wir diese Frage beantworten wollen, müssen wir weit, weit zurück in die Geschichte der Menschheit gehen. Und wenn wir das tun, stellen wir fest, dass nicht nur der Mensch eine spannende Entwicklungsgeschichte aufweist, sondern auch die Honigbiene. Mehr noch, der Mensch und die Westliche Honigbiene *Apis mellifera* sind sich schon vor über 2 Millionen Jahren begegnet und haben sogar fast dieselben Wanderwege benutzt, um sich über verschiedene Kontinente auszubreiten. Von dieser gemeinsamen Geschichte erzählen die ersten beiden Kapitel dieses Buches.

1
Die ersten Treffen von Mensch und Westlicher Honigbiene fanden in Asien und Afrika statt

Die Ursprünge der Gattung *Apis* liegen in Europa

Die frühesten Nachweise der ersten *Apis*-Arten finden sich während des erdgeschichtlichen Zeitintervalls des Oligozän (33,9 Millionen–23 Millionen Jahre vor unserer Zeit) in Deutschland und Frankreich. Umfangreiche Vergleiche der fossilen mit den heute lebenden Honigbienen weisen sogar auf Europa als das Ursprungszentrum der gesamten Gattung *Apis* hin. In der Übergangszeit vom Oligozän zum Miozän (23 Millionen Jahre–5,3 Millionen Jahre vor unserer Zeit) wanderten diese frühen Honigbienen-Arten von Europa nach Südostasien und Nordamerika. In Nordamerika starb die Gattung *Apis* wieder aus, während sie sich innerhalb Asiens in verschiedene Arten auffächerte. Im Laufe der nächsten Millionen Jahre führte die Evolution zur Entstehung der drei heute lebenden Untergattungen «Höhlenbrütende Honigbienen» (u. a. mit *Apis mellifera* und *Apis cerana*), «Riesenhonigbienen» und «Zwerghonigbienen». (Kotthoff et al., 2013) (Nell et al., 1999)

Abb. 1: Die Wanderung einer Ur-ur-ur-Honigbiene der Gattung *Apis* im Übergang vom Oligozän zum Miozän von Europa nach Südostasien – im Laufe von Millionen von Jahren entwickelten sich dort die drei heute lebenden Untergattungen. Nach: (Nell et al., 1999), (Kotthoff et al., 2013)

Die Westliche Honigbiene hat sich wohl vor 6–9 Millionen Jahren im Nahen Osten oder Nordafrika entwickelt

Da alle neun mit der Westlichen Honigbiene verwandten Arten der Gattung *Apis* heute in Asien leben, wurde die Forschung rasch fündig: Die Vorfahren, aus denen sich *Apis mellifera* entwickelt hat, sind eine frühe Abspaltung von anderen höhlenbrütenden Honigbienen Asiens. Diese Vorfahren verabschiedeten sich von ihren nächsten Verwandten und machten sich in Richtung Naher Osten oder Nordostafrika auf den Weg. Dort soll sich die Art *Apis mellifera* ausgebildet haben, und zwar gegen Ende des Miozäns vor ca. 6–9 Millionen Jahren. (Han et al., 2012) (Gridland et al., 2017)

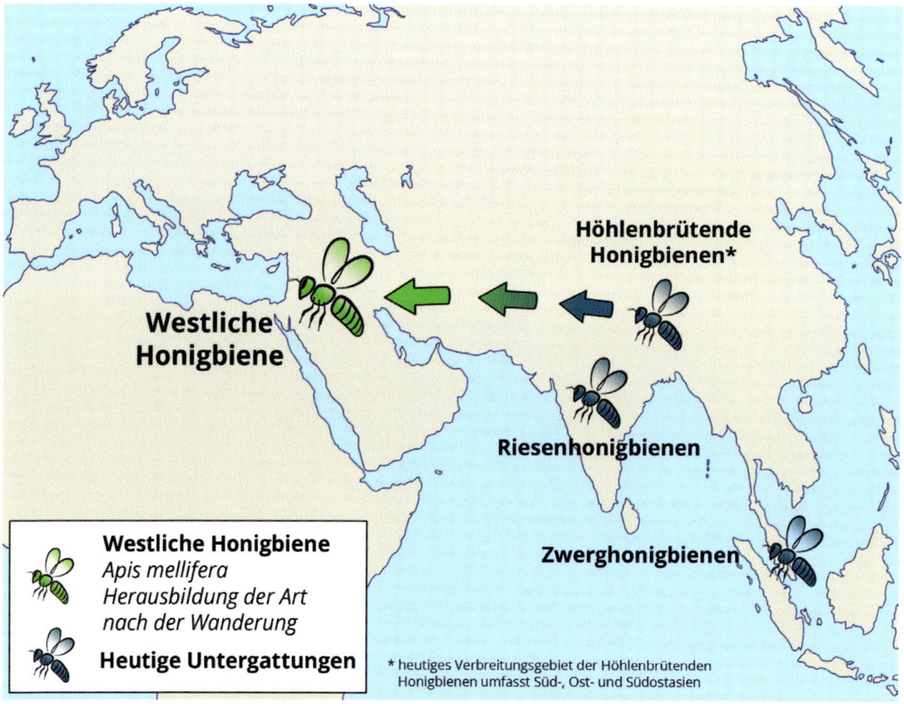

Abb. 2: In einem zweiten Schritt wanderte wahrscheinlich eine Ur-ur-Honigbiene der Untergattung «Höhlenbrütende Honigbienen» in den Nahen Osten oder Nordafrika. Dort soll sich gegen Ende des Miozäns vor etwa 6–9 Millionen Jahren die Art Westliche Honigbiene *Apis mellifera* herausgebildet haben. Nach: (Gridland et al., 2017)

... und war extrem wanderlustig: Afrika rief

Am Ende des Pliozäns vor etwa 2,6 Millionen Jahren kündigte sich mit einer starken Abkühlung das nächste erdgeschichtliche Zeitintervall an, nämlich das Pleistozän genannte Eiszeitalter, welches von vor 2,4 Millionen–10 000 Jahre vor unserer Zeit andauerte. In diesem spielt jetzt unsere Geschichte.

Die Westliche Honigbiene verblieb wohl ein paar Millionen Jahre in ihrem Ursprungsgebiet und machte sich von dort aus im Pleistozän, und zwar vor ca. 1–1,3 Millionen Jahren, auf den Weg. Die Ausbreitungswege werden in der Wissenschaft noch kontrovers diskutiert, aber es zeichnet sich folgendes Modell ab: Ein Teil der Honigbienen wanderte vom Nahen Osten nach Afrika bzw. von Nordostafrika nach ganz Afrika. Ein weiterer Teil, der später als Y-Gruppe bezeichnet wird, wandte sich nach Saudi-Arabien und den Jemen. (Gridland et al., 2017)

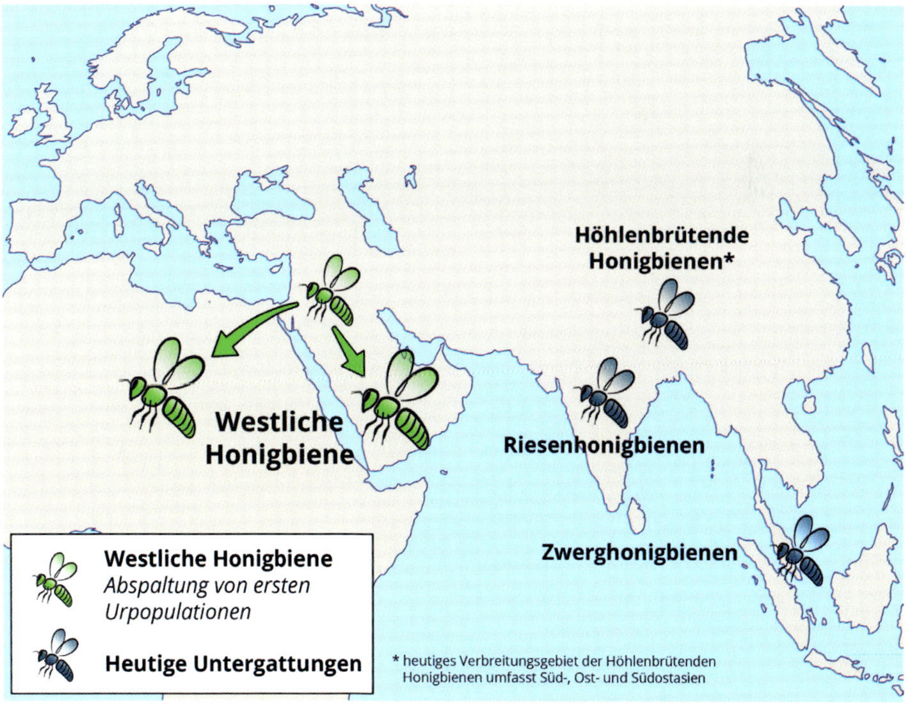

Abb. 3: *Apis mellifera* blieb wahrscheinlich einige Millionen Jahre in diesem Gebiet und machte sich dann in einem dritten Schritt vor etwa 1 Million Jahren auf, ihr riesiges heutiges Verbreitungsgebiet zu besiedeln – zuerst mit einer Teilpopulation in Richtung Afrika und einer Richtung Arabische Halbinsel (Y-Gruppe). Nach: (Gridland et al., 2017)

Die Wiege nahezu aller Unterarten der Westlichen Honigbiene liegt in Afrika

Schon im 18. und 19. Jahrhundert konnten Bienenforscher mithilfe morphologischer Analysen eindeutig belegen, dass die heute lebenden Honigbienen Europas, Afrikas, des Nahen Ostens und Westasiens ein und derselben Art, nämlich der Westlichen Honigbiene *Apis mellifera,* angehören und als Unterarten dieser Art angesprochen werden können. Diese Erkenntnis weist auf eine extrem vitale und anpassungsfähige Honigbiene hin, die mit einem einzigartigen Genmaterial ausgestattet ist. Die Frage nach dem Ursprung fast aller Unterarten konnte erst heute mithilfe aufwendiger genetischer Untersuchungen geklärt werden: Ein großer Teil der bis heute mindestens 29 bestätigten Unterarten der Westlichen Honigbiene hat seine Wiege in Afrika.

Gab es während der Eiszeit in Afrika überhaupt Wälder und Spechte?

Da die Westliche Honigbiene zur Untergattung «Höhlenbrütende Honigbienen» gehört, ist sie auf Höhlen zum Überleben angewiesen. Dies können Erdhöhlen, Felshöhlen oder Baumhöhlen sein. Von heute lebenden wilden Honigbienen wissen wir, dass sie sich ihre Höhle aber auch selbst schaffen können, indem sie ihr frei in Bäume gebautes Nest vollständig mit einer Propolis-Wachs-Hülle umgeben.

Aber gab es während des Eiszeitalters in Afrika überhaupt Bäume? Und gab es überhaupt Spechte, die Baumhöhlen anlegen konnten? Beide Fragen können wir mit «Ja» beantworten. In den 2,4 Mio. Jahren dieses Zeitalters wechselten sich mindestens sechs, vielleicht sogar 13 oder 19 Kalt- und Warmzeiten ab. (Küster, 2013) In Afrika und dem Nahen Osten erfolgte zwar keine Gletscherbildung wie in Nordeuropa, aber die klimatischen Schwankungen zeigten sich ebenso deutlich. In den auch von Trockenheit geprägten Kaltzeiten breiteten sich Wüsten und Steppen aus, was dazu führte, dass die Sahara den Norden vom Süden abriegelte. In den bis zu 15 000 Jahren andauernden Warmzeiten gelangte der Monsunregen bis in den Norden Afrikas und begrünte die Sahara wieder. In den üppigen baumüberzogenen Savannen mit Flüssen und Seen grasten Büffel und andere Säugetiere. Die Honigbienen haben sich an diese Verhältnisse erfolgreich angepasst. Sie nisteten in Felshöhlen und bauten sogar ihre Nester in Bäume, die keine Höhlen aufwiesen. Baumhöhlen entstanden wie heute entweder durch die Tätigkeit von Spechten oder die Tätigkeit von Pilzen, die in verletzte Bereiche des Baumes ein-

Abb. 4: Die heute noch wild lebende Kap-Biene Südafrikas *Apis mellifera capensis* schafft sich selbst eine Höhle, indem sie ihr Nest in einer Palme mit einer Propolis-Wachs-Hülle vollständig umgibt. © Sternberg 2020. Das Verhalten, ein frei im Baum hängendes Nest mit einem Propolis-Wachs-Vorhang vollständig zu verhüllen, ist sogar bei verwilderten Honigbienen in Deutschland beobachtet worden. (Heßberg, 1953) (Heßberg, 1954)

dringen und dort mit der Zeit Faulhöhlen bilden. Spechte bevölkern unsere Erde schon seit über 25 Mio. Jahren und sind auch heute noch mit der Untergattung Fleckenspechte in Afrika beheimatet, von denen einige selbst Höhlen anlegen können und sicher auch konnten. Von daher können wir davon ausgehen, dass sie damals auch in Afrika lebten.

Die erste Begegnung eines Menschen der Gattung *Homo* mit der Westlichen Honigbiene fand vor etwa 2 Millionen Jahren im Nahen Osten statt

Die neueste Forschung belegt, dass der erste Mensch der Gattung *Homo*, der *Homo erectus*, der als Vorfahre des Neandertalers und des modernen Menschen *Homo sapiens* gilt, nicht aus Asien stammt, sondern schon vor ca. 2 Mio. Jahren in ganz Afrika lebte. Sein Auftauchen definiert den Beginn der Altsteinzeit, welche durch die Beherrschung und Nutzung des Feuers sowie komplexer Steinwerkzeuge wie Faustkeil und Handaxt markiert ist. (Herries et al., 2020) (Semaw et al., 2020) *Homo erectus* wanderte vor etwa 2 Mio. Jahren in einer ersten Ausbreitungswelle zum einen Richtung Spanien und in Richtung Naher Osten. Er war der erste Frühmensch, der Afrika verließ und bis ins ferne Südostasien vordrang, wo er – wie sich aus obigen Ausführungen ergibt – auf *Apis*-Arten und auch Unterarten der *Apis mellifera* aus der Y-Gruppe (siehe oben) gestoßen sein dürfte.

Es ist also anzunehmen, dass er als erster Vertreter der Gattung *Homo* mit der Westlichen Honigbiene Bekanntschaft machte und als erster Vertreter der Gattung *Homo* die Westliche Honigbiene nutzte, indem er Honig sowie proteinreiche Brut und Wachs sammelte. Es wird sogar spekuliert, dass Honig eine bedeutende Nahrungsquelle für den Frühmensch gewesen sein könnte. (Smithonian Institution, 2020) An dieser Stelle sei eine Stelle aus einem Buch von 1889 zitiert, die diese These stützt:

> «So finden noch heutzutag bei Völkern auf niedriger Kulturstufe unsere Missionare und Kulturpioniere, dass solche Völker Honig und Wachs in den Wäldern suchen, und wenn sie Bienen bei ihren Ansiedlungen haben, hohle Baumstücke oder aus Baumrinde, Erde, wohl auch aus Erde mit Schilf und Gesträuchzweigen nachgeformte Höhlungen als Bienenwohnungen benützen.» (Stautner, 1889)

Es könnte sein, dass Naturvölker diese Tradition aus der Altsteinzeit übernommen und bewahrt haben und dass diese Tradition die früheste Form der Hausbienenhaltung darstellt.

Vor 2 Millionen Jahren beginnt also die gemeinsame Geschichte von Mensch und Westlicher Honigbiene und die Geschichte der gemeinsamen Wanderwege. Dies mag *der* Grund für die tiefe Verbundenheit von Mensch und Honigbiene sein.

Die Westliche Honigbiene erlebte das Auftauchen des frühen *Homo sapiens* in Afrika vor 300 000 Jahren live mit

Homo erectus war schon da, als unsere Westliche Honigbiene vor etwa 1 Mio. Jahren in Afrika ankam. Vor rund 600 000 Jahren kam es nach der Ansicht vieler Paläoanthropologen zu einer zweiten Ausbreitungswelle, infolgedessen *Homo erectus* über Spanien Europa erreichte und sich über die Zwischenstufe des *Homo heidelbergensis* zum Neandertaler weiterentwickelte. Zeitgleich entwickelte sich in Afrika aus dem *Homo erectus* der frühe *Homo sapiens* (oder «früher anatomisch moderner Mensch» oder «archaischer Mensch») und breitete sich vor 300 000 Jahren über den gesamten afrikanischen Kontinent aus. (Hublin et al., 2017) Da unsere Westliche Honigbiene schon in Afrika war, erlebte sie live mit, als sich dort unser direkter Vorfahre, der frühe *Homo sapiens*, im Zuge der evolutionären Prozesse herausbildete, vielleicht sogar mithilfe der Proteine und Kohlenhydrate der Honigbiene.

Auch die Honigbiene blieb einige Jahrhunderttausende in Afrika und meisterte erfolgreich alle klimatischen Schwankungen des Eiszeitalters. Diese afrikanische Urpopulation wurde während der Kaltzeiten getrennt in eine Population nördlich der Sahara und eine südlich davon. Während der Warmzeiten trafen sich die Populationen wieder. In einer dieser Phasen packte ein Teil der Honigbienenpopulation das Reisefieber und folgte den Spuren des *Homo erectus*.

2
Die Westliche Honigbiene und der Mensch auf dem Weg nach Europa

Out of Africa – Die Vorfahren der Dunklen Biene wanderten nach Westeuropa

Wir kennen den genauen Zeitraum noch nicht, aber es muss sich entweder vor ca. 0,7–1,3 Millionen Jahren (Garnery et al., 1992) oder vor ca. 300 000 Jahren ereignet haben (Wallberg et al., 2014), als sich aus der afrikanischen Urpopulation eine Population abspaltete und sich wahrscheinlich über die Straße von Gibraltar in Richtung Spanien auf den Weg machte. (Gridland et al., 2017) Ich nehme an, dass es sich bei dieser nordafrikanischen Urpopulation schon um eine eigenständige Population handelte, die während einer Kaltzeit, als die Sahara eine

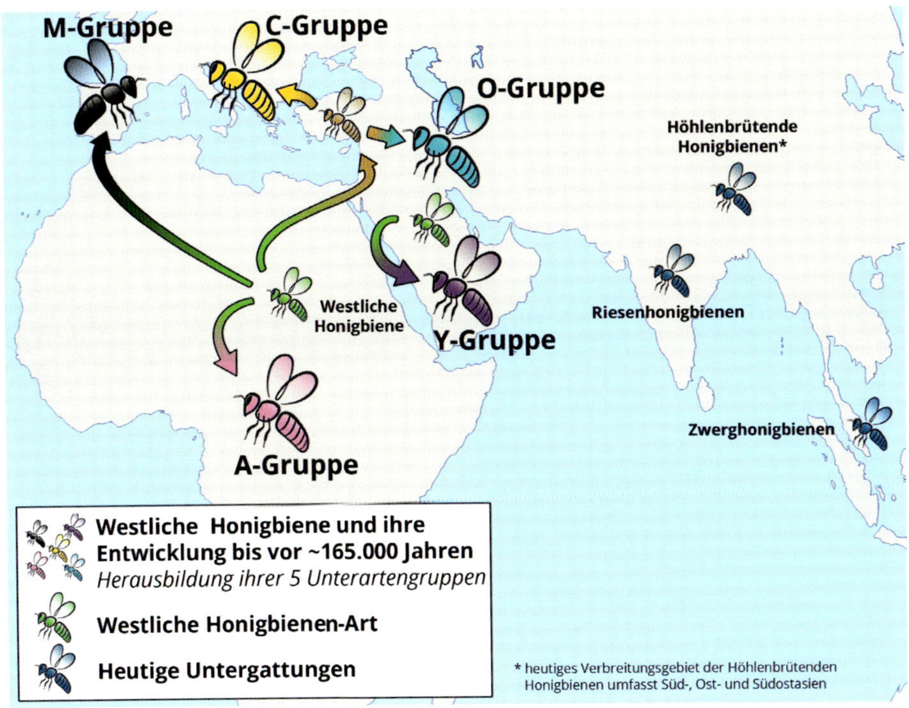

Abb. 5: In einem vierten Schritt wanderte wahrscheinlich ein Teil der Afrika-Population in Richtung Spanien und ein weiterer zurück Richtung Naher Osten und weiter Richtung Anatolien – wahrscheinlich vor etwa 300 000 Jahren. In einem fünften Schritt spaltete sich die Ur-Population in Anatolien weiter auf: Ein Teil wanderte nach Griechenland, in den Balkan, nach Italien und Österreich (C-Gruppe) und ein weiterer zurück Richtung Naher Osten und Asien (O-Gruppe) – und das wahrscheinlich vor etwa 165 000 Jahren. Neu kombiniert auf der Grundlage von: (Wallberg et al., 2014), (Whitfield et al., 2006), (Gridland et al., 2017)

natürliche Barriere bildete, von der Hauptpopulation getrennt wurde. Im Zuge der natürlichen Selektion und Anpassung an die herrschenden Umweltbedingungen bildete diese nach Spanien ausgewanderte westeuropäische Population nach und nach eigenständige Merkmale aus und wird heute als M-Gruppe bezeichnet. Wohl etwa zur selben Zeit spaltete sich eine weitere Population aus der afrikanischen ab, die sich in Richtung Naher Osten oder Anatolien auf den Weg machte. Die Population, die in Afrika verblieb, wird als A-Gruppe bezeichnet. Aus ihr entwickelten sich die heute in Afrika lebenden Unterarten.

Vor etwa 210 000 Jahren machte sich auch der frühe moderne Mensch von Afrika aus auf den Weg nach Europa und in den Nahen Osten (Harvati et al., 2019), folgte also im bildlichen Sinne diesmal der Honigbiene. Dieser frühe Mensch traf in Europa auf den Neandertaler, *Homo neanderthalensis*. Dieser hatte zeitweise große Teile Süd-, Mittel- und Osteuropas besiedelt und im Verlauf der letzten Eiszeit (Weichseleiszeit) sein Siedlungsgebiet in den Nahen Osten ausgedehnt. Er bewegte sich über 100 000 Jahre auf dem europäischen Kontinent und starb erst vor über 30 000 Jahren aus. Der frühe *Homo sapiens* konnte sich damals aber noch nicht in Europa halten, sondern wurde vom Neandertaler verdrängt. (Harvati, per mail 2020)

Vor 165 000 Jahren wanderten die Vorfahren der Kärntner Biene und der Italienischen Biene nach Europa ein

Die Honigbienen, die in den Nahen Osten oder nach Anatolien gewandert waren, blieben dort über 100 000 Jahre, bevor sich vor etwa 165 000 Jahren (Wallberg et al., 2014) die Wege trennten. Ein Teil der Honigbienen wanderte nach «links» Richtung Griechenland, in den Balkan, nach Italien und Österreich (C-Gruppe) und ein weiterer wanderte nach «rechts» zurück in Richtung Naher Osten und Asien (O-Gruppe) (Gridland et al., 2017).

Wie stand es um die Wälder Europas im Eiszeitalter, als die Westliche Honigbiene eintraf?

Eiszeitalter und Wälder, wie geht das zusammen? Ist nicht Europa von Gletschern bedeckt und ein einziger Eisschrank? Nein. In dem 2,4 Mio. Jahre dauernden Eiszeitalter wechselten sich Kalt- und Warmzeiten ab. In den Kaltzeiten wälzten sich mächtige Gletscher von Skandinavien kommend nach Süden und von den Gebirgen kommend nach Norden. Immer wieder waren auch die Schweiz, Österreich und Deutschland ganz oder teilweise von Inlandeis bedeckt. Die meisten damals lebenden Tier- und Pflanzenarten hatten drei Möglichkeiten: Sie passten sich den neuen klimatischen Bedingungen an und überlebten, sie zogen sich in wärmere Gefilde zurück und warteten ab oder sie starben aus. Nur in günstig gelegenen Regionen, vor allem im Süden und Osten Europas und an den das Klima ausgleichenden Meeren wie dem Mittelmeer, dem Atlantik, dem Schwarzen und Kaspischen Meer, lebten die Pflanzen und Tiere einfach weiter, als wenn nichts gewesen wäre. Dort waren nahezu alle Küstenregionen im Westen, Süden und Osten mit Mischwald, bestehend aus anspruchsvolleren sommergrünen Laubhölzern, bedeckt; diese Eiszeit-Refugien von Gehölzen bestanden in Teilen Portugals und Spaniens, im Balkan, in Griechenland und Italien; aufgrund der großen Wasserflächen im Osten war es dort etwas wärmer, weshalb Bäume und Wälder in größerer Vielfalt die Eiszeiten überdauern konnten als im Westen. Je nach Region schlossen sich Richtung Landesinnere subpolare Wälder mit Kiefer, Birke und Weide an. (Küster, 2013)

In den Warmzeiten, die bis zu 15 000 Jahre lang dauern konnten, breiteten sich die Laub- und Nadelwälder wieder nach Norden aus, sodass fast ganz Europa wieder zusammenhängend bewaldet war. Lag die Temperatur zu Beginn einer Warmzeit hoch (Interglazial), blieb sie es auch und ermöglichte allen Laub- und Nadelbäumen eine fast schon geregelte Ausbreitung: zuerst Birke und Kiefer, danach Hasel, Eiche, Ulme, Linde und Hainbuche, schließlich Tanne, Fichte und Buche. War es zu Beginn einer Warmzeit nicht so warm, blieb es auch kühler (Interstadial) und statt der anspruchsvollen Laubhölzer breitete sich hauptsächlich die Fichte nach dem Vordringen von Birke und Kiefer aus. (Küster, 2013). Die Westliche Honigbiene hatte also nahezu alle Laub- und Nadelhölzer schon gekannt und deren Höhlen benutzt. So ist es kein Wunder, dass wir sie auch heute noch in den Höhlen aller möglichen Laub- und Nadelbäume antreffen. Die Verbindung währt schon extrem lange.

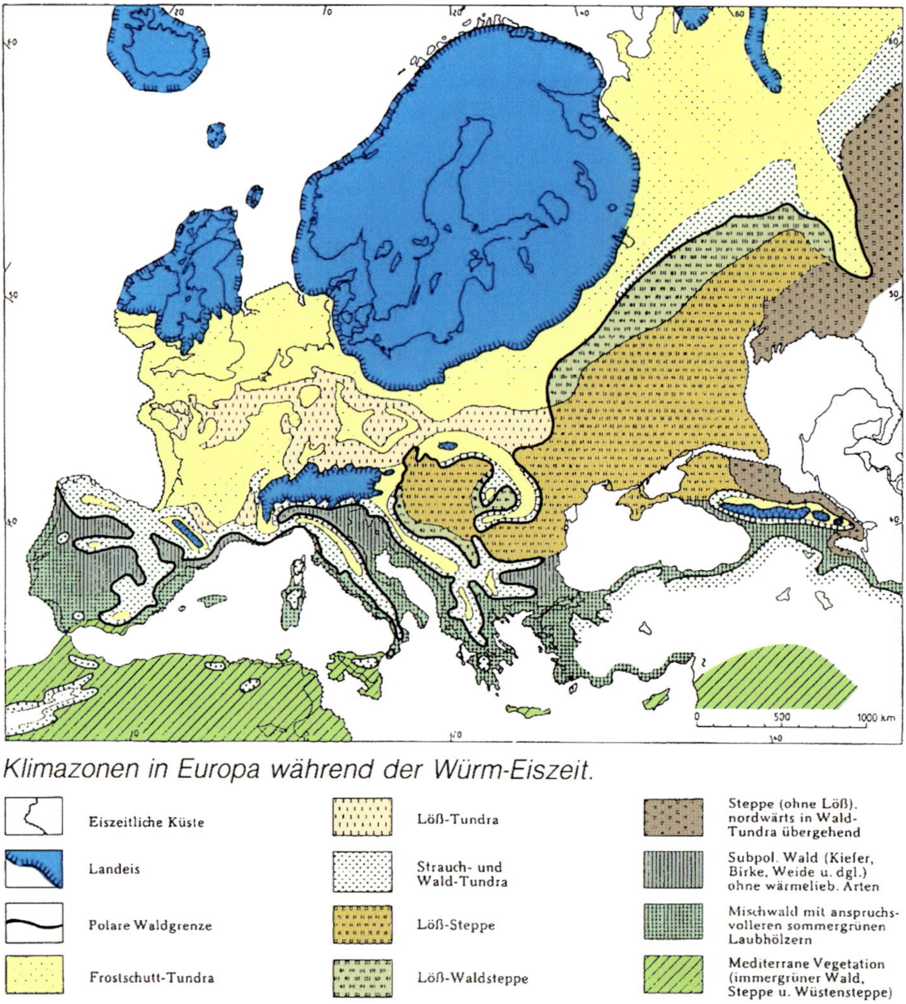

Abb. 6: Die Klima- und Vegetationszonen während des letzten Abschnittes des Eiszeitalters, der Würmeiszeit in Europa. Nur in den gekreuzt schraffierten Bereichen konnten Waldbäume gemäßigter Breiten die kalte Periode überdauern. © Rosgartenmuseum Konstanz; koloriert von R. Sachs 2020

Welche Menschen-Arten in Europa sammelten damals Honig, Wachs und Brut der Honigbiene?

Die Jäger und Sammler teilten sich die Landschaft mit großen Grasfressern, den sogenannten Megaherbivoren. Während der Warmzeiten war Europa weitgehend von Wald bedeckt, in dem der Europäische Waldelefant, das Waldnashorn, Damhirsch, Reh, Wildschwein und Auerochse lebten. Während der Kaltzeiten dehnten sich zwischen den Waldresten und den Gletschern im Westen Tundra und im Osten die Steppe aus. Jetzt besiedelten Mammut, Pferd, Hirsch, Rentier sowie Wollnashorn, Steppenbison und Moschusochse die Tundra. Diese Megaherbivoren prägten die Landschaft und bildeten die Nahrungsgrundlage der Eiszeitmenschen. Wie wir oben gesehen haben, lebten in Europa während des Eiszeitalters vier Arten der Gattung *Homo*: der *Homo erectus*, aus dem sich über die Zwischenstufe des *Homo heidelbergensis* der Neandertaler entwickelte und der frühe moderne Mensch. Sie alle begegneten im Westen den Honigbienen, die der M-Gruppe angehören und im Osten den Honigbienen, aus denen sich die C- und die O-Gruppe entwickeln werden bzw. entwickelt haben, und sammelten die Bienenprodukte und hielten möglicherweise auch schon Honigbienen in der Nähe ihrer Siedlungen.

Abb. 7: Nordspanien im späten Pleistozän: In der Kaltzeit des Pleistozäns leben in der tundraartigen Steppe Mammut, Wollnashorn, Wildpferd und Höhlenlöwe. © Mauricio Antón. In: (Sedwick, 2008)

Die Dunkle Biene und ihre Schwestern tauchen am Ende des Eiszeitalters aus dem Dunkel der Geschichte auf

Der letzte Abschnitt des Eiszeitalters wird Weichseleiszeit (in den Alpen Würmeiszeit) genannt und begann vor 80 000 Jahren. In dieser letzten Kaltzeit vor Beginn unseres heutigen Zeitalters, dem Holozän, war es mal kälter und mal wärmer, sodass sich sogar in den wärmeren Zeiten Wald in vielen Gebieten Europas ausbreiten konnte. Ihre kälteste Phase begann erst ganz an ihrem Ende vor ca. 20 000 Jahren, wo das Eis seine größte Ausdehnung erreichte. Zu dieser Zeit überlebten Wälder nur an den Rändern Europas. Die Westliche Honigbiene ist – wie wir jetzt wissen – schon in Europa, als der moderne Mensch sich auf den Weg dorthin machte. Können wir denn sagen, welche Unterarten in Europa lebten, als der moderne Mensch dort eintraf? Dazu müssen wir die Frage stellen, wann sich aus den jeweiligen Gruppen die heute in Europa lebenden Unterarten wie die für Imkerinnen und Imker so wichtigen Unterarten Dunkle Biene, Kärntner Biene und Italienische Biene entwickelten. Diese Frage kann nur mithilfe genetischer Untersuchungen geklärt werden.

Die Forschung hat festgestellt, dass sich die heute in Europa vorkommenden Unterarten der Westlichen Honigbiene in ihrer genetischen Ausstattung vergleichsweise sehr ähnlich sind, was auf eine relativ kurze Periode der Isolierung voneinander hindeutet. Die Aufspaltung der Unterarten kann daher wohl nicht in den sich abwechselnden Kalt- und Warmzeiten vonstattengegangen sein, in denen sich Populationen durch die Nord- und Südbewegung der Gletscher voneinander getrennt weiterentwickelt und ausdifferenziert hätten. Die Entwicklung muss später erfolgt sein, und zwar zum Ende des gesamten Eiszeitalters hin. (Han et al., 2012) Die Ergebnisse deuten darauf hin, dass sich die Unterarten innerhalb der M-Gruppe und die innerhalb der C-Gruppe (sowie der A- und der O-Gruppe) etwa zwischen 38 000 und 13 000 Jahren v. Chr. voneinander abgespalten haben, also fast schon zum Ende der letzten Eiszeit zwischen dem Mittleren und dem Hochglazial (Abschnitte innerhalb der Weichseleiszeit). (Wallberg et al., 2014)

Das bedeutet, dass die Honigbienen im Süden und Osten Europas gewartet haben, bis es endgültig wärmer wurde. Die Urpopulation der M-Gruppe lebte munter in den Wäldern am Rande der Küsten Portugals und Spaniens. Die Urpopulation der C-Gruppe lebte in Südeuropa. Dort fanden sie gute Bedingungen vor, nämlich ausgedehnte Wälder mit reichlich Tracht und Pollen samt Baumhöhlen an den Küsten Europas und Westasiens (siehe oben). Sie warteten, bis es dauerhaft wärmer wurde, um sich in ganz Europa auszubreiten. Im Zuge dieser Ausbreitung

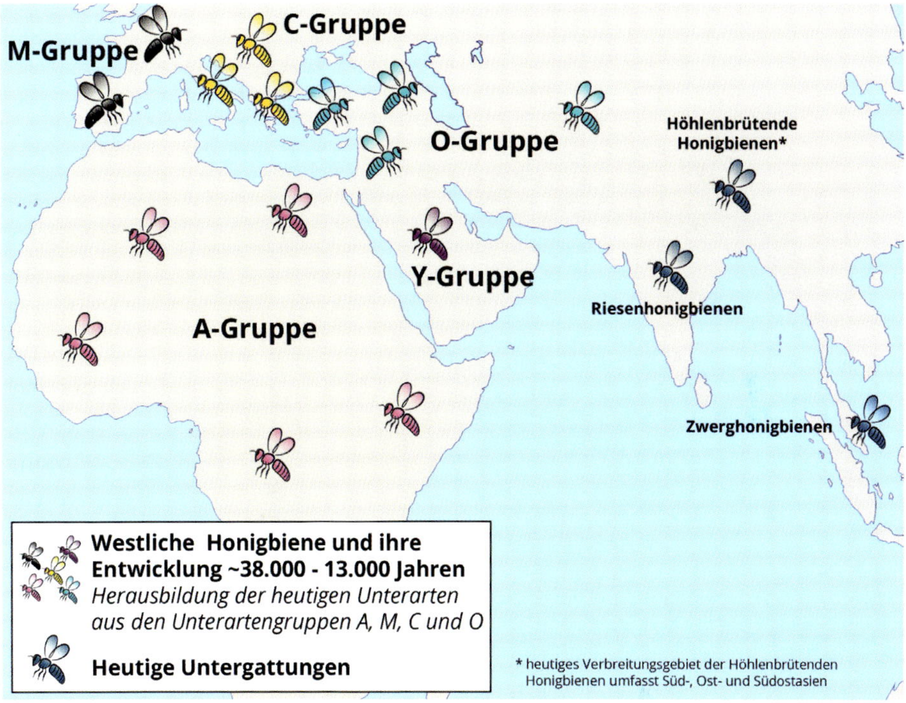

Abb. 8: Die Spaltung der Unterartengruppen A, M, C und O in die heute lebenden Unterarten vollzog sich wahrscheinlich etwa zwischen 38 000 und 13 000 Jahren v. Chr. (Wallberg et al., 2014)

haben sich die für die Imker heute so wichtigen europäischen Bienenunterarten entwickelt.

Ein Teil der Population, die in Spanien und Portugal lebte, umging die Pyrenäen und wanderte von dort aus wahrscheinlich gegen Ende der Eiszeit zusammen mit den Wäldern Stück für Stück weiter nach Mitteleuropa bis nach Nordosteuropa, bis das Ural-Gebirge die Wanderung stoppte (siehe unten). Nach Gerstäcker (1862) fand man sie auch im Norden sowie an der Ostküste Italiens, wo sie laut Ruttner (1992) im Dreiländereck Südtirol auf die Italienische und die Kärntner Biene traf. Die Population, die in Spanien und Portugal blieb, entwickelte sich zur Iberischen Honigbiene. Die Honigbienen der C-Gruppe, die von der Türkei aus nach Europa eingewandert sind, fächerten sich im Laufe der Jahrtausende in Kärntner Biene, Italienische Biene, Griechische Biene und Mazedonische Biene auf.

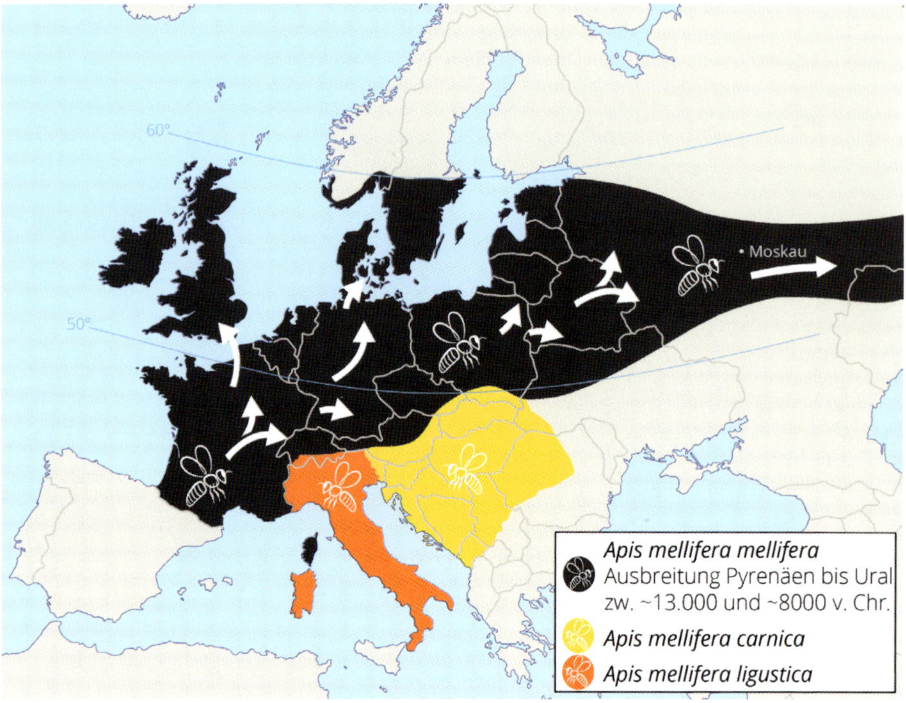

Abb. 9: Aus der Ur-Population in Spanien löste sich ein Teil der Honigbienen ab, umging die Pyrenäen und wanderte in Richtung Westen und Norden bis in den Ural; die Dunkle Biene *Apis mellifera mellifera* hat sich herausgebildet. Die in Spanien verbliebene Population entwickelt sich zur Iberischen Honigbiene *Apis mellifera iberica*. Nach: (Gridland et al., 2017). So entwickelten sich die ursprünglichen Verbreitungsgebiete der drei für die Imkerschaft wichtigsten Unterarten Dunkle Biene, Italienische Biene und Kärntner Biene. Nach: (Ruttner, 1992)

Ob all diese Ausbreitungsbewegungen noch während der letzten Periode der Eiszeit oder später im Holozän stattfanden, ist noch nicht sicher geklärt. Wir können aber davon ausgehen, dass in dem Zeitraum zwischen dem Beginn des Spätglazials (16 000 v. Chr. oder 13 000 v. Chr.) und dem Beginn des Holozäns ca. 8 000 v. Chr. wahrscheinlich alle Unterarten der Westlichen Honigbiene ausgeprägt waren und ihre heutigen Verbreitungsgebiete eingenommen haben.

Zu dieser Zeit war der Neandertaler in Europa schon ausgestorben (ca. 30 000 v. Chr.) und der moderne Mensch hatte sich fest etabliert.

Der moderne Mensch erlebte die Entstehung unserer Imkerbienen also live mit

Wir müssen uns im Klaren darüber sein, dass nicht nur die Evolution und Wandergeschichte der Westlichen Honigbiene noch immer kontrovers diskutiert wird, sondern auch die des Menschen. Neue Knochenfunde können die Geschichte der Menschheit noch umschreiben und neue, bessere genetische Methoden die der Westlichen Honigbiene.

Unser Vorfahre, der frühe moderne Mensch, der vor 300 000 Jahren ganz Afrika besiedelt hatte, hatte sich zum modernen Menschen weiterentwickelt; dieser brach etwa vor 70 000–50 000 Jahren aus Afrika auf. Die ältesten Knochenfunde des modernen Menschen auf europäischem Boden stammen aus Apulien (Italien) (Benazzi et al., 2011) und Bulgarien (Fewlass et al., 2020), etwa um 46 000 v. Chr., und aus Israel etwa um 54 000 v. Chr. Das heißt, er nahm die gleiche Route wie die Vorfahren der C- und O-Gruppe der Westlichen Honigbiene vor ihm: Richtung Naher Osten und von dort über die Türkei nach Osteuropa wie die C-Gruppe. Auch wenn es noch keine Zeugnisse dafür gibt, halte ich es für durchaus möglich, dass der moderne Mensch auch über die Straße von Gibraltar nach Spanien eingewandert ist und damit denselben Weg wie die Vorfahren der M-Gruppe genommen haben könnte. So traf der moderne Mensch, als er Europa erreichte, zuerst die noch nicht ausdifferenzierten Populationen der M-Gruppe und C-Gruppe an und erlebte live mit, als sich zum Ende des Eiszeitalters zwischen 38 000 und 13 000 Jahren v. Chr. die Unterarten Dunkle Biene, Kärntner Biene, Italienische Biene usw. herausbildeten. Der Neandertaler starb etwa 30 000 Jahre vor unserer Zeit in Europa und Westasien aus, erlebte also die Entwicklung der Unterarten nur noch zu Beginn mit.

Die Epoche der Erdgeschichte, die Pleistozän, Eiszeitalter, genannt wird, fällt zusammen mit der Epoche der Menschheitsgeschichte, die Paläolithikum, Altsteinzeit, genannt wird. So wie das Eiszeitalter in verschiedene Kalt- und Warmzeiten unterteilt wird, so wird auch die Altsteinzeit in verschiedene Abschnitte eingeteilt, die sich an dem Auftauchen der verschiedenen Menschen-Arten sowie deren kultureller Entwicklung orientieren. Daher variieren auch die Zeitangaben mit dem Auftauchen neuer Knochenfunde. Auf den älteren Abschnitt der Altsteinzeit, Altpaläolithikum, folgt zusammen mit dem Auftauchen des frühen *Homo sapiens* der Mittlere Abschnitt der Altsteinzeit, Mittelpaläolithikum. Der Jüngere Abschnitt der Altsteinzeit, das Jungpaläolithikum beginnt mit dem Auftauchen des modernen Menschen in Europa, also etwa 46 000 v. Chr. Der jüngste

Abschnitt wird Spätpaläolithikum genannt und markiert die letzten paar Tausend Jahre des Spätglazial (Alleröd und jüngere Dryas 10 000 v. Chr.–8000 v. Chr.).

Alle Unterarten der Westlichen Honigbiene sind im Spätglazial schon vorhanden

Das Spätglazial, welches etwa 16 000 v. Chr. oder 13 000 v. Chr. begann, markierte den Zeitpunkt der Erwärmung unseres Klimas. Die Gletscher begannen abzutauen und das Land zwischen den Gebirgen im Süden und den Gletschern im Norden erwachte zu neuem grünen Leben. Viele Tiere und Pflanzen nutzten die Chance ihr Territorium auszudehnen und wanderten Richtung Norden. Die blühenden Graslandschaften mit nur wenigen Bäumen boten dem modernen Menschen, den Jägern und Sammlern der Altsteinzeit, die nun als letzte Vertreter der Gattung *Homo* Europa besiedelten, und den großen Pflanzenfressern (Megaherbivoren) wie Rentier, Wildpferd, Mammut, Wollhaarigem Nashorn sowie Beutegreifern (Carnivoren) wie dem Höhlenlöwen beste Lebensbedingungen. (Albrecht et al., 1990) (Küster, 2013) Auch die Westliche Honigbiene fand am Rande der Küsten genügend Bäume, in deren Baumhöhlen sie nisten konnte. Wie wir wissen, war sie nicht allein auf Baumhöhlen angewiesen, sondern nistete ebenfalls in Felsspalten und -höhlen sowie Erdhöhlen, die sie mit einer Wachs- oder Propoliswand gegen die Kälte oder Hitze und sogar gegen Feuer abschließen konnte. Dieses Verhalten zeigen auch heute lebende Unterarten der Westlichen Honigbiene wie die Kap-Biene *Apis mellifera capensis*.

Die Menschen im Spätglazial, das menschheitsgeschichtlich der Epoche des Spätpaläolithikum entspricht, haben sicher, wie alle ihre Vorfahren, Honig, Brut und Wachs der Honigbiene gesammelt. Ob sie schon in der Lage waren, mithilfe von Ästen und Lianen wie Clematis oder Hopfen erste Bienenkörbe zu flechten, ist mir nicht bekannt. Unwahrscheinlich ist es aber nicht. Mangels wissenschaftlicher Nachweise sprechen wir bis zum Ende der Altsteinzeit noch nicht von der Nutzung der Honigbiene in Form der Bienenhaltung und Einsammlung der Schwärme, sondern nur vom Sammeln der Bienenprodukte.

Zu der Zeit, als in Frankreich in der Halbhöhle La Madeleine Knochen eines modernen *Homo sapiens* gefunden wurden (datiert auf etwa 13 000 v. Chr., also im Jungpaläolithikum kurz vor Ende der Eiszeit), könnte die Dunkle Biene dort schon angekommen und damit von diesen Menschen schon besammelt worden sein. Und zu der Zeit, als die Höhlenmalereien in Altamira (Spanien) ausgeführt

Abb. 10: Die in Südafrika heimische Kap-Biene *Apis mellifera capensis* verschließt ihr Nest in der Felshöhle mit einer Propolis-Wachs-Schicht zum Schutz gegen Kälte, Hitze und Feuer. Nur kleine Einfluglöcher halten die Honigbienen frei © Cullinan 2015. In: (Tribe et al., 2017)

worden sind (z. T. 13 500 v. Chr.), müsste die Unterart Iberische Honigbiene dort schon gelebt haben. Welche Unterart dann im berühmten Bild der Spinnenhöhle in Bicorp (Spanien) verewigt sein könnte, dürfte damit schon klar sein. Mehr dazu im nächsten Kapitel.

Wer ist nun mit wem wie verwandt?

Weltweit sind einige Forschergruppen damit beschäftigt, mithilfe aufwendiger genetischer und morphologischer Untersuchungen die Anzahl der Unterarten sowie deren Verwandtschaftsverhältnisse zu klären. Bis zum heutigen Tag sind mindestens 29 Unterarten der Westlichen Honigbiene *Apis mellifera* bestätigt (Ruttner et al., 1992) (Engel, 1999) (Sheppard et al., 2003) (Meixner et al., 2011), die sich zu folgenden fünf Hauptunterartengruppen oder Evolutionslinien zusammenfassen lassen. Die Zuordnung einzelner Unterarten zu den fünf Gruppen wird weiterhin diskutiert. Letztlich konnten aus den jeweiligen Verwandtschaftsverhältnissen Wanderbewegungen der Art und die geografischen Räume abgeleitet werden, in denen sich die jeweiligen Unterarten entwickelt haben. (Han et al., 2012) (Wallberg et al., 2014) (Gridland et al., 2017) (Meixner et al., 2011)

- Gruppe Y mit den Unterarten aus Saudi-Arabien und Jemen *(Apis mellifera jemenitica)*
- Afrika-Gruppe A mit den Unterarten aus ganz Afrika (u. a. *Apis m. capensis, A.m. monticola, A. m. scutellata, A. m. adansonii, A. m. lamarckii* sowie die nordafrikanische Untergruppe mit *A. m. intermissa, A. m. sahariensis* und *A. m. siciliana*)
- *Mellifera*-Gruppe M mit den Unterarten aus West- und Nordeuropa *(Apis m. mellifera, Apis m. iberiensis)*
- Balkan-Gruppe C mit den Unterarten aus Ost- und Südeuropa (u. a. *Apis m. carnica, Apis m. ligustica, A. m. cecropia, A. m. macedonica*)
- Orientalische Gruppe O mit den Unterarten aus der Türkei (Westasien), dem Nahen Osten sowie West- und Zentralasien (u. a. *A. m. syriaca, A. m. anatolica, A. m. caucasica, A. m. armenica, A. m. pomonella*)

Aus diesen Verwandtschaftsgraden erstellen die Forschergruppen sogenannte «Verwandtschaftsbäume» mit Blättern, die den Gruppen entsprechen und sich in die jeweiligen Unterarten auffächern. Auch wenn die Diskussion über die Verwandtschaft noch anhält, erscheint mir doch dieser Baum sehr wahrscheinlich, da in ihm alle unterschiedlichen Forschungsergebnisse am stimmigsten ihren Platz finden.

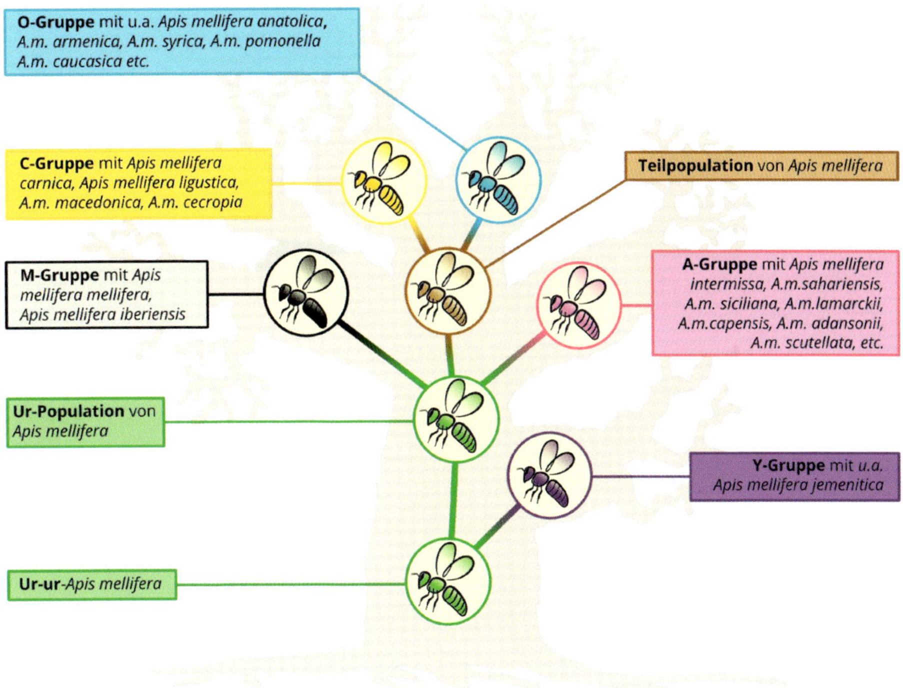

Abb. 11: Verwandtschaftsverhältnisse der Hauptunterartengruppen der *Apis mellifera*. Neu kombiniert nach: (Whitfield et al., 2006), (Gridland et al., 2017) und eigenen Überlegungen

Die Zeit der weitgehenden Wiederbewaldung des eisfreien Mitteleuropas

Die Wiederbewaldung Mitteleuropas dauerte einige Jahrtausende. Sie begann mit der Entstehung der ersten Kiefernwälder etwa 13 000 v. Chr. am Rand der Alpen und bildete den Startschuss für die Ausbreitung der Dunklen Biene nach Westen und Norden. Etwa 10 000 v. Chr. waren Mitteleuropa und sogar Südschweden an vielen Stellen schon bewaldet. Am Ende des Spätglazials, welches von manchen Autoren schon zum Nachzeitalter gerechnet und Alleröd-Zeit genannt wird (10 000 v. Chr.–8800 v. Chr.) war Mitteleuropa eisfrei und weitgehend mit Birken-Kiefernwäldern bedeckt. Da auch der größte Teil des heutigen Russlands während der Eiszeit nahezu eisfrei blieb, konnten sich in Südrussland und am Rand der Karpaten die Wälder halten und im Spätglazial ausbreiten. (Albrecht et al., 1990) (Küster, 2013) Sie waren da, als die Dunkle Biene dort ankam; nur deshalb konnte sie sich auch dort so schnell etablieren. Über welch gewaltige genetische

■ Abb. 12: Birken-Kiefernwald (Fürth auf Sandterrassen der Regnitz). Die ersten Wälder nach der letzten Eiszeit in Mitteleuropa könnten so ausgesehen haben. © Mittl 2020

Kraft verfügte die Dunkle Biene *Apis mellifera mellifera*, die einzige in Deutschland einheimische Honigbiene, dass sie es geschafft hat, sich als einzige Unterart über eine riesige Landmasse auszubreiten und zwar von den Pyrenäen bis zum Ural (siehe auch Abb. 9)

Danach wurde das Klima noch einmal kühler und viele Gletscher rückten noch einmal vor. Die Wälder lichteten sich an einigen Stellen noch einmal auf, was der Landschaft das Gesicht einer Parklandschaft mit einem mehr oder weniger großen Anteil an Waldbereichen verlieh, in dem die Weide *(Salix)* stark dominierte. (Pott, 1993) Doch dies war nur das letzte Aufbäumen der Kälte. Das Eiszeitalter ging zu Ende und musste dem Nacheiszeitalter, dem Holozän weichen, in welchem wir heute leben.

Apis mellifera in Europa, Afrika, West- und Zentralasien mit vielen Unterarten

Die Westliche Honigbiene hat das Eiszeitalter bzw. die Altsteinzeit genutzt und sich ein riesiges Areal erobert. So differenzierten sich im Laufe der Jahrhunderttausende und Jahrtausende in den verschiedenen Landschaften und Klimazonen Afrikas, des Nahen Ostens bis nach Zentralasien und innerhalb von Europa verschiedene Unterarten der Westlichen Honigbiene heraus, die alle perfekt an die jeweiligen Bedingungen angepasst waren. Dies spricht für eine gewaltige genetische Kraft, die in dieser kleinen Honigbiene liegt.

Die ursprünglichen Verbreitungsgebiete unserer drei wichtigsten Unterarten

Für die Bienenhaltung in Mitteleuropa kristallisierten sich drei Unterarten heraus, die die Grundlage der Imkerei bilden: die Dunkle Biene, die Kärntner Biene und die Italienische Biene.

Abb. 13: Die drei für die Bienenhaltung in Mitteleuropa wichtigsten Unterarten der Westlichen Honigbiene: *Apis mellifera carnica* (links), *Apis mellifera ligustica* (Mitte), *Apis mellifera mellifera* (rechts); © Aquarelle: Prof. Maria Wimmer-Mizzaro, Wien. In: (Wallner, 1986)

Ihre ursprünglichen Verbreitungsareale hat Prof. Ruttner in zwei sehr anschaulichen Grafiken dargestellt (siehe auch Abb. 9):

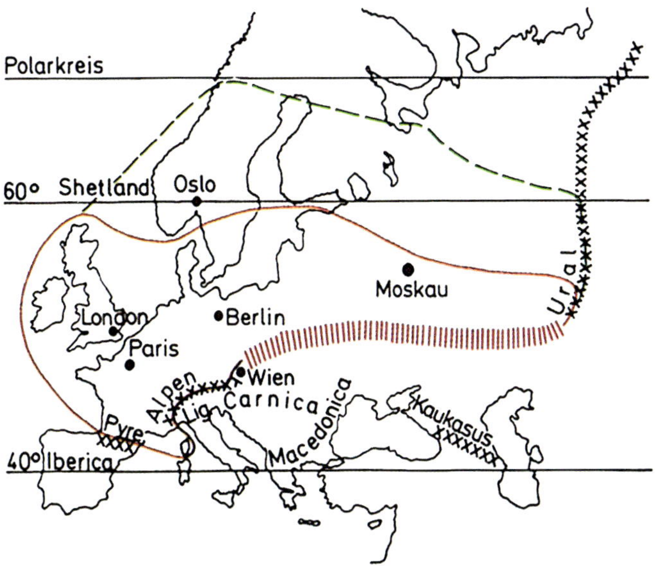

Abb. 14: Verbreitungsgebiet von *Apis mellifera mellifera* in Europa. Rote ausgezogene Linie – ursprüngliche Verbreitung (senkrecht gestrichelt: allmählicher Übergang zu südlichen Unterarten). Gestrichelte Linie – gegenwärtige Nordgrenze der Bienenhaltung. (Ruttner, 1992)

Es wird zum Teil erbittert darüber gestritten, in welchen Regionen denn ursprünglich welche Unterart vorkam und wo man welche Unterart wieder züchten und eventuell wieder ansiedeln möchte. Die genauen Verbreitungsgebiete zu kennen, ist auch naturschutzrechtlich gesehen von zentraler Bedeutung. Aus diesem Grund möchte ich Prof. Ruttner selbst zu Wort kommen lassen:

> «Carnica und Mellifera waren ursprünglich in den Alpen durch eine sehr klare Grenze voneinander geschieden. Die großen Verbreitungsgebiete der beiden Rassen [gemeint sind die Unterarten; Anmerkung der Verfasserin] treffen hier zusammen. Von Norden und Westen greift die Dunkle Biene, vom Donauraum und vom Balkan her die Carnica in das Alpengebiet. Darum finden wir südlich und östlich des Alpenkammes ursprüngliches Siedlungsgebiet der Carnica, nördlich der Wasserscheide und im Westen der Mellifera. Genauer gesagt: Vorarlberg, Tirol, Salzburg ohne Lungau, Oberösterreich mit dem steirischen Ennstal und der Westen Niederösterreichs sind ursprünglich ‹dunkel›, die übrigen Gebiete Österreichs (Osttirol, Kärnten, der größte Teil der Steiermark, das Burgenland und der Osten und Süden von Niederösterreich) sind ‹grau›. Die westliche Verbreitungsgrenze der Carnica geht durch das Pustertal, nahe der österreichisch-italienischen Grenze. Dort grenzt die Carnica gegen Westen an die Dunkle Biene, gegen Süden an die gelbe Italienische Biene.» (Ruttner, 1996)

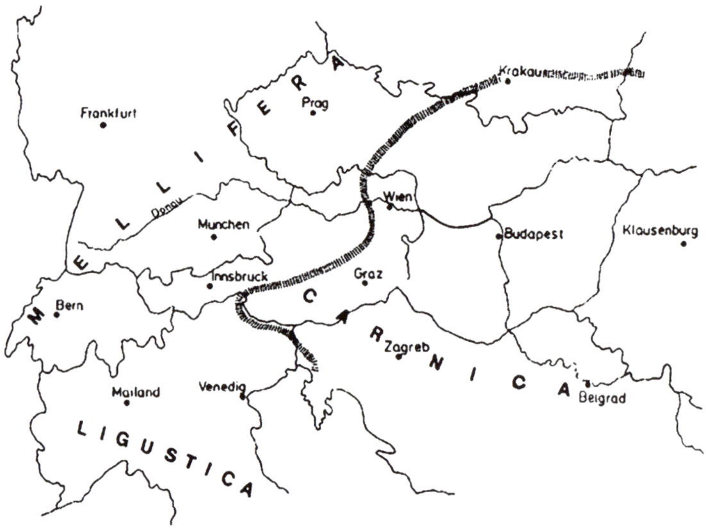

■ Abb. 15: Ursprüngliche Verbreitungsgebiete der Carnica. (Ruttner, 1996)

Das Verbreitungsgebiet der Italienischen Biene ist etwas schwieriger zu bestimmen. In der alten Literatur wird die Italienische Biene laut von Berlepsch als «oberitalienische Biene» bezeichnet, da sie im Gebiet von Genua, Lombardei, Venetien und an Italien grenzenden südlichen Talgegenden des Kantons Graubünden (Schweiz) nachgewiesen wurde. «In Nizza fand ein Forscher wieder die Dunkle Biene und in Portici und der Umgebung von Neapel sowie auf Sizilien ist die Dunkle zu finden, zumindest sieht sie so aus wie die Dunkle.» (von Berlepsch, 1860) Nach Witzgall findet sie sich im Alpengebiet Tessins, Veltlins und Graubündens sowie im nördlichen Italien. (Witzgall, 1898) Gerstäcker verortet sie in der Lombardei, Ligurien, Italienische Schweiz, Tirol und im nördlichen Italien und die Dunkle Biene «in einigen Gegenden Italiens, z. B. besonders an der Dalmatien gegenüberliegenden Ostküste Mittelitaliens (…)». (Gerstäcker, 1862) Buttel-Reepen beschreibt die Italienische Biene für Oberitalien, wobei er darauf hinweist, dass sie sich auch weit südlich erstreckt. Die Dunkle Biene ordnet er Nord-, Mittel- und Süditalien zu. (von Buttel-Reepen, 1905-1908) Nach heutigem Kenntnisstand ist die Italienische Biene auf der ganzen Apennin-Halbinsel verbreitet. (Dall'Olio et al., 2007) «Allerdings gibt es starke Hinweise darauf, dass es vor der letzten Eiszeit auch Einströmungen von *A. m. mellifera* bzw. verwandter Bienen dorthin gegeben hat (…). Allerdings ist heute *A. m. ligustica* im gesamten Gebiet ‹reinrassig› und ohne jeden rezenten M-Einfluss (…). Im Norden Italiens gibt es eine recht schmale und prägnante Hybridisierungszone mit *A. m. mellifera*, im Grenzgebiet zu Frankreich-Seealpen und Riviera; im Osten gibt es eine ebensolche Zone der Hybridisierung mit *A. m. carnica*, im Friaul und im Grenzgebiet zu Slowenien.» (Meixner, per Mail, 2020)

Teil II

Unsere Westliche Honigbiene und der Beginn ihrer gezielten Nutzung in Mitteleuropa

Jegliche Form der Honigbienennutzung beruht auf der Quelle der wilden Honigbienen, die die Natur hervorgebracht hat und die wir Menschen genutzt haben, seit es uns gibt. Diese Quelle hat für uns nahezu 4 Millionen Jahre ununterbrochen gesprudelt. Wir Menschen haben schon in der Altsteinzeit Honigbienenprodukte gesammelt und Honigbienen gejagt, vielleicht sogar schon gehalten. Die ersten bildlichen Zeugnisse finden wir aber erst seit der Mittelsteinzeit. Seit damals und durch diese Quelle entfalteten sich alle weiteren Formen der Bienennutzung wie Bienenfang, Hausbienenzucht und Waldbienenzucht. Die Bienennutzung hängt aufs Engste mit der Nutzung von Wald und Flur zusammen. Wald und Flur schenkten uns die Bienenschwärme – solange, bis der Mensch durch seine Nutzungsformen diese Quelle hat versiegen lassen und die wilden Honigbienen ausgerottet hat – aber lesen Sie selbst, wie alles begann und wie es endete.

3
Wald- und Bienennutzung von der Mittelsteinzeit bis zur Eisenzeit

Die Ausbildung unterschiedlicher Waldtypen in Europa im Laufe der Nacheiszeit

Da die Dunkle Biene nur im Gefolge von Bäumen, Sträuchern und Blütenpflanzen diesen Weg durch Europa beschreiten konnte, wollen wir uns die Wanderung der Waldgesellschaften in einigen Landschaften Mitteleuropas ansehen. Achten Sie in der Tabelle 1 auf das Auftauchen von Bäumen, die den Honigbienen Höhlen und/oder Nektar und Pollen anbieten konnten. Sie können daraus auch ersehen, dass die Westliche Honigbiene im Laufe der Jahrtausende jeden Laub- und jeden Nadelbaum kannte und wohl auch in deren Höhlen gebrütet hat.

Vegetationsgeschichtliche Einteilung	Zeit*	Zusammensetzung der Vegetation im Nordwesten Europas
Älteres Subarktikum (noch Pleistozän bzw. Altsteinzeit)	Um 11 000 v. Chr.	Waldlose Tundra
Mittleres Subarktikum (noch Pleistozän bzw. Altsteinzeit)	10 000–8800 v. Chr. (Alleröd-Zeit)	Erstmalige Ausbildung von Kiefern-Birkenwäldern mit weitgehender Wiederbewaldung des eisfreien Mitteleuropas
Jüngeres Subarktikum (noch Pleistozän bzw. Altsteinzeit)	8800–8300 v. Chr.	Stärkere Auflichtung der Wälder, Ausbildung einer Parklandschaft mit mehr oder weniger großem Anteil an Waldkomponenten, in denen die Kiefer ihre führende Rolle beibehält. Weide *(Salix)* nimmt stark zu
Präboreal (Beginn Holozän bzw. Mittelsteinzeit Mesolithikum)	8300–7000 v. Chr.	Erneute Ausbildung von Birken-Kiefernwäldern. Zeit, die zur endgültigen Bewaldung Mitteleuropas führt, je nach Region Fichte stark vertreten
Boreal (Jungsteinzeit)	7000–6000 v. Chr.	Haselzeit: Haselreiche Birken-Kiefernwälder

<table>
<tr><th>Vegetationsgeschicht-liche Einteilung</th><th>Zeit*</th><th>Zusammensetzung der Vegetation im Nordwesten Europas</th></tr>
<tr><td>Atlantikum (Jungsteinzeit)</td><td>6000–3200 v. Chr.</td><td>Eichenmischwaldzeit mit stärkerem Anstieg an Ulme und Linde. Großflächige Arealeinengung der Kiefer. Anstieg von Fichte, Tanne, Buche, Eiche, Ahorn, Esche und Erle</td></tr>
<tr><td>Subboreal (Kupferzeit ab ca. 3700 v. Chr., Bronzezeit ab ca. 2000 v. Chr.)</td><td>3200–1300 (bzw. 1 100 im Norden) v. Chr.</td><td>Eichenmischwaldzeit mit schwächerem Anstieg an Ulme und Linde. Zum Ende: Ausbreitung von Buche und Hainbuche, Rückgang der Hasel</td></tr>
<tr><td>Älteres Subatlantikum (Eisenzeit ab ca. 850 v. Chr.–15 v. Chr.; Römerzeit 10 v. Chr.–455 n. Chr.; Beginn Völkerwanderung)</td><td>1300 v. Chr. (1100)–500 n. Chr.</td><td>Buchenzeit: Umbildung der Eichen- und Mischwälder zu Buchen-, Buchen-Eichen- und Eichen-Hainbuchenwäldern, bedingt durch die Siedlungstätigkeit des Menschen</td></tr>
<tr><td>Mittleres Subatlantikum (Frühes Mittelalter, Völkerwanderung)</td><td>500 n. Chr.–1250 n. Chr.</td><td rowspan="3">Zeit der stark genutzten Wälder und Forsten: Buchen- und Buchen-Eichenwälder, Eichen-Hainbuchenwälder – aber auch: sekundärer Kiefern- und Fichtenanstieg; Folge: unnatürliche Nadelwälder auf Laubwaldstandorten</td></tr>
<tr><td>Jüngeres Subatlantikum (Hochmittelalter)</td><td>1250 n. Chr.–1800 n. Chr.</td></tr>
<tr><td>Jüngstes Subatlantikum</td><td>1800–heute</td></tr>
</table>

Tabelle 1: Überblick über die spät- und nacheiszeitliche Waldentwicklung in Mitteleuropa (Zeitangaben für den nordwesteuropäischen Raum: in Südeuropa durchweg früher). Nach: (Pott, 1993); stark vereinfacht und ergänzt.

*Anmerkung zu den Zeitangaben: Die Datierungen sind nur bis auf ein bis zwei Jahrtausende genau. Die Haselausbreitung erfolgte beispielsweise im Westen Mitteleuropas ca. ein Jahrtausend früher als weiter im Osten. (Küster, 2013)

Die Westliche Honigbiene und der moderne Mensch in der Mittelsteinzeit Europas – die erste bildliche Darstellung der Sammlung von Bienenprodukten

Die Mittelsteinzeit (Mesolithikum) als nächste Epoche der Menschheitsgeschichte auf dem europäischen Kontinent fällt mit dem Beginn der Nacheiszeit, dem Holozän, zusammen (ab etwa 8300 v. Chr.). Wie auch in der Altsteinzeit markiert die Jahreszahl den Beginn einer kulturellen Entwicklung, die in unterschiedlichen Regionen Europas zu unterschiedlicher Zeit beginnt. Die Mittelsteinzeit ist gekennzeichnet durch die dauerhafte Wiederbewaldung Europas. Das Großwild der Kältesteppen wanderte in den Norden und Osten Europas ab oder verschwand, was die Jäger- und Sammler-Gesellschaften dazu zwang, mitzuziehen oder, wenn sie standorttreu blieben, Wild (Hirsch, Wildschwein, Reh, Hase) in den Wäldern zu jagen und den Fischfang zu perfektionieren. Wie in den Jahrhunderttausenden zuvor sammelten die Menschen Honig, Brut (Protein) und Wachs. Auch die Bienenjagd könnte durchaus schon seit der Altsteinzeit bekannt und durchgeführt worden sein. Die Bienenjagd unterscheidet sich vom Sammeln nur dadurch, dass der Mensch eine Technik entwickelt hat, aktiv Honigbienen zu ihrem Nest zu folgen, statt sie einfach nur zu finden.

Wir alle kennen die berühmte Höhlenmalerei aus den Spinnenhöhlen Spaniens, die zwei Menschen zeigt, die mithilfe langer Strickleitern entlang einer Felswand hinaufklettern, um Honigwaben eines wilden Honigbienenvolkes zu sammeln. Es handelt sich dabei um die erste bildliche Darstellung dieser Art der Bienennutzung. (Hernández-Pacheco, 1924) Die Datierung bewegt sich zwischen 6000–8000 v. Chr., also in die Mittelsteinzeit dieser Gegend. Wie wir wissen, haben sich die Unterarten der Westlichen Honigbiene schon weit vor dieser Zeit ausdifferenziert, sodass wir davon ausgehen können, dass es sich auf dieser Felszeichnung um die Iberische Honigbiene *Apis mellifera iberiensis* handeln könnte.

Abb. 16 a und b: Menschen sammeln Honigwaben der *Apis mellifera*, Felszeichnung aus der Cueva de la Araña, Bicorp, Valencia, Spanien. (Hernández- Pacheco, 1924)

7000 v. Chr. wurde das Klima vielerorts ausgeglichener, was es den Laubbäumen deutlich leichter machte, sich weiter auszubreiten. Der Meeresspiegel stieg, die Landbrücke zwischen dem europäischen Festland und England versank endgültig im Meer und der größte Teil der Nordsee wurde überflutet. Mitteleuropa gelangte unter den Einfluss des Golfstroms, wodurch Westeuropa klimatisch begünstigt und die klimatische Bevorzugung Osteuropas beendet wurde. Die Fichte konnte sich gegen die Hasel nicht mehr durchsetzen und blieb in ihren bisher eroberten Gebieten wie dem Bayerischen Wald und dem Erzgebirge. Die Hasel trat jetzt ihren Siegeszug an (Haselzeit), vermutlich durch die Nutzung und Verbreitung der Nüsse durch die Menschen. (Küster, 2013)

Der Mensch und die Honigbiene in der Jungsteinzeit um 7000–2000 v. Chr.

Das Ende der Mittelsteinzeit und damit der Beginn der Jungsteinzeit (Neolithikum) in Europa ist mit dem Übergang von Jäger- und Sammlerkulturen zu Hirten- und Bauernkulturen definiert. Auch dieser Zeitpunkt lässt sich nur regional präzise definieren, da diese kulturelle Entwicklung von Region zu Region zu unterschiedlicher Zeit begann.

Die Ergebnisse einer neuen Studie weisen darauf hin, dass die ersten Bauern Europas nicht von den erwähnten Jäger-Sammler-Gesellschaften abstammen, sondern vermutlich 6500 v. Chr. aus dem Karpatenbecken Südosteuropas nach Mitteleuropa eingewandert und Ackerbau und Viehzucht von dort mitgebracht haben. Diese Bauern bilden wahrscheinlich nur ein Glied in einer Kette, die noch weiter zurückreicht in das Ursprungsgebiet der Sesshaftigkeit nach Anatolien und den Nahen Osten. (Bramanti et al., 2009) Wie oben bereits herausgearbeitet, waren zu dieser Zeit die Unterarten der Westlichen Honigbiene schon herausgebildet.

Jetzt sind wir an einem zweiten entscheidenden Punkt in der gemeinsamen Geschichte Mensch–Honigbiene in Europa angelangt. Eine Studie belegt die gemeinsame Geschichte von Mensch und Honigbiene und stützte sich mangels Fossilien von Honigbienen auf den Nachweis von Wachs, dessen Fette die Zeit in Tongefäßen überdauert haben. Die Ergebnisse zeigen, dass in Anatolien und der Westtürkei Wachsproben aus der Zeit um 7000 v. Chr., Proben vom Balkan um 6800 v. Chr. und aus Mitteleuropa um 6500 v. Chr. stammen, wenn auch noch ungeklärt ist, ob das Wachs aus Wabenraub oder Bienenhaltung stammt. (Roffet-Salque et al., 2015) Ich halte es angesichts der zeitlichen Übereinstimmung «Besiedelung der Hirten und Bauern Europas um 6500 v. Chr.» und «Nachweis von Wachs» auch um diese Zeit herum für sehr wahrscheinlich, dass diese Kulturen die Bienenhaltung schon kannten. Da die Fähigkeit, Körbe aus Naturmaterialien herzustellen, im Nahen Osten für die Zeit um 10 000 v. Chr. nachgewiesen ist, liegt es nahe anzunehmen, dass diese Kulturen nicht nur Honig und Wachs gesammelt, sondern vielleicht sogar Bienen gehalten und dieses Wissen mit nach Mitteleuropa gebracht haben könnten. Zur Bienenhaltung braucht es Körbe oder andere Formen von Höhlen wie Tontöpfe. Die Hirten und Bauern waren nachweislich nicht nur in der Lage, Körbe aus Ruten herzustellen oder aus Bast und Grashalmen zu flechten, sondern auch Tonwaren zu töpfern. Strohkörbe aus Weizenstroh wurden zwar bisher noch nicht ausgegraben, doch spricht alles dafür, dass die Menschen auch in der Lage waren, schon Strohkörbe zu flechten. Nachweislich haben sie nämlich schon seit dem 7. Jahrtausend v. Chr. in Süddeutschland Getreide (Prof. Behre, per mail, Juli 2020) wie Einkorn-Weizen, Emmer-Weizen und Gerste sowie Süßgrasarten und Flachs angebaut (Zohary et al., 2012), die zur Herstellung von Körben geeignet sind.

In Mitteleuropa konnten sich kurz nach der Hasel auch Eiche, Ulme, Linde und Esche weiter ausbreiten und verdrängten die Kiefern, die den Verdrängungsprozess durch die Hasel noch überstanden hatten, jetzt auf Regionen mit nährstoffarmen Böden. In diesen Laubwäldern herrschte mal die Eiche, mal die Ulme oder mal die Linde vor. Nur in den Mittelgebirgen konnte man von echten Eichenmischwäldern mit Eiche, Linde, Ulme und Esche sprechen. Im weiteren Verlauf mischten sich je nach Region und Klima Tanne, Buche, Ahorn und Erle in die Wälder, sodass sich zwischen 7000 v. Chr. und 5000 v. Chr. verschiedenste Ausprägungen von Waldtypen in Europa ausgebildet hatten. (Küster, 2013) Daher ist es absolut nachvollziehbar, dass sich wilde Honigbienen in allen möglichen Laub- und Nadelholzhöhlen angesiedelt haben und sich keine Bevorzugung eines bestimmten Baumes nachweisen lässt.

Die Nutzung der Wälder in der Jungsteinzeit Europas – erste Zeichen der Bienenhaltung und Waldbienenzucht?

Das Waldland Europa wurde ausgehend vom Nahen Osten Stück für Stück durch Rodung in eine Agrarlandschaft überführt. Im Verlauf von einigen Jahrtausenden setzte sich von dort aus die Landwirtschaft in großen Regionen Europas durch. Da den Menschen der Jungsteinzeit aber nur Werkzeuge aus Holz, Knochen und Stein zur Verfügung standen, wurden in dieser frühen Phase des Ackerbaus zum einen nur Wälder (z. B. lindenreiche Eichenwälder) auf guten Böden gerodet, da für die Bearbeitung steiniger oder nasser Böden das Werkzeug und die Technik noch nicht entwickelt war. Zum anderen wurden nur kleine Waldparzellen rund um die kleinen Dörfer herum gerodet und in Ackerland verwandelt. Mithilfe der Steinäxte fällten die Menschen dicke Eichen und bauten damit ihre berühmten Langhäuser. (Küster, 2013) Da die Wände dieser Häuser aus Zweigen geflochten und mit Lehm bestrichen wurden, ist es durchaus denkbar, dass sie auch Körbe aus diesen Zweigen flechten und darin vielleicht Bienen halten konnten. Dass sie das Flechthandwerk ebenso beherrschten wie das Weben, ist belegt. (de Capitani et al., 2002) Ob sie Körbe zur Bienenhaltung herstellten, die später als Rutenstülper bekannt wurden, noch nicht. Aber es wurden ausgehöhlte Baumstücke

Abb. 17: Ein Honigbienenschwarm zieht in eine Buntspechthöhle in einer Linde ein. © Schwarz 2017

gefunden, die möglicherweise als Klotzbeute oder Klotzstülper gedient haben könnten. Es ist absolut denkbar, dass die Menschen schon die ersten Klotzstülper erfunden haben; darauf zu kommen war nicht schwer, denn Klotzstülper sind ausgehöhlte Baumstammstücke, in denen Honigbienen gehalten wurden und heute auch wieder werden (dazu später mehr). Auf jeden Fall nutzten die Menschen den Bast der Linde zur Herstellung von Textilien und waren in der Lage, Webstühle herzustellen. Die Menschen sammelten und schlugen Brennholz, vor allem von Eiche, Esche, Hasel, Schlehe und Wildobstbäumen, ernteten Laub als Einstreu und trieben Rinder, Schweine, Schafe und Ziegen in den Wald. Die Waldweidenutzung war geboren und insgesamt gesehen auch die Schaffung von Kulturlandschaften, die es so bis dato nicht gegeben hatte, verbunden mit dem Ende der Urwälder in weiten Regionen West- und Mitteleuropas. Noch nie zuvor hatte der Mensch so tiefgreifend in die Urwälder eingegriffen und sie endgültig zu ersten Kulturwäldern umgeformt. Dies könnte auch der Grund dafür gewesen sein, dass die Menschen ihre Siedlungen alle paar Jahrzehnte aufgaben und weiterzogen, den noch ungenutzten Wäldern nach. Es gab irgendwann einfach keine gerade gewachsenen Bäume mehr, die die tragenden Balken ihrer Häuser bildeten. (Küster, 2013)

Man könnte sagen, dass sich schon in der Jungsteinzeit die Trennung Europas in Gebiete mit vorwiegend Bienenjagd und Bienenhaltung in Stülpern, Körben und Kästen und Gebiete mit Waldbienenzucht abzeichnete. Dazu später mehr. Im Norden und Osten Europas wie im Baltikum, in Skandinavien und Russland bis zum Teil in Sibirien waren die klimatischen Bedingungen der Umstellung der Wirtschaftsweise von der Jagd zum Ackerbau nicht förderlich. Daher blieben die ausgedehnten Wälder zum Teil bis heute erhalten. Fichten, Kiefern und Birken, in Teilen auch Linden bildeten lichte Wälder, in denen die Völker weiterhin vor allem der Jagd und der Fischerei nachgingen. (Küster, 2013) Es ist nicht abwegig anzunehmen, dass in den Gebieten, in denen die Dunkle Biene lebte, die Waldbienenzucht schon erfunden war. Das dafür notwendige Werkzeug wie Handaxt und Seil hatte der Mensch schon in der Altsteinzeit erfunden.

Die wilde Honigbiene fand in der Epoche der Jungsteinzeit weiterhin gute Lebensbedingungen vor. Ihre Nutzung durch den Menschen gefährdete den Arterhalt nicht.

Noch in der Jungsteinzeit begann die Buche, die damals schon in einigen höheren Mittelgebirgen Süddeutschlands vorkam, die von den Menschen aufgegebenen Standorte zu besiedeln. Acker wurde zu Wald, aber diesmal profitierten die Buche und in anderen Gegenden die Hainbuche und die Fichte, die bildlich gesprochen den Steinzeitmenschen hinterherwanderten und sich von Jahrtausend zu Jahrtausend weiter ausbreiteten und den Charakter der Wälder nachhaltig veränderten. Die sogenannte Buchenzeit brach an. Wir müssen uns vergegenwärtigen, dass nahezu jede geeignete Waldfläche irgendwann zwischen dem Beginn der Jungsteinzeit um etwa 6000 v. Chr. und der Römerzeit, in manchen Gegenden sogar bis ins Mittelalter hinein, einmal oder mehrmals von Menschen gerodet, bewirtschaftet und dann wieder dem Wald überlassen worden waren. Die Zeit des Urwaldes war seit damals vorbei, der Wald war durch diese intensive Siedlungstätigkeit ein anderer geworden. (Küster, 2013)

Abb. 18 a, b, c: Eine gefällte Kiefer offenbart eine Schwarzspechthöhle mit einem Nest von Honigbienen *(Apis mellifera)*. Der Baummarder *(Martes martes)* streitet sich als Wald- und Baumhöhlenbewohner nicht nur mit den Honigbienen um die Baumhöhle, sondern schätzt auch deren Honig und Brut als willkommene Kohlenhydrat- und Proteinnahrung. Dieses Schauspiel spielt sich sicher schon seit der Jungsteinzeit ab. In diesem Fall war der Marder schneller als die Menschen, die den Honig sicher auch gerne genossen hätten. © Pontini 2017

Die Wald- und Bienennutzung im Metallzeitalter (Kupfer-, Bronze- und Eisenzeit)

Die Kupferzeit ist wie alle anderen Zeitalter nicht durch ein Datum definiert, sondern durch den Beginn der Fähigkeit des Menschen, Metall zu gewinnen und zu verarbeiten; daher beginnt sie regional zu unterschiedlichen Zeiten, in Salzburg/Österreich z. B. schon ab 4000 v. Chr. Erst die im sogenannten Metallzeitalter neu erfundenen Werkzeuge ermöglichen die Urbarmachung auch schwerer Lehmböden und die Anlage geschlossener Ortschaften. Dinkel, Roggen und Hafer wurden angebaut, im Wald Eisen verhüttet und Holzkohlenwirtschaft betrieben, deren Relikte in Eisenverhüttungsplätzen, Glasofenstätten, Meilern und Salzsiedereien erhalten sind. (Pott, 1993) Diese Handwerke benötigten jede Menge Energie in Form von Buchen, Eichen und Kiefern, was in manchen Regionen dazu führte, dass sich die Baumartenzusammensetzung weiter veränderte. Das Siedlungsverhalten der Jungsteinzeit wurde weiter fortgeführt, aber intensiviert. Immer größere Flächen des Waldes mussten den Siedlungen weichen und immer größere Mengen Holz wurden benötigt. Haben sich die Ressourcen erschöpft, wanderten die Menschen weiter und der Wald eroberte sich die Fläche zurück. Im Gebirge war die Almwirtschaft entstanden. In der Eisenzeit etwa 1000 v. Chr. führten die Menschen ihre Viehherden nicht nur in den Wald, sondern in die Ebene der Täler, die Viehweiden entstanden, nicht zuletzt deshalb, weil das Pferd sich zum Haustier des Menschen gewandelt hatte und zusammen mit Rindern leichter auf den offenen Viehweiden grasen konnte. In diesen Ebenen entstanden feste große Siedlungen. (Küster, 2013)

Und die Honigbiene? Ihr standen weiterhin riesige Waldflächen und artenreiche Offenlandflächen zur Verfügung. Auch wenn keine schriftlichen Überlieferungen zu finden sind, ist davon auszugehen, dass die Bienenjagd, die Bienenhaltung sowie die Waldbienenzucht schon Teil der Nutzung der Honigbienen in den Wäldern und in Siedlungen Mitteleuropas darstellten. Der Wald veränderte sein Gesicht, andere Baumarten prägten die Landschaft, aber die Einwirkung des Menschen führte noch nicht zu dessen Verschwinden. Die Waldfläche blieb mehr oder weniger konstant; dies sollte sich in Zukunft ändern.

Abb. 19: Nicht nur die Menschen schätzen den Honig der wild lebenden Honigbienen. Auch der Dachs *(Meles meles)* mag ihn und die Honigbienenbrut und räumt im Schutz der Nacht ein Honigbienennest aus. © Pontini 2017

4
Wald- und Bienennutzung ab der Zeit nach Christi Geburt

Wald- und Bienennutzung in der Römischen Epoche ab der Jahrtausendwende

Jeder Imker hat schon von den ersten schriftlichen Zeugnissen über Bienenhaltung gehört; sie stammen von griechischen und römischen Gelehrten wie Solon (600 v. Chr.), Aristoteles (ca. 343 v. Chr.), Vergil und Varro. Interessant an dieser Zeit ist die Tatsache, dass zum ersten Mal in West- und Teilen Mitteleuropas großflächig Wald gerodet wurde, der sich nicht wieder nachbilden konnte. Dieses Phänomen sehen wir zuerst im Nahen Osten und in Südeuropa, wo sich die ersten Zivilisationen wie Griechenland mit Stadtstaaten, großen Städten und einem ausgedehnten Handelsnetz entwickelt haben. Der Holzverbrauch war immens. Die gerodeten Flächen wurden als Ackerfläche oder Weiden intensiv genutzt und der Boden weggeschwemmt. Zum ersten Mal in der Geschichte der Menschheit wurde der Wald durch die Einwirkung des Menschen in wüstenähnliche Landschaften verwandelt, die von mediterranen Zwergstrauchheiden dominiert wurden. Durch die Kolonisation West- und Teilen Mitteleuropas durch das Römische Reich wurde diese Entwicklung auch dorthin exportiert. Der Wald wurde gerodet, große Städte entstanden, die durch die Produkte der ausgedehnten landwirtschaftlichen Flächen versorgt wurden. Aus ehemaligen Eichenwäldern wurden Heidelandschaften, wie wir sie heute noch aus Schottland, England, der Bretagne und in einigen Gebieten Mitteleuropas kennen. (Küster, 2013) In der Mitte und im Osten Europas blieb der Wald noch am längsten erhalten, da sich die Völker östlich des Rheins erfolgreich gegen die sogenannte «Zivilisation» wehrten. Die Waldbienenzucht konnte blühen und gedeihen. In den großen Städten, die nun nicht mehr automatisch von Wald umgeben waren, haben sich die Menschen wohl die Honigbienen nach Hause geholt, Bienenwohnungen ersonnen und das Handwerk der Bienenzucht erlernt.

Wald- und Siedlungsgeschichte ab dem frühen Mittelalter ab ca. 455 n. Chr.

Im 5. Jahrhundert n. Chr. brach das Weströmische Reich zusammen und die Zeit der Völkerwanderung begann. Die sogenannte «zivilisierte» Welt blieb zwar in Teilen Süd- und Westeuropas bestehen, Köln, Aachen, Regensburg, London, alle alten Stadtgründungen und die ersten großen Klöster festigten ihre Herrschaft; doch zur gleichen Zeit setzte in vielen Regionen West- und Mitteleuropas das vertraute Spiel wieder ein, welches in Teilen Osteuropas nach wie vor Bestand gehabt hatte: Unstete Siedlungen wurden gegründet, blieben einige Jahrzehnte bestehen, wurden aufgegeben und verlagert. Der Wald konnte sich wieder regenerieren, die Buche weiter ausbreiten. Die «zivilisierte» Welt stand der Welt der Barbaren gegenüber und die «zivilisierte» Welt tat alles, um Zug um Zug diese Wildnis zu kolonisieren.

Nun begann das Zeitalter, das mit Königen, Rittern, Burgen, Mühlen, Jagdgesellschaften, Bauern, Klöstern und Karl dem Großen verbunden ist, aber auch jenes, das die Landschaft entscheidend prägen wird. Vom westeuropäischen Frankenreich ausgehend, begann die Kolonisierung Mittel- und später Osteuropas (hier vor allem durch die deutschen Ritterorden), die vom frühen Mittelalter bis in die frühe Neuzeit dauerte. Zum ersten Mal in der Geschichte der Menschheit nahm die Waldfläche jetzt kontinuierlich ab, da die Siedlungen nicht mehr wie bisher aufgegeben wurden. Sie wurden zu festen Dörfern ausgebaut, die von Grundherren und Königen regiert wurden. Weitläufige Handelsnetze wurden aufgebaut. Wälder wurden wieder gerodet, landwirtschaftlich genutzte Weiden und Äcker nahmen wieder zu. Bauern trieben ihre Tiere wieder in den Wald, den der Grundherr gleichzeitig für sein Jagdvergnügen nutzte. Dieser Wald war häufig Allgemeinbesitz, Allmende, wenn auch der Grundherr meist letztlich entschied, was auf ihnen gemacht werden durfte und was nicht. Weitläufige Waldbereiche wurden von Kaisern und Königen in Besitz genommen (Reichswald, Königsforst) und Teile davon an treue Adelige oder Klöster geschenkt, damit sie die Wälder nutzten und die Gegend kolonisierten und verwalteten. Im 7. Jahrhundert entstand das Wort «Forst». Die Wälder wurden wie früher zur Herstellung von Eisenerz, Pech und Holzkohle genutzt. Die sich daraus ergebenen Nutzungskonflikte, die bis in die Neuzeit anhielten, hatten hier ihren Ursprung und führten letztendlich auch zum späteren Verbot der Waldbienenzucht. Auf diese Zeit gehen auch die sogenannten Markwälder zurück, Waldflächen, die von mehreren Dörfern genossenschaftlich genutzt wurden. Jetzt nehmen auch die uns heute noch vertrauten Nutzungsformen des Waldes und der Landschaft dauerhaft Gestalt an: Hudeweiden in der Nähe der festen Dörfer und kleinen Städte, mit knorrigen alte Eichen und Buchen, umgeben von Zwergstrauchheiden, die durch die Viehhaltung und Eichel- und Buchäckernmast entstanden sind, Niederwald durch stetes auf Stock setzen von geeigneten Bäumen und Sträuchern wie Ulme, Esche, Hainbuche, Linde und Hasel für die Laubstreu- und Brennholznutzung, die Rotationswirtschaft, bei der auf derselben Fläche erst Acker- und Weidenutzung, dann Holznutzung betrieben wurde und weitläufige Wälder, die nur den Königen und Fürsten zu ihrem Vergnügen zur Verfügung standen. Und Bienenjagd und Waldbienenzucht. Davon im nächsten Abschnitt mehr.

Abb. 20: Reich strukturierte Landschaft mit Hudeweiden und Waldweide in Tschechien. © Sachs 2020

Kurzer Rückblick auf die bisherige Honigbienennutzung durch den Menschen von der Altsteinzeit bis in die Römerzeit

Fassen wir bereits Erarbeitetes zu den Themen «Sammeln von Bienenprodukten», «Bienenjagd», «Waldbienenfang», «Waldbienenpflege» und «Hausbienenzucht» zusammen, bevor wir die ersten schriftlichen Quellen zu diesen Formen der Bienenhaltung in Mitteleuropa sichten. Auf diese Weise wird uns bewusst, dass die Blüte der Bienenhaltung, wie sie oft für das frühe Mittelalter schon beschrieben ist, eine lange bis in die Vorzeit reichende Geschichte hatte, die zu dieser Blüte führte. Bisher hieß es in den Büchern zur Geschichte der Bienennutzung meist über die frühen Zeiten sinngemäß: «Die Bienenhaltung hatte ihren ersten Höhepunkt.» oder «Wir finden dort die Ruten- und Klotzstülper». Aber die Entwicklung der Geschichte der Bienennutzung liegt doch eher im Dunkeln.

Aus den bisherigen Kapiteln ist uns bekannt, dass die Westliche Honigbiene schon dem ersten Vertreter der Gattung *Homo*, dem *Homo erectus,* begegnet war und sich die Landschaft mit ihm teilte, in Asien, in Afrika und später auch in Europa. Mensch und Honigbiene wanderten dieselben Wege und begleiten sich schon seit diesen frühen Zeiten.

Die Menschen in der Altsteinzeit, die berühmten Jäger und Sammler, sammelten mit einiger Sicherheit die «Bienenprodukte» Honig, proteinreiche Bienenbrut und Wachs. «Sammeln» bedeutet in diesem Zusammenhang, dass sie die Honigbienen zufällig entdeckten, sei es, weil ein Baum umgestürzt war, in dem Honigbienen lebten, oder sei es, dass sie ein Erdloch oder eine Felsennische fanden, in denen Honigbienen brüteten. Weiterhin ist es durchaus denkbar, dass sie auch die Bienenjagd schon praktizierten, nämlich die Verfolgung der wilden Honigbienen hin zu ihrer Behausung, dem Erdloch, der Felsnische oder der Baumhöhle, um die Bienenprodukte zu rauben. Im jüngeren Abschnitt der Altsteinzeit (ab 45 000 v. Chr.) ist eine erste Form der Hausbienenhaltung in Ruten- und Klotzstülpern durchaus denkbar, da die Menschen die Fähigkeit, Gefäße aus Naturmaterialien herzustellen, sicher schon beherrschten, wenn auch bisher keine Belege diese These stützen können. Der (Wald-)bienenfang müsste dann auch schon Teil der Bienennutzung gewesen sein.

In der Mittelsteinzeit verlegten sich die Menschen aufgrund der Wiederbewaldung Europas immer mehr auf die Jagd von Hirsch, Reh und Wildschwein sowie auf den Fischfang. Sie waren sesshaft und betrieben Vorratshaltung. Zu dieser Zeit halte ich es für noch wahrscheinlicher, dass sie künstliche Bienenwohnungen flochten und Baumstücke benutzten, um Bienen zu halten.

Für die Jungsteinzeit haben wir bessere Belege für die Fertigkeiten der Menschen. Sie beherrschten den Haus-, Brunnen- und Zaunbau mit den Materialien Holz, Ästen für Flechtwände und Lehm als Verputz. Sie waren in der Lage, mit ihren Handäxten dicke Eichen zu fällen. Auch in diesem Fall ist es absolut naheliegend, dass sie Hausbienenzucht in Ruten- und Klotzstülpern und vielleicht sogar schon die Waldbienenzucht beherrschten, wenn dies auch noch nicht belegt ist.

Epoche der Menschheitsgeschichte	Menschen-Art der Gattung *Homo*	Landschaftsform, je nach Region das eine, beide oder nur das andere	Honigbienen, einheimisch wilde oder nicht einheimisch verwilderte	Art der Bienennutzung
Altpaläolithikum (Älterer Abschnitt der Altsteinzeit) 4 Mio. Jahre bis vor 300 000 Jahren	*Homo erectus*	Urwälder und waldfreie Landschaft	Wilde Honigbienen	Sammeln von Honig, proteinreicher Bienenbrut und Wachs; Bienenjagd?
Mittelpaläolithikum (Mittlerer Abschnitt der Altsteinzeit) Vor 300 000 Jahren bis 45 000 Jahren	*Homo erectus*? Früher moderner Mensch Neandertaler	Urwälder und waldfreie Landschaft	Wilde Honigbienen	Sammeln Bienenjagd? (Wald-)bienenfang? Hausbienenzucht?
Jungpaläolithikum (Jüngerer Abschnitt der Altsteinzeit) Von vor 45 000 Jahren bis 13 000 Jahren	Neandertaler Moderner Mensch; Hoch entwickelte Jäger- und Sammlerkultur	Urwälder und waldfreie Landschaft	Wilde Honigbienen	Sammeln Bienenjagd? (Wald-)bienenfang? Hausbienenzucht?
Spätpaläolithikum (im Spätglazial) 10 000 v. Chr.-8000 v. Chr.	Moderner Mensch; Jagd auf Rentier, Pferd etc.	Urwälder und waldfreie Landschaft	Wilde Honigbienen	Sammeln Bienenjagd? (Wald-)bienenfang? Hausbienenzucht?

Epoche der Menschheitsgeschichte	Menschen-Art der Gattung *Homo*	Landschaftsform, je nach Region das eine, beide oder nur das andere	Honigbienen, einheimisch wilde oder nicht einheimisch verwilderte	Art der Bienennutzung
Mesolithikum (Mittelsteinzeit) Beginn des Nacheiszeitalters Holozän 8300 v. Chr.-7000 v. Chr.	Moderner Mensch; Fischfang und Jagd von Waldwild; Flechten ist bekannt?	Urwälder und waldfreie Landschaft	Wilde Honigbienen	Sammeln Bienenjagd? (Wald-)bienenfang? Hausbienenzucht mit Ruten- und Klotzstülpern und Flechtkörben? Waldbienenzucht?
Neolithikum (Jungsteinzeit) 7000 v. Chr.-3200 v. Chr.	Moderner Mensch; Ausbreitung von Ackerbau und Viehzucht; Nutzung der Wälder in unterschiedlicher Intensität	Urwälder und waldfreie Landschaften, extensive Landwirtschaft; Wald verändert sich, aber Waldfläche bleibt ungefähr gleich	Wilde Honigbienen	Sammeln Bienenjagd? (Wald-)bienenfang? Hausbienenzucht mit Ruten- und Klotzstülpern und Flechtkörben? Waldbienenzucht?
Metallzeitalter 3700 v. Chr.-Zeitenwende		Von Menschen stark beeinflusste Wälder mit veränderter Baumartenzusammensetzung, extensive Landwirtschaft	Wilde Honigbienen	Sammeln Bienenjagd (Wald-)bienenfang? Hausbienenzucht mit Ruten- und Klotzstülpern und Flechtkörben? Waldbienenzucht?
Römerzeit 10 v. Chr.-500 n. Chr.		Die Waldflächen schrumpfen; nur im Osten noch weitläufige Wälder	Wilde Honigbienen	Sammeln Bienenjagd (Wald-)bienenfang Hausbienenzucht mit Ruten- und Klotzstülpern und Flechtkörben Waldbienenzucht

Epoche der Menschheitsgeschichte	Menschen-Art der Gattung *Homo*	Landschaftsform, je nach Region das eine, beide oder nur das andere	Honigbienen, einheimisch wilde oder nicht einheimisch verwilderte	Art der Bienennutzung
Frühes Mittelalter 500 n. Chr.- 1250 n. Chr.		Wälder erholen sich von der starken Nutzung	Wilde Honigbienen	Sammeln Bienenjagd (Wald-)bienenfang Hausbienenzucht mit Ruten- und Klotzstülpern und Flechtkörben Waldbienenzucht
Spätmittelalter 1250 n. Chr.- 1500 n. Chr.		Meist künstliche Forste aus standortfremden Nadelhölzern Beginn der intensiven Landwirtschaft	Wilde Honigbienen	Bienenjagd? Waldbienenfang Hausbienenhaltung Im Osten noch mehr Wälder = Waldbienenzucht
Frühe Neuzeit 1500 n. Chr.- 1789 n. Chr.		Naturferne Forsten Intensive Landwirtschaft	Wilde Honigbienen	Waldbienenfang Hausbienenzucht Waldbienenzucht
Neuzeit Ab 1800 n. Chr.		Naturferne Forsten Intensive Landwirtschaft Massiver Rückgang der Arten	Wilde Honigbiene stirbt aus; Import von nicht einheimischen Unterarten; Verwilderte Honigbienen in den Wäldern	Intensive Bienenhaltung Waldbienenzucht stirbt Wiederbelebung der Waldbienenzucht ab 2000 Versuch der Nachzucht der wilden Honigbiene; Schutz der letzten wilden und verwilderten Honigbienen

Tabelle 2: Übersicht über die 5 Bienennutzungsformen im Laufe der Epochen der Menschheitsentwicklung

5
Wald- und Bienennutzung ab etwa 700 n. Chr.

Die ersten schriftlichen Quellen zu Bienenjagd, Waldbienenfang sowie zu Waldbienen- und Hausbienenzucht in Mitteleuropa finden sich im Mittelalter ab etwa 700 n. Chr.

Die Ehre, unglaublich viel Material über die Nutzungsformen der Honigbiene durch den Menschen zusammengetragen und geordnet zu haben, gebührt Prof. Armbruster mit seiner Reihe «Archiv für Bienenkunde», die Interessierten einen tiefen Einblick in die Geschichte der Honigbienenhaltung gibt.

Die schriftlichen Zeugnisse beschreiben zum ersten Mal in der Geschichte der Menschheit Mitteleuropas neben dem Sammeln von Bienenprodukten die vier Formen der Honigbienennutzung, die Bienenjagd, den Waldbienenfang (Waldbienennutzung), die Haus- oder Gartenbienenzucht und die Waldbienenzucht (Waldbienenpflege, Zeidlerei) sowie die Bienenwohnungen, die sich in Anlehnung an Klima, zur Verfügung stehende Vegetation (Holz, Äste, Stroh, Lianen wie Clematis zum Binden) und Tradition der Menschen entwickelt haben. Wie uns jetzt bekannt ist, ist die Nutzung schon weit, weit älter. Wir lassen die sogenannte Erdbienenzucht beiseite, die es in südlichen Ländern immer gab, die aber letztlich keine Zucht, sondern das Sammeln von Bienenprodukten und das Einsammeln des Bienenvolkes bedeutete. (Armbruster, 1939) Beginnen wir mit der Bienenjagd, die sich letztlich aus der Sammlung von Bienenprodukten, der ersten Nutzung der Honigbienen entwickelt hat.

Die Bienenjagd

Die Bienenjagd nahm keine Rücksicht auf das Leben und Wohlbefinden der wilden Honigbienen. Den Bienenjägern ging es nur um Honig und Wachs, die zum Teil mit sehr rabiaten Methoden erbeutet wurden. Da wurde der Baum auch ohne Not oberhalb der Baumhöhle gekappt oder gleich ganz umgehauen. (Armbruster, 1960) Der Baum wurde häufig auch markiert, aber nur, um ihn im Herbst wiederzufinden, zu fällen und das Wachs ernten zu können. 1801 wird berichtet, dass in den Freiburger Wäldern zwei Männer den Immen aus einem Baum brannten. (Armbruster, 1939) Die Könige, Landesherren und Klöster beschäftigten Bienenfänger für diese Arbeit. Sie wurden «Cedeler» genannt. Auch wenn uns an dieser Stelle sofort die Zeidler, die Waldbienenzüchter, einfallen, beziehen sich die Tätigkeiten der «Cedeler» oder auch der «cidlarii» aus den südbaiwarischen Zeidelrechten (748 n. Chr.) nicht auf die Waldbienenpflege, sondern auf das Sammeln von Bienenprodukten. Armbruster hat an vielen Beispielen nachgewiesen, dass der Cedeler in erster Linie jemand ist, der etwas mit Bienen zu tun hat und Zeidelheim der Ort, an dem der Cedeler wohnt. Ob es sich um einen Bienenjäger oder um einen Waldbienenpfleger handelt, muss aus den Urkunden oder Gesetzestexten herausgearbeitet werden. Im frühen Mittelalter waren in Bereichen mit weitflächigen Wäldern die Bienenprodukte ebenso wertvoll oder sogar mehr wert als das Holz, weshalb sich die Anstellung eines Cedelers für die Landesherren lohnte. Dies sollte sich erst im Spätmittelalter ändern, in dem die Bienenjagd bzw. die dadurch erfolgte Schädigung des nun wertvollen Holzes unter Strafe gestellt wurde. (Armbruster, 1939)

Über die Bedeutung des Wortes «Zeideln» wird viel spekuliert. Am wahrscheinlichsten erscheint mir die Herleitung von dem Wort «Seideln»: Ein Seidler ist der Hersteller eines Seidels, eines Gefäßes, in dem feste oder flüssige Substanzen aufbewahrt oder gesammelt werden. Seideln bezeichnet im Bayrischen die Tätigkeit, einer Kuh die Milch oder den Bienen den Honig zu nehmen oder Beeren zu sammeln. Sîdel (mittelhochdeutsch) ist ein Volumenmaß für Flüssigkeiten, im Fränkischen bestellt man ein Seidla, ein frischgezapftes Bier, und situla bedeutet im Lateinischen «Krug, Eimer». (Grimm et al., 1854–1960) Zeideln könnte davon abgeleitet bedeuten, Honig, Wachs und Honigbienen in ein Gefäß zu legen bzw. in einem Korb zu sammeln.

Der Waldbienenfang bzw. die Waldbienennutzung

Der Waldbienenfang oder die Waldbienennutzung beruhte auf der Ansicht, dass wilde Bienen im Baum dazu da sind, «dass man sie so bald als möglich holt» (Armbruster, 1960) Die Besitzer der Wälder, Könige, Adel und Klöster, denen alles auf diesen Ländereien gehörte, hatten großes Interesse an den wilden Bienen, deren Produkte Honig und Wachs sehr begehrt waren und hoch gehandelt wurden. Sie beschäftigten wie oben erwähnt, ihre Bienenjäger, die neben ihren anderen Dienstaufgaben wie Schweine hüten Fang- und Lockkörbe in Wäldern und Hecken aufhängten, um die darin gefangenen wilden Bienen an ihre Hausbienenstände zu holen.

Im Kloster Zwiefalten bei Ulm findet sich das Bild eines Bienenfängers mit seinem Ruten-Lockstülper aus dem Jahre 1162. Das Handwerk, das später oft von Förstern übernommen wurde, war in Frankreich, Belgien, Luxemburg, in den Vogesen, im Schwarzwald, aber auch in Gegenden, die früher von Römern besiedelt waren, sehr in Mode, wohingegen die Imker der Heidegebiete des Nordens und des Nordwestens dagegen Stellung bezogen, weil sie die Schwärme nicht an

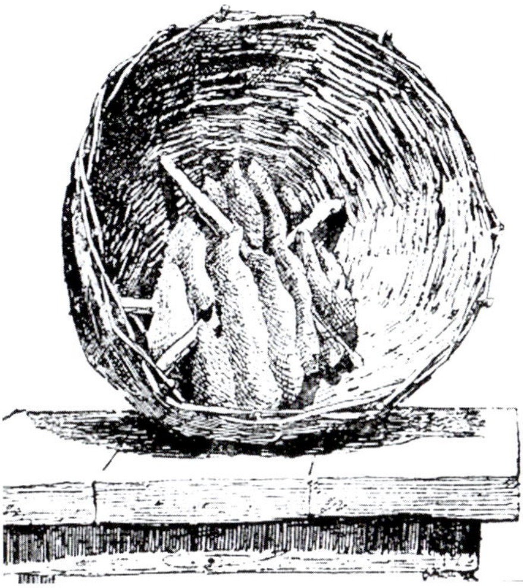

Abb. 21 a: Rutenstülper mit Bauanfängen und Speilen. (Armbruster, 1933)

Abb. 21 b: Leider war kein Fangkorb in dieser Schlehenhecke aufgehängt. Es hätte sich gelohnt! So musste dieses Honigbienenvolk sein Nest frei bauen. © Schwarz 2020

einen Lehnsherrn abgeben wollten. In Gegenden mit ärmeren Böden wie Teilen Süd- und Ostbayerns fristeten Bauernsiedler ihr Dasein und lebten von dem, was der karge Boden und die Wälder hergaben, also auch von Bienenjagd und Bienenfang. In Gebieten mit Waldbienenpflege (Zeidlerei) hatten die Zeidler auch Bienen an ihrem Hausstand und konnten der Versuchung, wilde Bienen zu fangen, häufig nicht widerstehen, wenn dies auch unter Strafe stand. (Armbruster, 1939)

Die Haus- oder Gartenbienenzucht

Die Haus- oder Gartenbienenzucht entwickelte sich aus der Waldbienenjagd, da die erbeuteten wilden Honigbienen ja irgendwo hinsollten, nämlich in die Nähe des Hauses oder des Klosters. Die Hausbienenzucht war wohl allen Völkern schon bekannt, die eine sesshafte Lebensweise angenommen und sich als Hirten und

Ackerbauern ihr Leben eingerichtet hatten. Der Hausbienenstand diente auch als Honigschneiderei. Wenn Gäste kamen, wurde der Stülper umgedreht, eine Honigwabe ausgeschnitten und dem Gast angeboten.

Die Westgoten in Spanien hatten 654 n. Chr. ein Bienennachbarrecht entwickelt, was auf eine blühende kultivierte Bienenzucht auch in den Städten hindeutet. Sie nutzten den uralten bodenständigen Holzstülper.

In verschiedenen Gesetzestexten wie der «lex salica» von ca. 510 n. Chr. ist am Unterrhein schon von einem Bienenhaus die Rede, in der «lex ribuaria» ca. 600 n. Chr. in Mittelfranken von einem Bienenstand; die «lex saxonum» von ca. 810 n. Chr. bezeugt eine frühe Bienenzucht rund um die Lüneburger Heide, wo allerdings die Körbe nicht am Heimbienenstand, sondern auf Pacht- und Ödland standen.

Die ersten schriftlichen Hinweise auf die Hausbienenzucht in Klotzbeuten stammen nach Armbruster von einer Dresdner Handschrift von 1375 n. Chr., auf die älteste bekannte Zeidelwalddarstellung von einem Holzrelief in Stralsund von 1414 n. Chr. und auf die älteste Darstellung eines Lüneburger Stülpers von 1490 n. Chr. (Armbruster, 1939)

Abb. 21 c: Fränkisch-Hessischer Kugelstülper mit Strohhaube. (Schier, 1939), koloriert von R. Sachs 2020

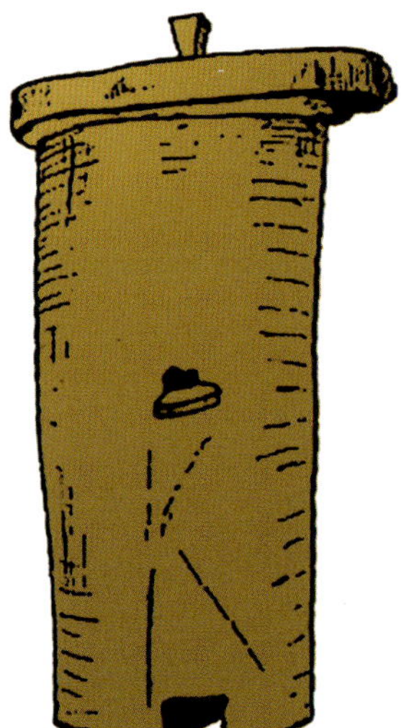

Abb. 21 d: Klotzstülper aus dem Tessin. (Schier, 1939), koloriert von R. Sachs 2020

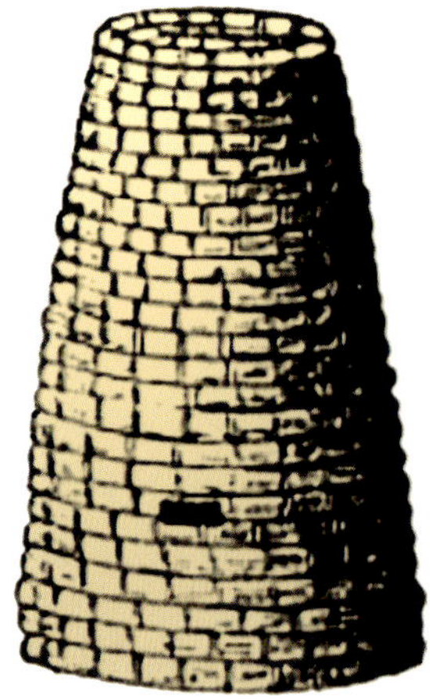

Abb. 21 e: Niederrheinischer Stülper. (Schier, 1939), koloriert von R. Sachs 2020

■ Abb. 21 f: Liegende Klotzbeute aus Mähren. (Schier, 1939), koloriert von R. Sachs 2020

■ Abb. 21 g: Klotzbeuten aus dem Vogtland. (Schier, 1939)

Die Bienenwohnungen entwickelten sich zusammen mit der Fähigkeit der Menschen, Naturmaterialien zu nutzen und daraus alle Arten von Gefäßen herzustellen. Die ersten Körbe wurden aus Fasern und Wurzeln mithilfe der Spiralwulsttechnik geflochten oder aus Ruten verschiedener Bäume und Sträucher (Weide, Hasel, Linde, Hartriegel etc.) hergestellt (de Capitani et al., 2002) und häufig noch mit Lehm und Kuhmist versiegelt.

Aber auch Körbe aus anderen Bind- und Flechtpflanzen wie Emmer-Weizen, Einkorn-Weizen oder Flachs wären seit der Jungsteinzeit möglich (Prof. Behre, per mail, Juli 2020), wenn sie auch noch nicht nachgewiesen werden konnten. (Zohary et al., 2012) Wir dürfen auch die verschiedenen Seggen, Binsen und Rohrkolben nicht vergessen, aus deren Halmen und Blättern Körbe geflochten wurden und zum Teil bis heute werden. (Gruber et al.) Baumstücke wurden ausgehöhlt und als Holzstülper auch

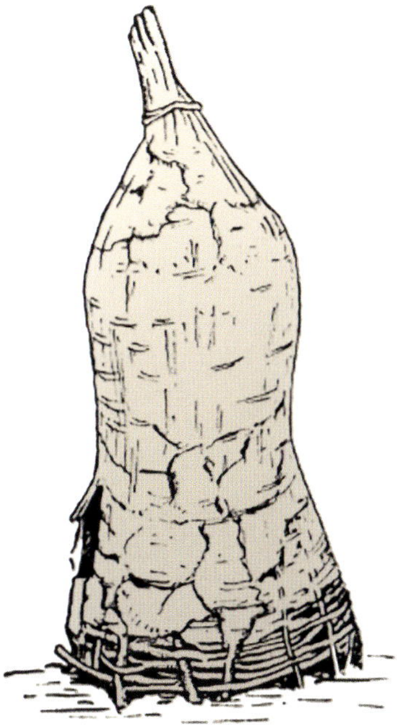

■ Abb. 21 h: Rutenstülper aus Zentralfrankreich. (Schier, 1939), koloriert von R. Sachs 2020

Abb. 21 i: Bauernkasten aus Graubünden. (Schier, 1939), koloriert von R. Sachs 2020

Abb. 21 j: Böhmische Strohsäule. (Schier, 1939), koloriert von R. Sachs 2020

zum Bienenfang und für die Hausbienenhaltung verwendet. Im Osten, wo die Wälder noch bis ins 19. Jahrhundert flächendeckend erhalten blieben, wurden Klotzstülper oder Klotzbeuten verwendet. In anderen Gegenden wurden Bretter zu Bienenkästen zusammengefügt.

Roggen ist heute natürlich das bekannteste Flechtmaterial für Strohkörbe. In Deutschland wird es seit dem 1. Jahrhundert n. Chr. angebaut (Prof. Behre, per mail, Juli 2020) und eroberte sehr rasch Deutschland und den Osten Europas. Im Südosten und Südwesten blieben die Imker ihren Rutenstülpern und Klotzstülpern treu. Das nördliche Mitteleuropa und vor allem die östlichen schon dem kälteren Klima ausgesetzten Gebiete wussten die guten Wärmeeigenschaften und die leichte Bauweise der Strohkörbe sehr zu schätzen, weshalb sich die Bienenwohnung aus Roggenstroh (z. B. Lüneburger Stülper) sehr schnell ausbreitete. Auch in Altbayern, wo sich bis ins 8. Jahrhundert n. Chr. nur Bienenwohnungen aus Holz, Rinde und Rute fanden, hielt der Strohkorb Einzug. Im Nürnberger Reichswald erlebte die Zeidlerei schon vor 1500 n. Chr. ihren Niedergang (dazu später mehr), was dazu führte, dass der «Deutsche Bienengarten» genannte Nürnberger Reichswald in «Deutscher Bienenkorb» umbenannt wurde, weil sich der Strohkorb auch

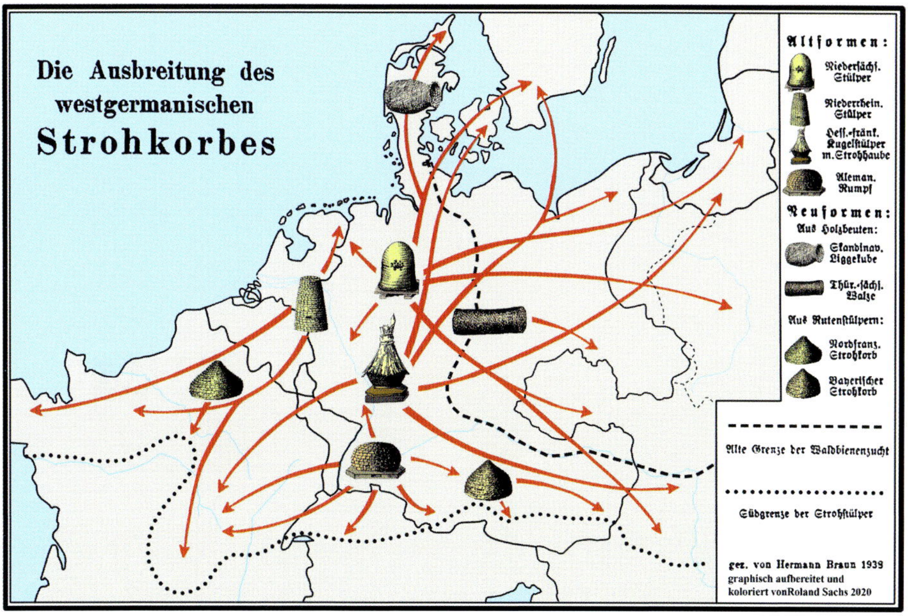

Abb. 22: «Die Ausbreitung des westgermanischen Strohkorbes», Stand ca. 1938. (Schier, 1939), koloriert von R. Sachs 2020

dort durchgesetzt hatte. Im späten Mittelalter ersetzte der Strohkorb in Form der Strohwalze und der Strohsäule auch die Klotzbeuten der alten Zeidelgebiete im Osten. (Schier, 1939)

Interessanterweise gibt es einen guten Grund, warum die Schwarmbienenzucht in manchen Gegenden beliebt (z. B. Norddeutschland, Südbayern) und in anderen Gegenden mit allen Mitteln verhindert wurde, nämlich das Recht. Überall da, wo Landesherren die Finger im Spiel hatten, wurden die Gesetze so verfasst, dass die herrenlosen Honigbienenschwärme dem Besitzer der Ländereien gehörten und nicht den Bauern oder Bienenjägern. Daher taten die Bienenzüchter alles, um Schwärme zu verhindern, da sie dieselben sonst dem Lehnsherrn abzugeben hatten und dafür oft nichts oder nur die Hälfte davon abbekamen. Im Norden, in der Lüneburger Heide, wo das Land den Fürsten nicht lukrativ erschien, konnten die Bauern auf eigene Rechnung wirtschaften, weshalb sich das Vermehren der Völker lohnte. Und im Osten überließ der Grundbesitzer dem Imker die Schwärme und wollte nur Honig und Wachs als Bezahlung. Im Norden und Osten hatte man das Schwärmen gerne, im übrigen Land ging man gegen das Schwärmen vor, da es einen bitteren Verlust bedeutete. (Armbruster, 1939)

Wir dürfen uns die Hausbienenzucht Mitteleuropas aber nicht so vorstellen wie die heutige Bienenhaltung. Die ersten Imkerbücher erschienen erst ab 1550 n. Chr. Die Pfarrer und Lehrer waren in der Regel die ersten, die die Natur der Honigbienen, ihre Fortpflanzung und Haltung erforschten. Die meisten Bauern, die ein paar Körbe auf ihrem Hof stehen hatten, hatten in der Regel von Bienenhaltung wenig Ahnung, weshalb der sogenannte Bienenschneider über die Lande zog, um die Waben auszubrechen und den Honig zu ernten. Wir dürfen auch nicht von einer durchgehend extensiven Bienenhaltung mit Bedacht auf das Bienenwohl ausgehen. Auch in dieser Zeit wurden Bienen von einem Ort zum anderen gebracht, Völker von fünf Körben in einen zusammengeworfen. Verklärung ist nicht angebracht, wenn auch insgesamt gesehen die damalige Bienenhaltung nicht mit der heute üblichen intensiven Bienenhaltung verglichen werden kann.

Die Hausbienenhaltung wurde bis etwa 1850 n. Chr. mit den traditionellen Bienenwohnungen auf traditionelle Art und Weise durchgeführt. Ein fundamentaler Wandel stellte sich erst mit der Einfuhr fremder Unterarten und der Auswechslung der alten naturnahen Bienenwohnungen durch Mobilbeuten ein. Dazu später mehr.

Die Waldbienenpflege oder «echte» Zeidlerei

Die riesigen Wälder östlich der Elbe bis in den Ural bildeten die Heimat der sogenannten Waldbienenpflege oder Zeidlerei. Bis zur Einführung der modernen Forstwirtschaft um 1800 boten Mischwälder mit reichhaltiger Strauch- und Krautschicht den wilden Honigbienen Wohnraum und Nahrung. In diesen nahezu urwaldartigen Wäldern konnte die natürliche Dynamik der Waldentwicklung ungestört ablaufen. Junge Bäume standen neben alten, kranke neben gesunden, sodass den wilden Honigbienen hohle Stämme in Hülle und Fülle und in allen möglichen Baumarten zur Verfügung standen. In frühen Zeiten und auch noch im Mittelalter war die Waldbienenpflege ebenso lukrativ wie Jagd, Fischfang und Schweinemast und lukrativer als die Holznutzung, sodass sich die Zeidlerei lohnte und die Rechte an den Bienen- und Beutebäumen geregelt werden mussten.

Aus germanischen Rechtsurkunden geht schon ca. 700 n. Chr. die Nutzung von sogenannten «Beutenbäumen» hervor, womit wir auf eines der ersten Zeugnisse der Waldbienenzucht, der sogenannten Zeidlerei gestoßen sind. (Berner, 1920) Der erste schriftliche Hinweis auf die älteste bekannte Zeidelwalddarstellung stammt von einem Holzrelief in Stralsund von 1414 n. Chr. (Armbruster, 1939)

Abb. 23: Weiße Waben (Naturwabenbau) in der Zeidelhöhle eines Beutenbaumes; die Zeidelhöhle wurde erst vor Kurzem mit einem Honigbienenschwarm besiedelt. © Mittl 2016

Urkundliche Berichte aus dem 8. Jahrhundert n. Chr. belegen die «echte» Zeidlerei auch für die westlichen Ausläufer der Waldbienenhaltung Oberpfalz, Nürnberger Reichswald, Fichtelgebirge, Frankenwald, Thüringer Wald und Erzgebirge. (Wagner, 1895) In all diesen waldreichen Gebieten wurde natürlich neben der Bienenjagd auch Bienenfang betrieben; spätestens, wenn ein Baum mit natürlicher Baumhöhle und Bienen darin gefällt wurde, durfte der Zeidler diesen ober- und unterhalb der Baumhöhle absägen und als sogenannte Klotzbeute mit nach Hause nehmen. Wald war in Hülle und Fülle vorhanden, sodass der Zeidler den Baum und seine Umgebung nicht gerade pfleglich behandelte; er hackte eine künstliche Baumhöhle in den Baum, das sogenannte «Lochen», und sägte die Krone des Baumes ab, das sogenannte «Wipfeln». Das Unterholz brannte er ab, damit die aufkommende Heide den Honigbienen im Herbst genügend Tracht bieten konnte. Nicht nur einmal war der Zeidler für Waldbrände verantwortlich, wenn er mit seinem Räuchermaterial zum «Beruhigen» der Bienen nicht sorgsam umging. Solange Honig und Wachs stark begehrt waren, wurde sein Verhalten geduldet. Der zunehmende Holzverbrauch, der mit der Entwicklung immer größerer Städte einherging, führte zum Anstieg der Holzpreise, da Holz immer seltener und begehrter wurde. Der Niedergang der Waldbienenhaltung begann. Dazu im nächsten Abschnitt mehr.

Frühere Bienenforscher stellten die westdeutsche wildbeuterische Waldbienennutzung der ostdeutschen Waldbienenzucht (Zeidlerei) gegenüber. (Berner, 1960) Diese Zweiteilung hat ihren Grund in der unterschiedlichen Güte der Böden. Im Westen (auch Frankreich) lagen die besseren Böden, weshalb die Wälder dort eher für die landwirtschaftliche Nutzung gerodet wurden. Im Osten mit den schlechteren Böden lohnte sich der Handel mit Bienenprodukten und dem Holz finanziell gesehen mehr, weshalb sich dort die Bienenjagd in die Waldbienenpflege wei-

Abb. 24: Mithilfe eines Gerüstes wurde eine Zeidelhöhle in einen alten Baum geschlagen. © Mittl 2016

terentwickelt hat. An der Ausbreitung der unterschiedlichen Bienenwohnungen können wir die unterschiedliche Form der Bienennutzung sehr gut ablesen. In den Waldbienenfanggebieten finden wir vor allem Rutenstülper und Kästen, später dann Strohkörbe, in den Waldbienenpflegegebieten vor allem Klotzbeuten und Klotzstülper, später auch Klotzbeuten und -stülper aus Stroh. Nur ein kurzer Hinweis: In Südeuropa finden wir Holzstülper, meist aus Korkeiche, deren Kernholz ausgefault war, oder liegende Holz- oder Tonröhren. Dies sind aber keine Hinweise auf Waldbienenpflege, sondern auf vorhandene Materialien, die schon seit Urzeiten zur Herstellung von Bienenwohnungen benutzt wurden, da die Honigbienen häufig eher in Erdhöhlen oder Felslöchern lebten. Der Honigbienenfang und die damit verbundene Hausbienenhaltung war in diesen Gegenden natürlich leichter möglich, da die Honigbienen nur aus den Erd- oder Felslöchern geholt werden mussten. Die folgende Karte zeigt die Nutzung der unterschiedlichen Bienenwohnungen in dieser Zeit, wie sie bis zu Beginn des 20. Jahrhunderts hinein noch zu finden waren.

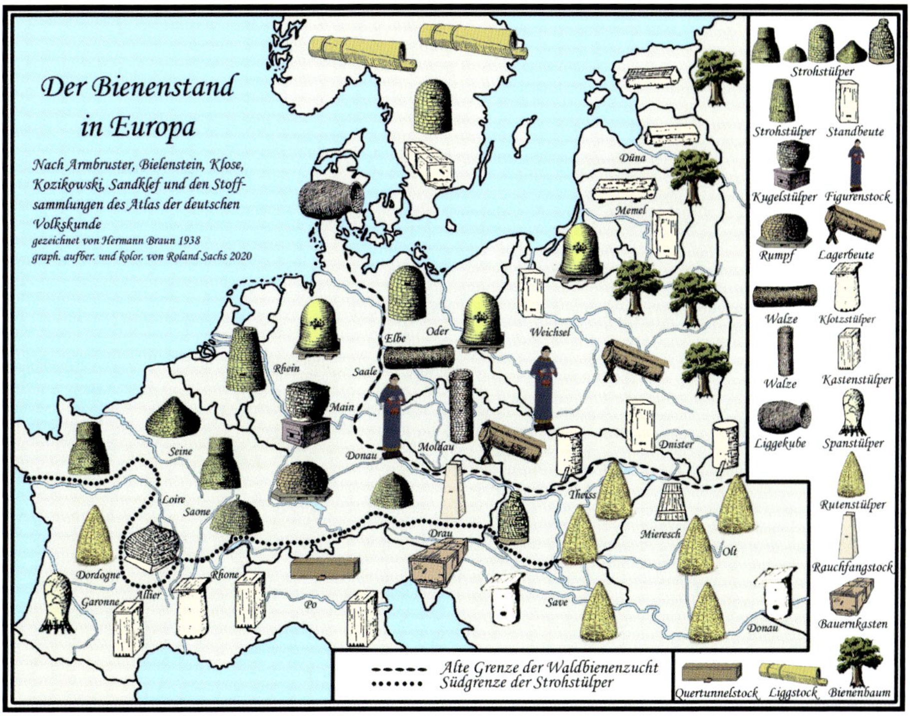

■ Abb. 25: Die früheren Gebiete der Waldbienenzucht und der Hausbienenzucht mitsamt den entsprechenden Bienenwohnungen zusammengefasst in der Karte «Der Bienenstand in Europa», Stand ca. 1937. (Schier, 1939), aufbereitet und koloriert von R. Sachs 2020

Zum ersten Mal in der Geschichte der wilden Westlichen Honigbiene ist das Überleben ihrer Art gefährdet

Über Jahrtausende verwendeten die Menschen also Bienenwohnungen, die für die Honigbienen geeignet waren. Sie waren vom Volumen her nicht zu groß und gut gedämmt. Daran lag es also nicht, dass die Honigbienen zum ersten Mal in der gemeinsamen Geschichte von Mensch und Honigbiene gefährdet waren. Alle Formen der Bienennutzung, die in Mitteleuropa üblich waren, reduzierten zum ersten Mal in ihrer Jahrmillionen währenden Geschichte kontinuierlich und unwiederbringlich die Zahl der wilden Honigbienen. Einzig die genetische Ausstattung blieb erhalten, da die Einfuhr von fremden Unterarten noch nicht üblich war. Die Alarmzeichen wurden nicht ernst genommen, da die Imker der Auffassung waren, dass man mit der später in Imkerbüchern vermittelten Ablegerbildung und Königinnenzucht vermeintlich auf Wildvölker verzichten könnte. Davon später mehr. Die Bestände der wilden Honigbienen konnten sich während des 30-jährigen Krieges (1618–1648) zwar erholen, doch begann bald danach die Intensivierung der Forst- und Landwirtschaft, was zusammen mit allen bisherigen Formen der Nutzung das weitgehende Ende der wilden Honigbiene in ganz Europa und darüber hinaus besiegeln sollte.

Die Nutzung der Wälder im späten Mittelalter und der frühen Neuzeit – das Ende der Zeidlerei kommt in Sicht

Der Druck auf den Wald und sein Holz begann mit Beginn des 12. und 13. Jahrhunderts zuzunehmen. Die ersten Waldbesitzer erkannten, dass Holz wertvoller als alle anderen Waldprodukte wie Wild und Honig werden würde und reagierten darauf. Kaiser, Könige, Adel und Kirchen belegten schon zu diesen frühen Zeiten ihre großen Waldgebiete (z. B. Reichswälder) mit Jagd- oder Wildbann, dem Rode- und Baubann (Verbot, unkontrolliert Eichen zu schlagen) sowie dem Mastbann (Verbot, Eichen und Buchen zu schlagen). Diese Wälder entgingen der zunehmenden Verwüstung. Je weiter man nach Osten und in die von Ordensrittern beherrschten Lande kam (Lettland, Litauen, Russland), desto mehr Wald gab es. Die Waldprodukte Wild, Honig und Wachs blieben daher länger konkurrenzfähig, was dazu führte, dass Wälder geschont blieben, weshalb dort das Handwerk der Zeidlerei zum Teil bis ins 20. Jahrhundert hinein gepflegt werden konnte. Im damaligen Westpreußen beispielsweise gab es 1772 noch mindestens 20 000 Beutenbäume und der Ertrag aus dem Pachtzins, den die Zeidler entrichten mussten, kam dem des Holzverkaufes noch gleich (Klose, 1925).

Von diesen riesigen Holzmengen konnten Mittel- und Westeuropa nur träumen. Im 14. Jahrhundert entstanden viele Städte, die für alle möglichen Gewerke immense Mengen von Holz benötigten. Städte und Grundherren erkannten Mitte des 14. Jahrhunderts, wie wertvoll Wald war und versuchten, zusätzliche Wälder in ihren Besitz zu bekommen und vorhandenen Wald über Bannverordnungen zu schonen, aber gleichzeitig musste mehr Wald gerodet und in Ackerflächen umgewandelt werden, um die Bevölkerung versorgen zu können. Viele Bauern waren in die Städte geströmt, wodurch sich in weniger besiedelten Gebieten der Wald zwar lokal erholen, aber der zunehmende Raubbau und die Übernutzung der Wälder dadurch nicht verhindert werden konnte. (Küster, 2013) Am Beispiel des Nürnberger Reichswaldes wird der Grad der Umwandlung von Wald in Ackerland deutlich: Von Eheberg hat errechnet, dass die ursprüngliche Ausdehnung des Reichsbienengartens um Nürnberg schon im 14. Jahrhundert von etwa 700 km^2 auf 290 km^2 zusammengeschrumpft war. (Zander, 1916)

Die Gegenbewegung zum Kahlschlag begann schon 1368, als ein Herr Stromer im Nürnberger Reichswald künstlich Kiefernsamen ausbrachte. (Sperber, 1968) Der Kiefernboom entbrannte, und diesem folgte der Fichtenboom. Die Bedeutung des Laubholzes nahm kontinuierlich ab und das Nadelholz wurde wichtiger. Man versuchte auf diese Weise, die völlige Zerstörung der Wälder aufzuhalten und für den neuen Holznachschub für die Gewerke zu sorgen. Deshalb setzte man auf schnellwachsende Nadelbäume wie Fichte und Kiefer.

Der Nutzungsdruck auf die Wälder und die wenig nachhaltigen Formen der Bienennutzung hatten für die Bienenhaltung zwei entscheidende Konsequenzen: die Waldbienenhaltung ging ihrem Ende entgegen und die seit mindestens 300 000 Jahren oder vielleicht sogar seit einer 1 Million Jahren in Europa sprudelnde Quelle «wilde Honigbienen im Ökosystem Wald» begann unaufhaltsam zu versiegen. Die Bienennutzung der *Apis mellifera* war zum ersten Mal auf künstliche Bienenzucht angewiesen, weil der Mensch die wilde Quelle versiegen ließ.

Die Lebensbedingungen der wilden Honigbienen in freier Wildbahn – erste Tipps für die Bienenhaltung

Wir haben die gemeinsame Geschichte von Mensch und Honigbiene ausführlich verfolgt. Die wilde Westliche Honigbiene lebt schon seit 6–9 Millionen Jahren und seit fast 2 Millionen Jahren zusammen mit dem Menschen auf diesem Planeten. Sie hat die gesamte Eiszeit überstanden und sich in über 29 Unterarten aufgespalten. Sie hat in diesem Zeitraum in den Höhlen aller möglichen Laub- und Nadelbäume gelebt und ihre Art bis vor vergleichsweise kurzer Zeit erhalten können. Sie konkurrierte mit vielen anderen Waldarten wie dem Baummarder, Vögeln und Fledermäusen um die Baumhöhlen und lernte, sich und ihre Baumhöhle zu verteidigen.

Auf der Grundlage der bisherigen Ausführungen verbunden mit dem Wissen über biologische Prozesse innerhalb des Ökosystems Wald können wir jetzt schon einige interessante Informationen ableiten, die die Westliche Honigbiene Millionen Jahre stabil haben überleben lassen:

- Honigbienen siedeln meist in Baum- oder Felshöhlen. Baumhöhlen sind meist allseitig von dicken Holzschichten umgeben und somit gegen Hitze und Kälte sehr gut isoliert. Diese gute Dämmung hat den großen Vorteil, dass die Honig-

Abb. 26: Die in den Baum geschlagene Zeidelhöhle (Baumhöhle) ist heiß begehrt. Ein Siebenschläfer hat das Wabenwerk der Honigbienen ausgeräumt, sich selbst einquartiert und Junge bekommen. © Sachs 2018

bienen geringere Energie- und Honigverluste verzeichnen und Kälte- und Wärmespitzen in idealer Weise abgepuffert werden. Felshöhlen werden mithilfe von Propolis-Wachs-Hüllen bis auf kleinste Einfluglöcher ebenfalls verschlossen. Dadurch können Kälte- und Wärmeschäden verhindert werden.

- In der Regel ermisst sich die Größe der Baumhöhlen an der Spechtart, die sie zimmert; bei Baumhöhlen, die durch Pilze großräumig ausgefault sind, kann die Größe auch weit darüber liegen. Für alle Größen der Honigbienenschwärme (Vorschwarm, mehrere kleine Nachschwärme) finden sich folglich die passenden Höhlengrößen.
- Belastete Waben werden von anderen Tieren, die die Baumhöhle ebenfalls nutzen möchten, aus der Bienenwohnung geworfen, sodass sich Krankheitserreger nicht halten können.
- Bienenbäume stehen in einem naturnahen Wald selten nebeneinander, sondern i. d. R. weit voneinander entfernt, sodass sich Krankheitskeime nur schwer von einem Bienenvolk zum anderen ausbreiten können (Vermeidung der horizontalen Transmission).
- Wild lebende Honigbienen sind der natürlichen Selektion ausgesetzt. Ein Volk, dass seine Krankheitserreger nicht in Schach halten kann, stirbt aus.
- Wilde Honigbienen der Art *Apis mellifera* haben mit Sicherheit im Laufe ihrer Millionen Jahre währenden Geschichte Hunderte von Krankheiten und Erreger erlebt, bekämpft und als Art insgesamt gesehen überlebt.
- Wild lebende Honigbienen steht zur Überwinterung Frühjahrs-, Sommer- und Herbsthonig (und kein Zucker) zur Verfügung.
- Wild lebenden Honigbienen, die fleißig sammeln, können große Mengen Honig ansammeln und damit nicht nur Trachtlücken, sondern auch schlechte Jahreszeiten und sogar ein schlechtes Jahr sehr gut überstehen (z. B., wenn Honig vom Vorjahr zur Verfügung steht).

Abb. 27: Wild lebende Honigbienen in einer alten Kirsche, die von altem Efeu umwuchert wird. Sie haben Anfang August begonnen, das Astloch mit Propolis zu verschließen. © Schwarz 2020

- Nur starke und gesunde Honigbienenvölker können sich gegen Fressfeinde und Wohnungskonkurrenten wehren, schwache und ungesunde werden auf natürliche Weise daran gehindert, ihre Gene weiterzugeben.
- Die einheimische Honigbiene mit all ihren Unterarten (u. a. *Apis mellifera mellifera*, *Apis mellifera carnica*, *Apis mellifera ligustica*) hat Jahrtausende in freier Wildbahn überlebt, sich an verschiedenste Klima- und Trachtbedingungen angepasst und ungezählte Krankheitserreger überlebt. Sie hat bewiesen, dass sie allen Widrigkeiten zu trotzen vermag.
- Die inneren Wände der Baumhöhlen, die von Honigbienen genutzt werden, sind meist großflächig mit einer Propolisschicht überzogen – Propolis ist bekannt für seine Wirkung gegen Krankheitserreger und konserviert die Baumhöhle für Jahrzehnte.
- Honigbienen siedeln in Baumhöhlen nahezu aller Laubbaumarten und auch in Kiefer, Fichte und Tanne.

Teil III

Der große Umbruch: Die Intensivierung der Bienenhaltung seit etwa 1850

Die Imker und Zeidler sägten sich den Ast ab, auf dem sie saßen, indem sie die wilden Honigbienen über die Jahrtausende ausgerottet hatten. Die Tradition der Bienenhaltung drohte auszusterben. Aus der Not heraus erfand man Techniken, Honigbienenvölker «quasi selbst zu erschaffen». Die künstliche Bienenzucht war geboren und feierte schnell scheinbar große Erfolge. Die Imker lernten, aus einem Volk zwei oder drei zu machen, züchteten Königinnen gleich im Dutzend, schickten Königinnen mit ein paar Paketbienen um die halbe Welt und steigerten ihren Honigertrag durch die Einführung der Zuckerfütterung. Diese «modernen» künstlichen Imkermethoden versprachen die Wiederbelebung einer alten Tradition und führten zu einem Boom. Nach nicht einmal 20 Jahren waren die Auswirkungen auf die Gesundheit der Honigbienen so dramatisch, dass berühmte Bienenforscher ihre mahnenden Stimmen erhoben. Diese wurden aber nicht gehört und so nahm die Katastrophe ihren Lauf – lesen Sie weiter und Sie werden ahnen, was das alles mit heute zu tun hat.

6
Intensivierung der Land- und Forstwirtschaft und das Ende der Zeidlerei

Die Bienenhaltung war nicht die einzige Nutzungsform, die der Intensivierung anheimfiel. Die Ausräumung der Landschaft und Intensivierung der Landwirtschaft wurden schon ab etwa 1750 betrieben. Die Intensivierung der Forstwirtschaft lief parallel dazu. Ich möchte kurz auf beide eingehen, da beide nicht nur für den Erfolg einer guten Bienenhaltung entscheidend, sondern auch für den Niedergang der Zeidlerei sowie der wilden Honigbiene in Europa mitverantwortlich sind. Eine blütenreiche vielfältige Landschaft stellt Nektar und Pollen (Tracht) zur Verfügung, die die Honigbienen als Futter und auch als Arzneiquelle brauchen. Ein gesundes Waldökosystem mit alten Bäumen, vielfältiger Tracht und Baumhöhlen sorgt für die Bienenwohnung. Einer der renommiertesten Bienenwissenschaftler Prof. Zander beklagte schon 1916 die Intensivierung von Land- und Forstwirtschaft, die schon ab dem 14. Jahrhundert begonnen habe und die er für den Niedergang der Zeidlerei und der Bedeutung der Bienenhaltung verantwortlich macht:

> «…, denn die Ausbreitung des Ackerbaus ließ sich nicht aufhalten. Er bot aber den Bienen für die mit der Waldflora zum Teil vernichteten Honigquellen keinen vollwertigen Ersatz, zumal der Landwirt die in den Feldern gedeihenden Honigpflanzen (Kornblumen, Hederich usw.) nach Möglichkeit zu vertilgen sucht. Darum sehe ich sicher nicht mit Unrecht die Hauptursache für den Verfall des blühenden deutschen Zeidelwesens in der Verringerung der Waldflächen und der Ausdehnung der Feldwirtschaft. (…) In unserer Zeit haben sich diese Verhältnisse noch wesentlich verschlimmert.» (Zander, 1916)

In diesem Kapitel wollen wir uns die Gründe für die Ausrottung der wilden Honigbiene und die unterschiedlichen Aspekte der Intensivierung der Bienenhaltung ansehen.

Die Intensivierung der Landwirtschaft ab etwa 1750

Im Laufe des 18. Jahrhunderts erfasste die Intensivierungswelle auch die Landwirtschaft. Immer mehr Menschen in den Städten wollten mit Nahrungsmitteln versorgt werden, sodass die Art der Viehhaltung verändert wurde. Die Tiere wurden nicht mehr in erster Linie in die Wälder getrieben, sondern auf umzäunten Weideflächen gehalten. Insgesamt wurden große Anstrengungen unternommen, um die Nutzung der Wälder durch die Bevölkerung zu unterbinden. Gleichzeitig wurde das Prinzip des Allgemeinbesitzes (Allmende-Weide) und der genossenschaftlichen Bewirtschaftung der Wälder in das eines Privatbesitzes überführt, wenn auch nicht flächendeckend. (Küster, 2013) Gleichwohl lebten die Menschen verglichen mit heute bis ins 19. Jahrhundert hinein in einer abwechslungsreichen Landschaft, die sie selbst im Laufe von Jahrtausenden geschaffen hatten. Huteweiden, Wacholderweiden und lichte Buchen- und Eichenwälder, die aus der Waldweide entstanden waren, sowie genutzte Nieder- und Mittelwälder hatten überlebt. Aus ihr entstand die abwechslungsreiche Kulturlandschaft, auf die wir heute wehmütig zurückblicken. Die Artenvielfalt an Pflanzen und Tieren, die auf viele verschiedene Lebensräume zurückzuführen ist, war damals, verglichen mit heute, extrem hoch. Die richtige Ausräumung der Landschaft sollte erst noch kommen. Damals aber streiften die ersten Naturliebhaber durch die Landschaft und erstellten Artenlisten aller Tier- und Pflanzengruppen. Wenn diese Zustände aus heutiger Sicht auch noch paradiesisch erscheinen, machten sich doch die ersten Auswirkungen der Landschaftsüberformung bemerkbar. Der Altmeister der Vogelkunde, Prof. Naumann, berichtete schon 1849 von einem erschreckenden Verlust der Vogelarten und machte die Intensivierung der Landwirtschaft dafür verantwortlich. Prof. Berthold, der heute berühmteste Vogelkundler, weist 2018 darauf hin, dass wir im Vergleich zu 1800, also innerhalb von nur 218 Jahren, 80 % unserer Vogelwelt verloren haben. (Berthold, 2018)

Der Umbau der Wälder im 18. und 19. Jahrhundert

Das Ende der Zeidlerei

Ganze Mittelgebirge waren abgeholzt und das Holz über Flüsse in die großen Städte und Handelsumschlagplätze transportiert worden. Die stadtnahen Wälder wurden direkt ausgeplündert. Sie dienten nach wie vor als Weidefläche; riesige Mengen Brennholz wurden entnommen und Waldstreu diente als Einstreu in den Viehställen. In den Wäldern waren ab dem Mittelalter die zum Teil heute noch berühmten Gewerbe entstanden: Hüttenwerke zur Herstellung von Eisen, Köhlereien, Glashütten, Hammerwerke, Salinenbetriebe zur Salzgewinnung, Bergwerke zur Silbergewinnung, Töpfereien und Steinguthersteller, Brauereien, Sägewerke, Papiermühlen, Harz-, Teer- und Pechgewinnung und die Waldbienenhaltung, die allerdings schon im Niedergang begriffen war. Fürsten und reiche Grundbesitzer trieben den Raubbau an den Wäldern durch die Gründung von Fabriken auf die Spitze. Das 18. Jahrhundert entwickelte sich zum Zeitalter des größten Holzmangels. Die Auswirkungen dieses Raubbaus waren so offensichtlich, dass um 1770 neben den Forstordnungen, die wir schon seit dem 15. Jahrhundert finden, auch die forstliche Ausbildung einsetzte, die für Aufforstung und Pflege der Forste notwendig erschien. Nachhaltigkeit war damals noch kein Thema; man suchte nach schnell wachsenden Bäumen, die den Holzbedarf der nächsten Generation decken konnten und fand sie in Kiefer und Fichte. Schon 1420 zeigten sich die Konsequenzen der Monokultur: Riesige Flächen fielen Raupen und Käfern zum Opfer (Sperber, 1968), aber man lernte nicht daraus und pflanzte weiter Kiefer und Fichte. Aber auch die Waldstrukturen änderten sich dramatisch. Die vormals traditionell gepflegte Plenternutzung des Wirtschaftswaldes wurde in Kahlschlagnutzung überführt.

Im 17. und 18. Jahrhundert gab es kaum noch Hochwälder, was nicht nur dazu führte, dass die mittelalterliche Mastnutzung an Bedeutung verlor, sondern auch die Holzpreise explodierten, was das Aus für die Waldbienenpflege bedeutete. Dementsprechend begannen die meisten Waldbesitzer ab etwa 1700, je nach Region auch schon etwas früher oder etwas später, die Waldbienenzucht zu verbieten. Man wollte auch keine Privatleute mehr in seinem Forst haben. Viele Menschen wurden des Holzdiebstahls und der Wilderei verdächtigt und die Imker brannten nicht selten zur Unzeit mitten im Sommer die aufkommenden Bäume ab, um ihre Heideflächen zu vergrößern. Die großen Städte hatten immer mehr Bedarf an dicken Stämmen, die bisher häufig noch von Zeidlern benutzt werden durften, um dort künstliche Höhlen anzulegen. All dem wollte man einen Riegel vorschieben. Der Schaden stand für die Besitzer in keinem Verhältnis mehr zu den Pachteinnahmen, und Holz war jetzt zu wesentlich höheren Preisen zu verkaufen, als Honig und Wachs einbrachten, was durch folgendes Zitat aus dem Jahr 1800 eindrucksvoll bestätigt wird: «… aber mit einer geordneten Forstwirtschaft war die Waldbienenzucht unverträglich; sie bestand nur solange, als ein so starker Baum nur denselben Preis hatte wie ein Paar Stof Honig (1 Stof = 1,145 Liter), und wie die Forstkultur mit dem Steigen der Holzpreise zunahm, verschwanden auch die Beutner und ihre ‹wilden Bienen› aus den Wäldern Preußens.» (Mager, 1936) Wenn überhaupt, wurden die Imker in den Wäldern nur noch geduldet. In Brandenburg zum Beispiel durften die früheren Zeidler 1702 nur noch ihre Klotzbeuten in den Wald bringen. In der Niederlausitz, Hoyerswerda und Muskau durften sie ab 1800 herum nur noch Bienenkörbe in die Heide bringen. Dramatisch, wenn man bedenkt, dass in Muskau z. B. noch 1769 über 7000 Bienenbäume von der Zeidelgesellschaft betreut wurden. In österreichisch-deutschen Staaten begann ab etwa 1768 die Gartenbienenhaltung aufzublühen, nachdem auch dort die Zeid-

Abb. 28: Die letzten ihrer Art – «Zwei Beutkiefern unweit Grodno. Aufn. Dr. Stechow 1918». Aus: (Klose, 1929)

lerei verboten wurde. Wo die Bienenprodukte Honig und Wachs noch gut bezahlt wurden, die Zahl der von Natur aus hohlen Bäume aber zu gering war, wurden Klotzbeuten aus allen möglichen Baumarten wie Eiche, Erle, Kiefer, Tanne etc. angefertigt, an Bäumen hochgezogen und in den Ästen befestigt. (Schier, 1939) (Klose, 1925) Anfang des 19. Jahrhunderts waren die Bienenbäume fast überall verschwunden. Nur in Osteuropa fanden Volkskundler und Bienenforscher noch gewaltige, z. T. über 300 Jahre alte Beutenbäume.

Die letzten Bäume mit Baumhöhlen gingen durch die neue Forstwirtschaft verloren

Die Einführung der Dampfmaschine in immer mehr Wirtschaftszweige führte zu einer ersten Verringerung des Holzverbrauchs. Ab etwa 1850 nahm die Waldfläche durch systematische Aufforstungen wieder zu. Leider hatte die Forstwirtschaft nichts aus den vielen Schädlingskalamitäten der vorhergehenden Jahrhunderte gelernt. Der 1368 eingeführte Nadelholzboom erreichte im 19. Jahrhundert seinen Höhepunkt. Die letzten noch vorhandenen artenreichen Buchen- und Buchenmischwälder wurden in eintönige Koniferen-Kunstforste umgewandelt. Ein kurzer Abschnitt eines Artikels soll ein Gefühl für die letzten riesigen urwaldartigen Wälder geben, die der Abholzung und «Verfichtung» weichen mussten. 1892 beschrieb Otto Grashen eine Wanderung im Bayerischen Wald in der Nähe von St. Oswald: «Wir betreten den majestätisch großartigen Wald, in dem sich Riesenschäfte, Riesenstämme mächtiger Tannen und Buchen aufbauen, die bis zu namhafter Höhe astlos gleich mächtigen Säulen eines Doms in die Höhe ragen und unter dem schirmenden Laubdache ein geheimnisvolles Dunkel verbreiten, das uns in hehre, weihevolle Stimmung zu versetzen geeignet ist. (…) Immer höher steigen wir; die Region der Buche, der Tanne hört auf, es beginnt die Lage der Licht und Luft liebenden Ahorne und weiter oben jene der Fichten, die immer spitzer, astreicher werden, bis sie endlich der Legföhre das Gebiet abtreten, und nun die Gegend den Charakter des Hochwaldes, wie man dort zu sagen pflegt, annimmt.» (Grashen, 1892) Ab nun prägten Nadelholz-dominierte, eintönige Altersklassenforste, sogenannte Holzäcker, das Gesicht des Waldes. Weitsichtige Forstleute übten als Mahner in der Wüste Kritik am Altersklassenforst, an der Kahlschlagwirtschaft und der Dominanz der zwei Baumarten Fichte und Kiefer, die sie in einem prägnanten Satz zusammenfassten: «Wir haben den Pfad der Natur verlassen.» Sie warben für das Konzept des Dauerwaldes mit kahlschlagfreier Vorratspflegewirtschaft, hielten aber die radikale Durchforstung, sprich die Entnahme von altem und krankem Holz, für notwendig. Die ersten Versuche, Nadelforst in Dauerwald umzuwandeln, gingen in den Wirren der Kriegs- und Nachkriegsjahre unter. Nur wenige hielten an der Idee des Dauerwaldes fest. Der Fortwissenschaftler und Wildbiologe Aldo Leopold, der einer der Pioniere der Umweltbewegung werden sollte, erkannte schon 1934, dass die übertriebene Durchforstung die Wälder zunehmend verarmen ließ. (Panek et al., 2019) Baumhöhlen wurden knapper und knapper.

Aber auch Bienenwissenschaftler wie Zander (1944) und Imker waren besorgt über die Auswirkungen des Waldumbaus. Der Forstmeister Bindseil beschreibt das im Deutschen Imkerführer von 1942 so:

> «Daher müssen wir hier erst einmal eine große Heerschau halten über das, was uns noch geblieben ist aus dem großen Sterben der Vergangenheit in unseren Wäldern an Bäumen und Sträuchern aller Art, an Vögeln und Insekten, an Beeren und Früchten, Blumen und Heilpflanzen, die ihre Heimat im Walde verlassen mußten, als die großen Fichtenwälder kamen und die Holzplantagen zunahmen, als kein Platz mehr war für alles, was nicht Massen und Gelder brachte und sich mit dem Rechenstift nicht zu gewaltigen Zahlen summieren ließ.»

Gleichzeitig erinnerte er an die Bedeutung der Honigbienen für einen gesunden Wald:

> «Und wo die Vögel sich im Walde vermehren, da nehmen die schädlichen Forstinsekten ab, wo aber die Bienen den Wald bevölkern, da mehrt sich seine Fruchtbarkeit und Naturverjüngungsfreudigkeit, da werden die Mischungen besser, da steigert sich der Holzertrag und die Vielfältigkeit der Gütererzeugung, da ist der gesamte Naturhaushalt in Ordnung.» (Bindseil, 1942)

Zander thematisierte 1944 den Einfluss der intensivierten Land- und Forstwirtschaft auf die wilden Bienenvölker:

> «Von Natur aus ist die Honigbiene eine Waldbewohnerin, die von jeher in den zahlreichen hohlen Bäumen der ausgedehnten Urwälder willkommene Wohngelegenheiten fand. (…) In dem Maße aber, in dem unter Axt und Feuer die neblichten deutschen Wälder den sonnigen Dorfstätten und wogenden Kornfeldern weichen mußten, in dem Maße, in dem an die Stelle des sinnlosen Raubbaus am Walde eine planmäßige Forstwirtschaft trat, die keine hohlen Bäume mehr duldete, wurde auch die Honigbiene nach und nach aus ihrer Urheimat verdrängt, (…). Die Bienen sind als Dauerbewohner so gut wie ganz aus den Wäldern verschwunden.» (Zander, 1944)

Abb. 29 a und b: Die Wildkräuter-Vielfalt mit Kornblume und Mohnblume sind eine Grundlage für gesunde Honigbienen. © Schwarz 2016/2019

7
Die Quelle «wilde Honigbienen» aus Wald und Flur ist etwa um 1800 versiegt

Die ersten Lehrbücher und Magazinbeuten für die Bienenhaltung um 1700

Wir verdanken Dr. Stautner, einem frühen Vorstand des bayerischen Bienenzuchtvereins, wertvolle Hinweise zur Geschichte der Bienenhaltung. 1889 hielt er einen Vortrag, in dem er verschiedene Aspekte zur Sprache brachte. Die Bienenwohnungen waren von verschiedener Größe, wie sie sich aus den verschiedenen Durchmessern der Baumhöhlen ergab. Die Imker verstanden noch nicht, dass der Raum entsprechend der vorhandenen Tracht unterschiedlich groß gewählt werden müsse. Die Bienenpflege bestand aus der Entnahme von Wachs und Honig, die Erhaltung der Bienen war Nebensache. Seiner Ansicht nach blieb die Behandlung der Bienen noch im 15. und 16. Jahrhundert auf einer niedrigen Stufe, nur die Einsicht über die unterschiedliche Größe der Bienenwohnung zwischen 2 ½–5 Fuß hatte sich schon durchgesetzt. Die ersten Bienenbücher von 1568 (Görlitz), 1596 (Leipzig) und 1591 (Berlin) glichen noch eher Märchenbüchern, da über die Biologie der Honigbienen noch so gut wie nichts bekannt war. Stautner bezieht sich dann auf die Veröffentlichung von Hohberg (Adeliges Land- und Feldleben, Nürnberg 1701 und 1710). Dieser beschreibt die Findigkeit der Bienenzüchter, verschiedenste Bienenwohnungen herzustellen; größere und kleinere, hohe und niedrige Körbe aus Stroh- und Weidengeflecht, mit mehr oder weniger spitz abgerundetem Haupt und auch viereckige Strohwohnungen, Flugloch unten oder auch fast in der Mitte der Höhe, ausgehauene Baumstücke mit rückwärtig angebrachten Türen sowie viereckig aus Brettern zusammengenagelte, innen mit Wachs und Pech geglättete Kästen, in Ständern und in Lagerform; zur beliebigen Erhöhung waren auch kleine Strohkörbe und Bretterkästen erfunden worden. Hohberg verstand sich auf das Umlogieren und Vereinigen von Völkern, konnte das Schwärmen der Völker fördern oder verhindern und entnahm den Bienen den Überfluss an Honig, aber nur mäßig und unter Schonung der Brut sowie des geschlossenen Baus. Stautner war der Ansicht, dass Hohbergs Bienenpflege um 1700 mehrfach besser und sorgfältiger gewesen sei als bei den Bienenhaltern um 1900 und sogar verständnisvoller als bei manchem Bienenzüchter.

Die ersten Bienenbücher mit wissenschaftlichem Hintergrund erschienen erst seit 1753 in deutscher Sprache, was bald darauf zur Gründung deutscher Bienengesellschaften führte, die ab 1766 eigene Zeitschriften herausgaben. Die Erfindung neuer Formen und Stoffe für Bienenwohnungen geriet nahezu zum Imkersport:

> «Auch ein Stock mit beweglicher Wabe, der sog. Bücherstock, den der blinde Francois Huber in Genf und Paris (1792 und 1796) mit Hilfe seines Bediensteten Frz. Bernens construiert hatte, fand in Deutschland Eingang

als Vorläufer von Alberti's Blätterstock. Den ersten Anlauf hierzu hatte John Gedde schon 1675 gegeben.» (Stautner, 1889)

Die Forschungen des Pastors Gottlieb Schirach führten um 1760 herum zu drei wichtigen Imkerpraktiken: dem Heranziehen von Reserveköniginnen, dem Beweiseln mutterlos gewordener Völker und der Ablegerbildung. An diesen Neuerungen können wir ablesen, dass die Quelle der wilden Honigbienen aus Wald und Flur zu versiegen begann und die Notwendigkeit bestand, aus anderen Quellen neue Völker künstlich zu «erschaffen». Man erkannte, dass das «höchst schädliche Zeideln und Beschneiden der Stöcke» (Stautner, 1889) die Ursache für den Verlust der Völker war und beschloss von amtlicher Seite her die Einführung von Unterricht in Bienenhaltung, um den Verlust der Bienenvölker zu stoppen. Allerdings wurden die neuen Erkenntnisse des Herausschneidens von Wachs und Honig und Verjüngung des Baus ohne Bienenvernichtung von der überwiegenden Anzahl der verantwortlichen Bienenmeister nicht umgesetzt. Der Verlust der eingefangenen wilden Bienenvölker ging unvermindert weiter und die Imkerei verfiel.

Die Dunkle Biene *Apis mellifera mellifera* starb um 1800 herum in Deutschland aus

Etwa um 1800 geschah in Deutschland das Unglaubliche: die wilden Honigbienen waren so gut wie ausgestorben. Ein schleichender, aber unaufhaltsamer Prozess mit vielen Faktoren, von denen der entscheidende die Jahrtausende währende Entnahme von wilden Honigbienen aus der Natur war, hatte dazu geführt. Nach Auswertung hunderter alter Schriften möchte ich das Ende der wilden Honigbiene in Deutschland so etwa um das Jahr 1800 oder sogar noch früher veranschlagen. Mit drei Aussagen der berühmtesten Zoologen ihrer Zeit möchte ich meine Hypothese begründen. Prof. Oken schrieb in seinem umfangreichen Standardwerk «Allgemeine Naturgeschichte für alle Stände», der alle wild lebenden Tier- und Pflanzenarten umfasst, keinen einzigen Satz über die Honigbiene in freier Wildbahn und das im Jahre 1835, dafür aber mehrere Seiten über die Honigbiene und ihre Nutzung in der Imkerei. (Oken, 1835) In der Gesamtausgabe von Brehms Tierleben befassen sich die Zoologen Taschenberg und Schmidt im 6. Band von 1869 mit der Honigbiene Apis mellifera: «Der Mensch hat von je den Fleiß der Biene anerkannt und sie gewürdigt, ein Symbol zu sein für diese hohe

Tugend, er hat aber auch die Ergebnisse ihres Fleißes zu würdigen gewußt, und daher ist es gekommen, daß wir jene Bienenstaaten nicht mehr frei in der Natur antreffen (ausnahmsweise verwildert), auch nicht angeben können, wann und wo sie sich zuerst daselbst gefunden haben.» Alle weiteren Beschreibungen über die Honigbiene in diesem Buch erfolgen im Zusammenhang mit der Bienenhaltung. (Taschenberg et al., 1869) Alfred Brehm und E. A. Roßmäßler gehen in ihrem Werk «Die wirbellosen Thiere des Waldes» von 1867 gar nicht mehr auf die wilde Honigbiene ein, die ja immerhin ein Tier des Waldes war und ist; sie widmen mehrere Seiten der Honigbiene in Imkerhand. (Brehm et al., 1867) Daraus schließe ich, dass die einheimische Dunkle Biene schon einige Jahre bis Jahrzehnte nicht mehr in freier Wildbahn zu beobachten war und aus dem Gedächtnis der Biologen verschwunden ist.

Verwilderte Honigbienen statt wilder Honigbienen in den Wäldern

Neben vielen anderen Bienenwissenschaftlern wie Prof. Zander, beklagte auch Prof. Armbruster im Jahr 1939 den schweren Verlust der wilden Honigbienenvölker:

> «Die Wälder waren bekanntlich früher erheblich anders verbreitet und vor allem anders geartet. Die Fichte trat vor allem zurück. Es blühte damals viel mehr in den Wäldern. Dabei gab es mehr hohle Bäume, also erheblich mehr Wildvölker. Heute gehört ja ein Bienenfund mit Bau und ordentlichen Vorräten zu den größten Seltenheiten im Gegensatz zu früher, wo Schwärme in dem Wald ohne weiteres ihr Auskommen fanden, auch ohne daß man künstlich Stämme lochte. Wo man nicht lochte, gab es noch ein bewährtes Mittel, um mit ziemlicher Sicherheit Schwärme einzuheimsen: die Heimbienenwohnung, der leichttransportable Stock, im Wald als Lock- und Fanggerät aufgestellt.» (Armbruster, 1939)

Und dabei ist nicht sicher, ob er noch von wilden einheimischen Dunklen Bienen oder nur noch von verwilderten Honigbienenvölkern spricht. Der Zoologe Dr. Stoeckert hat 1933 die Wildbienen Frankens dokumentiert:

> «Die Zahl der im Wald lebenden wilden Bienenvölker ist in Franken heute nur noch gering. Unsere neuzeitliche Forstwirtschaft mit ihrer geregelten Umtriebszeit und systematischen Entfernung hohler Bäume hat die Waldbiene ihrer wichtigsten Nistgelegenheiten beraubt, so dass sie wie auch

andere Arten unserer Tierwelt mehr und mehr verschwinden musste. Die Völker, die heute noch vereinzelt und vorübergehend im Wald anzutreffen sind, sind stets auf entwichene Schwärme zurückzuführen, welche verwildert sind.» (Stoeckhert, 1933)

Wir unterscheiden seit damals zum ersten Mal in der Geschichte der Westlichen Honigbiene die wilde einheimische Unterart von der verwilderten Imkerbiene, die als Landbiene ein Gemisch aus verschiedenen Unterarten darstellt. Beide gehören zu den wild lebenden Honigbienen, die erste müsste aber als einheimische Honigbiene dem Bundesnaturschutzgesetz unterstehen, die zweite nicht zwingend. (Mittl, 2017)

Die Ursachen für den Verlust der wilden Bienenvölker

Die Klage über den Verlust der wilden Honigbiene verkennt die Konsequenzen der nicht nachhaltigen Bienennutzung über die letzten fast 1 500 Jahre, die die Quelle der «wilden Honigbienen» hat versiegen lassen. Die Intensivierung der Forst- und Landwirtschaft bildete nur noch den Sargnagel. So wie der Mensch den letzten wilden Wisent und den letzten wilden Bär erschossen hat, so hat er wohl um 1800 herum in Deutschland die letzte wilde Honigbiene gefangen. Sollten noch einige Restbestände überlebt haben, so wurden diese zwischen 1853 und 1900 durch die Einfuhr fremder Unterarten der Honigbiene verdrängt, verkreuzt

Abb. 30: Die Grundlage der Imkerei, die wilden Honigbienen, wurde vernichtet. Die Quelle der wilden, also ursprünglich einheimischen Honigbienen ist endgültig versiegt.

Abb. 31: Die Ursachen für den Verlust der wilden ursprünglich einheimischen Honigbienenvölker in freier Natur.

und damit zum Aussterben gebracht. Leider gilt diese Feststellung nicht nur für Deutschland, sondern für ganz Europa und sogar Asien. In allen Verbreitungsgebieten der wilden Unterarten der Westlichen Honigbiene sind die jeweils einheimischen Honigbienen entweder schon ausgerottet oder massiv durch die Einfuhr fremder Unterarten bedroht oder verkreuzt. Ihr Ende wurde allerdings durch weitere Faktoren wie die Intensivierung der Land- und Forstwirtschaft mit dem Verlust von Baumhöhlen und Tracht sowie die mangelnde Sensibilität der Bienenwissenschaftler für den genetischen und artenschutzrechtlichen Wert dieser einheimischen Tierart besiegelt.

Es ist dringend notwendig, über Arterhaltungsmaßnahmen nachzudenken und eventuell letzte Vorkommen aktiv zu schützen und das in allen Verbreitungsgebieten der Westlichen Honigbiene.

8
Der Beginn der Intensivierung der Imkerei

Die Imkerei verfiel, bis der berühmte Dr. Dzierzon aus Schlesien mit seinem 1848 erschienenen Buch «Theorie und Praxis der Bienenzucht» ein neues Zeitalter einläutete. (Stautner, 1889) Der durch diese Arbeit verursachte Aufschwung der Imkerei oder besser die dadurch verursachte Intensivierung der Bienenhaltung sollte die Bienenhaltung für immer verändern.

Die Einführung der Mobilbauweise der Bienenwohnungen ab 1842

Die Bienenforscher Dzierzon und von Berlepsch brachten das Prinzip des beweglichen Wabenbaus, das Huber (siehe oben) erfunden hatte, nach Deutschland. Dzierzon entwickelte damit 1842 (Kramer et al., 1901) seine eigene Beute und revolutionierte damit die gesamte Bienenzucht. Man konnte die beweglichen Waben aus einem Stock herausziehen, begutachten, und wenn gewollt auch in eine andere gleichgroße Bienenwohnung hineinstellen. Die Einführung der Mobilbauweise brachte große Vorteile mit sich, weil man nun das Bienenvolk genauestens beobachten und Verhaltensweisen analysieren konnte. Krankheiten konnten schnell diagnostiziert und Maßnahmen dagegen ergriffen werden. Die Fortpflanzung der Honigbiene wurde endgültig geklärt, was die Vermehrung der Völker zum ersten Mal vereinfachte und den Rückgriff auf wilde Honigbienen nahezu unnötig machte. Dzierzon war klar, dass jeder Eingriff, der wider die Natur der Honigbiene verläuft, sich auf das Empfindlichste rächen würde und empfahl deshalb die Nutzung seiner Beute nur denjenigen, die die Natur und Biologie der Honigbiene zutiefst verstanden hatten. Allen anderen riet er, bei der Strohbeute zu bleiben. (Von Berlepsch, 1860)

Die Einführung fremder Unterarten der Westlichen Honigbiene ab 1853

Alexander von Humboldt bereiste ab 1799 als Naturforscher die ganze Welt und brachte Kunde von Millionen unbekannter Tier- und Pflanzenarten. Charles Darwin folgte dieser neuen Forschungsrichtung und stach 1831 in See, gefolgt von Alfred Brehm, der circa 15 Jahre später aufbrach. Die drei Forscher teilten das Ziel, neue Tierarten und Unterarten zu entdecken, zu beschreiben und, wenn möglich, lebend nach Europa einzuführen. Damit begann unter anderem auch die Bienenforschung, die sich damit beschäftigte, die unterschiedlich aussehenden Honigbienen aller Kontinente zu erfassen sowie Theorien über Verwandtschaftsverhältnisse aufzustellen. Alle Honigbienen wurden nach Farben und Formen, Honig- und Wachsleistungen, Sanftmut und klimatische Vorlieben verglichen. Mit der Zeit und der Wissensverbreitung kristallisierten sich drei Bereiche heraus:

- die wissenschaftliche Erforschung der verschiedenen Bienenarten und -unterarten,
- die Hobby-Zucht, basierend auf der Schönheit und Buntheit unterschiedlicher Unterarten
- sowie die kommerziell motivierte Zucht, die mithilfe von Kreuzungen verschiedener Unterarten den Honigertrag wirtschaftlich steigern sollte.

Dzierzon hatte sich 1853 die Italienische Biene nach Schlesien liefern lassen, weil er von ihr so begeistert war. Er betrieb ihre Vermehrung fabrikmäßig und versendete sie in die ganze Welt. (Von Berlepsch, 1860) Der Auf- und Ausbau der Eisenbahn in Deutschland 1835 und in Österreich 1837 machte das erst möglich. Mit dem wachsenden Interesse an der Imkerei stieg der Bedarf an Bienenvölkern rasant an. Da die Dunkle Biene wenig schwarmfreudig war, importierte man Hunderttausende von schwarmfreudigen Kärntner Bienenvölkern. Auch die Heidebiene Norddeutschlands, die wohl keine eigene Unterart oder Ökotyp der Dunklen Biene darstellte, sondern durch Wahlzucht zur Schwarmbiene geworden ist, wurde innerhalb Deutschlands und in die ganze Welt in Form der «nackten Völker» verschickt. In Pollmanns «Werth der verschiedenen Bienenracen und deren Varietäten» aus dem Jahr 1889 liest sich diese Entwicklung so:

> «Unter den importirten Bienenracen, hat bis jetzt für die Wissenschaft die italienische sehr viel geleistet; auch die ägyptische ist in dieser Beziehung nicht ohne Belang geblieben. Ebenso ist der Farbenschmuck dieser beiden Racen herrlich und macht jenen Freude, die mit Recht das Heil der Imkerei von ihnen erwarten. (…) Es fragt sich nun, ob durch Kreuzung zweier Immenracen, eine neue dritte Race, eine sogenannte Culturrace, hergestellt werden könne, die wirklichen wirthschaftlichen Nutzen gewährte, d. h. die öconomisch vortheilhafter wäre, als die beiden jetzt besten, die unsere und die niederösterreichische.» (Pollmann, 1889)

Mitte des 19. Jahrhunderts fiel also der Startschuss für die Einfuhr fremder Unterarten nach Deutschland: 1853 wurde die Italienische Biene *(Apis mellifera ligustica)* eingeführt (nach Schlesien zu Dr. Dzierzon), 1857 die Kärntner Biene *(Apis mellifera carnica),* 1860 die Griechische Biene *(Apis mellifera cecropia),* 1864 die Ägyptische Biene *(Apis mellifera lamarckii),* 1866 (Böhmen) und 1876 (Deutschland) die Zyprische Biene *(Apis mellifera cypria)* sowie 1870 die Syrische Biene *(Apis mellifera syriaca)*. Die Einfuhr der kaukasischen Biene *(Apis mellifera caucasia)* 1878 wurde circa 1886 beendet, da die Vermischung mit anderen Unterarten zu extrem stechlustigen Bienen führte. Sogar die Art *Apis dorsata*, die Asiatische Riesenhonigbiene, wurde 1883 versuchsweise eingeführt, doch dort zeigte sich schnell die Unterscheidung von Art und Unterart. Nur Unterarten einer Art konnten sich nachhaltig miteinander fortpflanzen, nicht aber Individuen zweier verschiedener Arten. So misslang die Zucht schnell. (Von Berlepsch, 1860) (Von Buttel-Reepen, 1905–1908) (Von Buttel-Reepen, 1915)

Die Warnung der berühmten Bienenforscher, die Kreuzung mit der einheimischen Honigbiene zu unterlassen und den Import zu stoppen, verhallte. Ein kunterbunter Mischmasch verschiedener Hybride (Ergebnis der Kreuzung von zwei oder mehr Unterarten), die zum Teil extrem stechlustig waren, war das Ergebnis.

Zucht der Dunklen Biene in Deutschland bis etwa 1960

Witzgall schreibt 1898, dass die einheimische Dunkle Biene in Deutschland fast nirgends mehr ganz rein vorkommt, weil sie durch den Import fremder Unterarten völlig verkreuzt ist. (Witzgall, 1898) Damit kann er aber nicht mehr die wilde Honigbiene gemeint haben, wie wir oben schon herausgearbeitet haben, sondern die Honigbiene in Imkerhand. Auch wenn die wilden Honigbienen ausgestorben waren, so hatten doch sehr viele Imker an der einheimischen Dunklen Biene festgehalten und auf diese Weise einen Teil des Erbguts bewahrt. Bis 1942 wurden in Deutschland immerhin noch mehr Reinzuchtbelegstellen der Dunklen Biene betrieben als solche der Kärntner Biene. Mit der zunehmenden Steigerung des Honigertrags als vorrangigem Ziel importierten immer mehr Länder die Kärntner Biene und verdrängten dadurch in ihren Heimatländern die Zuchtstämme der jeweils einheimische Unterart. In Deutschland züchtete man noch bis in die 1960er-Jahre die einheimische Dunkle Biene. Da aber niemand die Notwendigkeit der Erhaltung der einheimischen Unterart samt ihrem einzigartigen Genpool erkannte, ging dieses damit unwiederbringlich verloren. (Mittl, 2019)

9 Die Warnungen berühmter Bienenforscher ab 1860

Die wirtschaftliche Bienenhaltung mit der Steigerung des Honigertrags als alleiniges Ziel

Nachdem die Bienenwissenschaftler die Biologie der Honigbiene entschlüsselt und daraus die Grundlagen einer nahezu fabrikhaften Vermehrung von Königinnen und Völkern abgeleitet hatten, legte man den Fokus auf die Ertragssteigerung – genau wie in Land- und Forstwirtschaft. Die Bedürfnisse der Honigbiene rückten in den Hintergrund, da es jetzt ein Leichtes war, ein eingegangenes Bienenvolk durch ein neues zu ersetzen. Das Bienenvolk wurde immer weniger als ein Zusammenschluss lebendiger Wesen betrachtet, dessen biologische Bedürfnisse für den Erhalt der Vitalität entscheidend war, sondern als ein Produkt, das Leistung zu erbringen hatte. Die Naturgesetze, die die Westliche Honigbiene mindestens 6 Millionen Jahre so vital und überlebensfähig gemacht hatten, wurden in der Imkerei nahezu völlig außer Kraft gesetzt: Die Imker entnahmen den Honigbienen ihren Honig und ersetzten ihn durch Zuckerwasser. Die Waben eines Volkes wurden in ein anderes Volk eingebracht und Honigbienen zu Tausenden von einem Volk in ein anderes geschüttet. Kranke Völker wurden nicht aufgelöst, sondern mit Medikamenten behandelt. Als kurzfristige Maßnahme sinnvoll, wurde daraus eine dauerhafte Imkerpraxis, die zu immer ansteckenderen Erregern führte. Aus den Eiern, die sich natürlicherweise zu Arbeiterinnen entwickeln würden, wurden Königinnen gezüchtet. Die geordnete Bauweise des Honigbienenvolkes wurde ignoriert und die einzelnen Bestandteile wie Teile eines Legokastens behandelt. Waben wurden ausgetauscht, an andere Stellen gehängt, Kästen aufgesetzt oder entnommen. Völker oder gar nur einzelne Königinnen mit ein paar Begleitbienen wurden über ganze Kontinente verschickt. Die Trachtverhältnisse an einem Standort waren nicht mehr ausschlaggebend für die Anzahl der Bienenvölker, die dort gehalten werden konnten. Man wanderte mit seinen Völkern nicht mehr nur ein paar Kilometer weiter wie noch um 1920, sondern verfrachtete sie auf Hänger und fuhr Hunderte von Kilometern zu Tannen- oder Lindentracht. Wurden die Honigbienen bis etwa 1950 noch in warmhaltigen Stroh- und Klotzbeuten sowie doppelwandigen Mobilbeuten gehalten, so ersann man zunehmend günstiger zu bauende Bienenwohnungen, die den Temperatur- und Luftfeuchtehaushalt der Honigbienen völlig durcheinanderbrachten.

Der geschäftsführende Präsident des Deutschen Imkerbundes Kickhöffel gab 1934 als Ziel die Ertragssteigerung von 10 kg auf 12,5 kg Honig pro Bienenvolk aus, dem alle Anstrengungen zu widmen seien. (Mittl, 2019) Die Ertragsziele muten heute nahezu lächerlich an. Mit solchen Honigmengen würde sich heute kein

■ Abb. 32: Der Honigertrag wird in den Mittelpunkt des imkerlichen Interesses gerückt. © Bollen 2019

Imker mehr zufriedengeben. Es müssen im Durchschnitt sicher um die 30–40 kg pro Volk sein, damit die Königin weiterleben darf.

Die Warnungen berühmter Bienenforscher und Bienenzüchter setzten schon ab 1860 ein – verhallten aber ...

Die Westliche Honigbiene, die sich über drei Kontinente ausgebreitet hat und in allen Klimazonen und allen Waldtypen leben kann, konnte sich nur deshalb so erfolgreich als Art halten, weil ihre Bienenvölker den Gesetzen der Natur entsprechend die Herausforderung der Umwelt- und Klimabedingungen entweder bewältigt haben oder daran gescheitert und gestorben sind. Diese natürliche Auslese (Selektion) über die Jahrmillionen hat eine gesunde, robuste, an alle klimatischen Verhältnisse angepasste Honigbiene hervorgebracht, die erst durch den Menschen an ihre Grenzen gekommen ist. Schon ein paar Jahrzehnte nach Einführung der intensiven Bienenhaltung warnten einige der berühmtesten Bienenwissenschaftler und -züchter vor den Gefahren, die die Aufhebung wichtiger Naturgesetze in der Imkerei mit sich brächten.

Schon 1860 verurteilte von Berlepsch verschiedenste Imkermethoden, wie etwa die Nutzung von dünnwandigen Bretterbeuten, in denen aufgrund der

Kälte die Ruhr grassierte, die Fütterung von mit Krankheitskeimen verseuchten Honigen aus dem Ausland sowie die Unsitte, kranke Völker mit gesunden zu vereinigen und dadurch Krankheiten wie die hochansteckende Amerikanische Faulbrut innerhalb von Tagen auf den gesamten Bienenstand zu verbreiten. (von Berlepsch, 1860) Bruno Schier erhob 1939 seine Stimme:

> «Erst die Mitte des vorigen Jahrhunderts brachte den großen Einschnitt in der Geschichte unserer Bienenhaltung. Wie in dem Menschenalter vorher das alte Ackerbausystem der Dreifelderwirtschaft vorteilhafteren Betriebsarten weichen mußte und im Bereiche des Forstwesens der Übergang von der Plänterwirtschaft zur Kahlschlagmethode erfolgt war, so wird um 1860 das uralte imkerische Überlieferungsgut Mitteleuropas mit seinen Strohkörben und Klotzbeuten, seinen Kastenstülpern und Rauchfangstöcken durch junge Fabrikerzeugnisse zweifelhaften Wertes ersetzt, so daß Armbruster die bittere Frage stellen mußte: ‹Warum hat Europa seine alte Bienenzucht so aus den Augen verloren?›» (Schier, 1939)

Prof. Zander formulierte 1950 sehr scharf:

> «Vom Bienenbaum im Waldesfrieden mit festem Bau bis zu einer neuzeitlichen Bienenwohnung mit beweglichen Rahmen ist namentlich in deutschen Landen ein weiter, mit den Leichen all der Bienen gepflasterter Weg, die auf den Altären des menschlichen Unverstandes einen unverdienten Opfertod fanden.» (Zander, 1950)

Von der Einführung der mobilen Beuten 1842 und der Einfuhr fremder Unterarten ab 1853 bis zu den ersten Warnungen 1860 vergingen gerade einmal 18 Jahre. Die Warnungen wurden ignoriert, weshalb sich die Probleme 50 Jahre später so deutlich zeigten, dass sich die berühmtesten Bienenforscher zwischen 1910 und 1950 genötigt sahen, ihre Warnungen deutlich zu verschärfen.

Von der natürlichen zur künstlichen und technisch-mechanischen Bienenzucht

Rudolf Steiner mahnte schon 1923:

> «Die Sache ist diese (…), daß man die Honigerzeugung, die ganze Arbeit, sogar die Arbeitsfähigkeit der Arbeitsbienen ungeheuer vermehren kann durch die künstliche Bienenzucht. (…) So können sich die Bienenzüchter

zwar außerordentlich freuen über den Aufschwung, den seit kurzer Zeit die Bienenzucht genommen hat; aber diese Freude, die wird keine hundert Jahre halten.» (Steiner, 1923)

Steiner war besorgt über die zunehmende künstliche Bienenzucht. Ein Bienenvolk vermehrte sich nicht mehr aus sich selbst heraus über den Schwarmtrieb. Königinnen wurden jetzt zu Dutzenden aus Eiern vermehrt, die als Arbeiterinnen vorgesehen waren. Geschlüpfte Königinnen wurden zum Teil instrumentell besamt statt in freier Wildbahn, von bis zu 20 Drohnen. Eine Wabe mit offenen Zellen, also Zellen, in denen Eier auf dem Grund lagen, wurde mit ein paar Bienen ohne Königin in einen kleinen Kasten gegeben; in ihrer Not zogen die Bienen aus einem Ei eine Königin und versuchten, als Notvolk zu überleben. Das nennt man Ablegerbildung. Oder man bildete einen Kunstschwarm: Dabei wird eine Königin in einen kleinen Käfig gegeben, der in einem Kasten hängt. Man schüttet 1–2 kg Bienen dazu und hofft, das sich diese fremden Bienen zu einem Volk zusammenfinden. Man gab den Honigbienen vorgestanzte Waben aus altem Wachs, die sie ausbauen mussten. Man nahm ihnen ihren gesamten Wintervorrat und schüttete Zuckerwasser in einen Trog, damit sie daraus «Honig» für den Winter machten.

«Wie auf allen Gebieten menschlicher Betätigung mit der lebendigen Umwelt, macht sich in zunehmendem Maß auch in der neuzeitlichen Bienenzucht eine materialistische und rein rationalistische Einstellung in

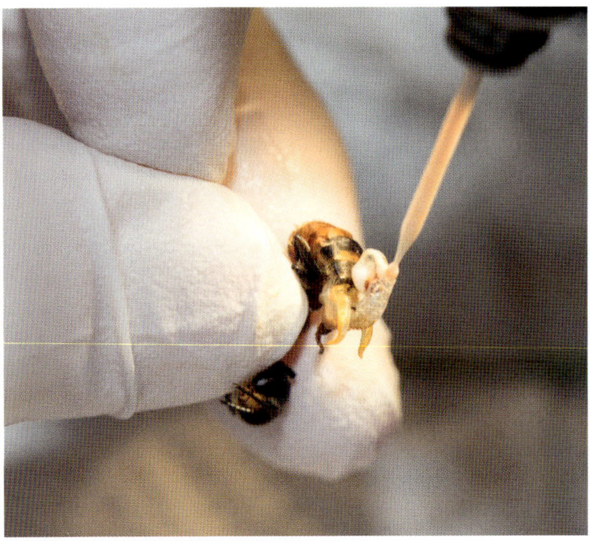

Abb. 33: Um Sperma für die instrumentelle Besamung zu gewinnen, wird der Drohn gedrückt. Dadurch stülpt er im Sterben sein Geschlechtsteil heraus, auf dessen Spitze sich das Sperma in einem grau aussehenden Tropfen befindet. Dieses wird in eine Glaskanüle gesaugt. © Bollen 2015

den Fragen der Haltung und Pflege des Bienenvolkes bemerkbar, wobei gedankenlos die in der toten, mechanisierten Umwelt erkannten Gesetze und Regeln auf lebendige Organismen mit einer eigenen und individuell jeweils andersartigen Lebenseigenart angewandt werden. Es sei hier nichts gegen die Technik und ihre Methoden gesagt, aber sie droht in das Gebiet des Lebendigen einzufallen und dessen Eigengesetzlichkeit zu vernichten.» (Gontarski, 1952)

Man könnte jetzt glauben, diese Aussage stamme ebenfalls von Dr. Steiner. Sie stammt jedoch von einem Mitglied des Instituts für Bienenkunde an der Universität Frankfurt/Main.

Abb. 34: Honigbienen ziehen Königinnen auf. Imker haben künstlich Weiselnäpfchen mit Bieneneiern eingebracht. Vorher wurde dem Volk die eigene Königin entnommen, was zu großem Stress führt. © Bollen 2017

Die Mobilbeuten erfüllen die Vorgaben der Baumhöhle nicht

Der Leiter der österreichischen Imkerschule, Ökonomierat Weippl, stellte 1925 die Bedingungen der natürlichen Baumhöhle den heutigen Mobilbaubeuten gegenüber und warnt vor deren schlechten Bedingungen:

> «Immer und immer wieder wird in Vorträgen und in der Fachpresse auf die wilde Biene im Walde hingewiesen, die, ganz auf sich selbst angewiesen, ohne irgendwelche Nachhilfe, sei es durch Fütterung, Mittelwände, Waben oder sonstige Pflege, doch prächtig gedeihe, denn, wird diese letzte Behauptung begründet, sonst wäre sie längst ausgestorben. Und endlich ist die von der Schöpfung der wilden Biene im Walde zugewiesene Wohnung eine ihr weit angemessenere und bessere als der kunstvollste und bestkonstruierte Bienenstock: der hohle Baumstamm, im Innern morsch, daher ungemein warmhaltig, nicht nässend, im Sommer undurchdringlich für übermäßige Wärme, die Waben allseitig an die Wände angebaut, nicht kulissenartig frei hängend wie im Rähmchen, für uns Imker freilich die unzweckmäßigste, für die Bienen aber die unübertrefflich beste Wohnung. Die Lebensbedingungen der wilden Biene im Walde sind weit besser als die unserer Hausbienen und diese Nachteile können wir nur durch sorgsamste Pflege, möglichsten Schutz und entsprechender Fütterung wenigstens teilweise, nie aber voll und ganz ersetzen. (...). Der in den Rahmenbeuten ständig entstehende Wärmeverlust muß vom Bien fortlaufend durch vermehrte Zehrung ersetzt werden, kostet viel Honig und gelingt bei unvorhergesehenen Witterungsrückschlägen nicht immer. Verlassene Brut, Krankheitsherde und Seuchen sind dann die Folgen. – Verkrüppelte Bienen, schwächlicher Nachwuchs, verspätete Entwicklung, vermehrte Bindung von Wärmebienen, Mangel an Trachtbienen sind selbst bei bester Pflege und günstiger Witterung trotzdem unausbleiblich und schmälern den Ertrag. Die Wärmeabwanderung verursacht das Kandieren der winterlichen Vorräte und die bedeutend vermehrten Heizzehrungen machen die unnatürliche Zuckerergänzung erforderlich.» (Thür, 1946)

Doppelwandige und warmhaltige Bienenbeuten wurden nach und nach von einfachen Bretterbeuten verdrängt

Heute ist es nahezu unbekannt, dass die ersten Mobilbaubeuten, die Dzierzon, Armbruster, Zander, Paschke und Gerstung entwickelt hatten, allesamt entweder aus Stroh oder doppelwandig und mit Strohmatten als Auflage hergestellt und damit warmhaltig waren, sich also nahe an den baubiologischen Eigenschaften einer Baumhöhle orientiert hatten.

Noch bis in die 1960er-Jahre warben Beutenbauer und Strohmattenhersteller in den Imkerzeitungen für ihre Stroh- und doppelwandigen Bretterbeuten. Die zunehmenden Forderungen nach günstigen und leichteren Bienenwohnungen verleiteten die Konstrukteure dazu, die Beuten einfachwandig zu gestalten, wenn sich auch bedeutende Bienenforscher wie Julius Paschke dagegen aussprachen. Der Deutsche Imkerbund hatte eine Prüfkommission eingerichtet, die warmhal-

■ Abb. 35: Magazinbeute mit Strohdämmung. © Sachs 2017

a) von vorn geschlossen. b) von hinten geöffnet.

Abb. 36: Original Zander-Beute mit Wabenschrank für die Waben ausschließlich des darüber lebenden Honigbienenvolkes. (Zander, 1916)

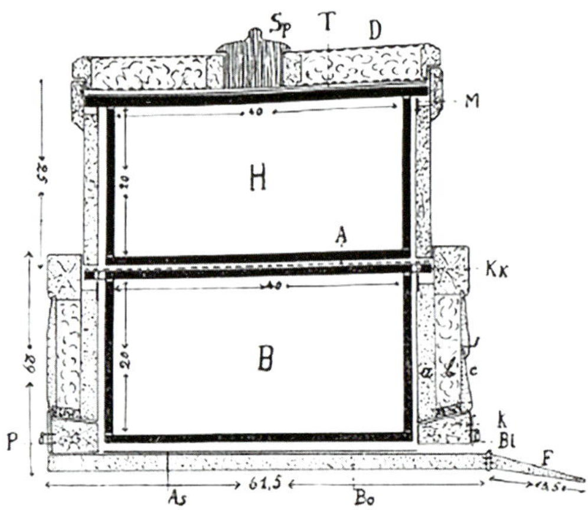

Abb. 37: Querschnitt durch die Zanderbeute mit gedämmtem Brutraum und einwandigem Honigraum. (Zander, 1916)

Strohmatten gut gepreßt mit verz. Draht geflochten, 5 cm stark, liefert Größe 23×40 zu 40 Pf., 27×50 zu 50 Pf., mit Randleisten (sehr praktisch) 10 Pf. mehr, obere mit Hülse und Spund 20 Pf. mehr. Ebenso fertige Strohwände zur Anfertigung von Bienenwohnungen in 4—5 cm breite und 2½ cm starke Rahmen eingenäht per Quadratmeter 5 Mark.

Joseph Fesseler, Bienenzüchterei u. Strohmattengeschäft

Dellmensingen, OA. Laupheim (Württemberg).

Kunstwaben, auf der Rietsche-Presse hergestellt, fertigt aus zugesandtem Wachs das Kilo zu 70 Pf. D. O.

Abb. 38: Anzeige in einem Imkerbuch für Strohmatten. (Elsässer, 1903)

tige mit einfachwandigen Beuten vergleichen sollte. Die Prüfstellen beanstandeten 1957 übereinstimmend die «Verteuerung durch die Doppelwandigkeit und das wesentlich höhere Beutengewicht» und konnten keine bessere Entwicklung der Völker in den doppelwandigen Beuten feststellen, «wenn die Wohnungen dicht an dicht mit oder ohne Zwischenlagen von Papier oder Wellpappe aufgestellt waren.» (Wohlgemuth, 1957) Man beachte das «wenn»!

Die fehlende Warmhaltigkeit, deren Auswirkungen, wie z. B. die Zunahme von schimmeligen Waben, natürlich bemerkt wurden, wurde durch die Entwicklung von Kunststoffbeuten, den Einsatz von Heizungen in den Bienenwohnungen oder mehreren Fluglöchern versucht auszugleichen. Bis heute hält sich die völlig falsche Aussage, dass es den Bienen egal sei, in welcher Beute sie wohnen. Die Anpassungs- und Widerstandsfähigkeit eines Bienenvolkes ermöglicht es den Honigbienen, viele negative Einflüsse auszugleichen. Es stellt sich aber die Frage, wie lange das gutgeht. Dr. Kaeser vom Bieneninstitut Celle drückte es 1962 wie folgt aus:

> «Die Plastizität des Bienenvolkes vermag zwar viele vom Imker zugefügte Schäden so zu kompensieren, daß sie nicht in Erscheinung treten. Nicht selten resultieren jedoch zu einem späteren Zeitpunkt durch Summierung unbiologischer Maßnahmen aus einem scheinbar unbedeutenden Anlaß ein ungesunder Stillstand, ein Entwicklungsrückgang oder sogar ein totaler Volkszusammenbruch, deren Ursachen nicht mehr verständlich erscheinen oder tatsächlich nicht mehr erkennbar sind.» (Kaeser, 1962)

Zerstörung der Nest-Duft-Wärme-Bindung durch die übliche Rähmchenbeute

Johann Thür hat in seinem 1946 herausgegebenen Buch «Bienenzucht – naturgerecht, einfach und erfolgsicher» den Begriff der Nest-Duft-Wärme-Bindung geprägt, der nur in der geschlossenen Einheit von Bienenbau und Bienenbeute gewährleistet ist:

> «Daß aber alle bestehenden Rahmenbeuten dem Bien bedeutende Mängel und Schäden verursachen und die Erträge empfindlich herabsetzen, das ist so gut wie unbekannt, weil die heutige Imkerschaft von den Naturerfordernissen des Biens fast durchweg keine Ahnung mehr hat. Das Lebenselement, die Nestduftwärmebindung, wurde mit den ringsum offenen, wärmeverströmenden und zugigen Wabenrähmchen gründlich zerstört. Die ver-

heerenden Folgen geben der Kunstbienenzucht das Gepräge und müssen zur Erkenntnis führen, dass alle bestehenden Rahmenbeuten naturwidrig und verwerflich sind. (…) Es steht einwandfrei fest, daß sich mit den Rahmenbeuten durch Außerachtlassung des Gesetzes der keimfreien Nestduftwärmebindung gleichzeitig die Bienenseuchen entwickelt und verbreitet haben. (…) Hingegen Gebiete mit noch bestehender Naturbienenzucht melden gesunde Völker mit befriedigenden Erträgen.» (Thür, 1946)

Kunstwaben ersetzen den Naturwabenbau

Honigbienen fertigen ihren gesamten Wabenbau selbst. Sie entledigen sich dadurch nicht nur verschiedenster Krankheitserreger, sondern gestalten durch die Anordnung der Waben im Bau auch das Kleinklima. Die Mobilbeute ermöglichte es dann dem Imker, Rähmchen mit vorgefertigten Kunstwaben auszustatten, die die Honigbienen nur noch ausbauen mussten. Man erhoffte sich dadurch eine Honigersparnis. Heute werden die Kunstwaben Mittelwände genannt. Eine ganze Kunstwabenindustrie entstand bis hin zu der Möglichkeit des Missbrauchs, indem statt Wachs Paraffin verwendet wurde und auch heute noch wird. In den 1980er-Jahren wurde sogar das Wachs durch Kunststoff ersetzt, sodass Waben aus Kunststoff eingesetzt wurden.

■ Abb. 39 a: Anzeige für technisch hergestellte Waben (Mittelwände, wie sie den Honigbienen eingehängt werden) in einer Imkerzeitung. (Die Bienenpflege, 1932).

■ Abb. 39 b: Mittelwände, auch Kunstwaben genannt, wie sie heute meist verwendet werden. © Bollen 2020

Fütterung von Völkern, die nicht in der Lage sind, ihren eigenen Wintervorrat selbst zu sammeln

Guido Sklenar, der berühmte österreichische Züchter des Stammes Sklenar 47 der Kärntner Biene, beklagte 1948 die mangelnde Wahlzucht:

> «Wir folgen hier nur dem Abbild der Natur, denn diese gewährt nur solchen Völkern ein Lebensrecht, die einen reichen Honigschatz haben, sich selbst winterversorgen. Ohne diese Eigenschaft gingen sie in der freien Natur erbarmungslos zugrunde. Wenn die anderen, mit gegenteiligen Eigenschaften behafteten Völker, heute noch am Leben sind, so danken sie dies nur der rettenden Hand des Imkers, der mit dem Zuckersack fleißig hinter ihnen steht. Nur ein einziges Jahr sollten mal alle Imker die Natur Wahlzucht betreiben lassen, da würden wir wohl ein eigenes Bild sehen. Drei Viertel unserer Völker wären verschwunden.... (...) Gewiß handelt kein Imker klug, der solche Völker, die im Herbst blitzblank ohne Tropfen Honig dastehen, mit aller Mühe und Sorgfalt, großen geldlichen Mitteln wieder aufpäppelt, um sie durch den Winter zu bringen, auf dass sie im kommenden Jahre wieder seine Sorgenkinder sind.» (Sklenar, 1948)

Zucht von kranken Honigbienen

Bruder Adam, einer der bekanntesten Bienenzüchter, plädiert dafür, kranke Völker nicht weiter zu züchten und letztlich abzutöten:

> «Eine der wichtigsten Aufgaben der Züchtung ist die Entwicklung von Bienenstämmen, die im weitesten Maß krankheitsfest sind, die also den Krankheiten widerstehen und demnach jede Heilmittelbehandlung ersparen. Alle Heilmittelbehandlung hat den Nachteil, daß ihre Wirkung – so eine Ausschaltung der Krankheit tatsächlich erfolgt – von vorübergehender Dauer ist. In anderen Worten: Sobald man zu Heilmitteln greift, bedingt deren Gebrauch ständige Anwendung. Ein anfälliges Volk wird erneut infiziert und erneut der Krankheit zum Opfer fallen. Die Milbenresistenz ist ein leuchtendes Beispiel in dieser Hinsicht.» (Bruder Adam, 1953)

Er spielt damit auf den weit verbreiteten Umgang mit der Tracheenmilbe an, die über Jahrzehnte mit immer stärkeren Medikamenten bekämpft und dennoch kaum geheilt werden konnte. Dass eine solche Imkerpraxis nicht zielführend ist, hat auch Prof. Zander ausgeführt:

> «Gewiss ist die wissenschaftliche Erforschung des Krankheitserregers, seines Verhaltens und seiner Wirkungen im Bienenvolke die erste Grundlage für die Bekämpfung (Morgenthaler, 1932), aber mit der Vernichtung der Seuchenerreger allein ist wenig getan, wenn es nicht gelingt, die Abwehrkräfte der Bienenvölker durch planmäßige Zucht und sorgsame, naturgemäße Pflege zu heben. Auch Borchert (1940) vertrat jüngst die Ansicht, daß es bei der Auswirkung von Schadursachen nicht auf deren Vorhandensein allein ankomme, sondern auch auf die Beschaffenheit des Bienenvolkes.» (Zander, 1947)

Fleischvölker statt Hüngler – Zucht auf Honigertrag statt auf Widerstandsfähigkeit

Der berühmte Carnica-Züchter Guido Sklenar züchtete bevorzugt sogenannte Hüngler und weniger Fleischvölker. Mit der Zucht seiner berühmten Sklenar 47 verfolgte er Zuchtziele, die die Hüngler auszeichnen. Sie zügeln ihren Bruthunger und gehen im Herbst rechtzeitig aus der Brut, haben dafür den Brutraum schön mit Honig gefüllt. Sie belegten zwar nicht die Spitzenplätze bei der Ernte, waren dafür aber widerstandsfähiger gegen Krankheiten und besorgten sich ihr gesamtes Winterfutter selbst, sodass er nicht mit Zucker nachhelfen musste. Ihr Brutnest ist ideal angelegt, wie er es formulierte, breite Honigkränze mit breiten Pollengürteln und darunter ein schönes geschlossenes Brutnest. Im Frühjahr und im Herbst sind solche Völker kaum mittelstark, im Frühjahr dann aber mächtig vorwärtsstrebend und die anderen Völker überholend. Mittelstark ist hier nicht mit schwach und wenig vital zu verwechseln. Die Königin verausgabt sich daher nicht und kann ohne Probleme 3–4 Jahre im Volk bleiben, heute schon eine Seltenheit. Sklenar wies auch darauf hin, dass Eigenschaften wie starke Propolisierung, Stechlust und Schwarmfreude nur aus Sicht der Menschen «schlecht» seien, aus Sicht der Natur aber absolut notwendig für das Überleben der Völker. Er ließ dementsprechend seinen Hünglern auch die Freude am Propolisieren. «Sie verbauen die Waben gegenseitig und verkitten und verschmieren alles mit Propolis. (…) Weg mit solchen Völkern, könnte nun jemand sagen, die erschweren einen wirtschaftlichen Betrieb.» Das wäre sehr kurzsichtig, meinte er, «weil er mit dem Ausmerzen solcher Völker die besten vom Stande verlieren würde. Diese Wabenpatzer und Propolisschmierer haben durch diese Eigenschaften noch etwas aus ihrem Urzustande erhalten.» Für Sklenar war dies ein kostbares Erbe. (Sklenar, 1948)

Verbringen von Bienen, Brut und Waben von einem Volk in ein fremdes

Prof. Zander bat schon ab 1910 die Imker, gewisse Praktiken zu unterlassen:

> «Unter den Imkern herrscht seit alters das Bestreben, mangelhaft sich entwickelnde Völker durch Verstärken mit Brutwaben oder Bienen aus anderen Kolonien hoch zu bringen. Wenn jedoch eine schlechte Königin in dem Schwächling ist, wird mit solchen Maßnahmen höchstens ein Augenblickserfolg erzielt, denn die Legetätigkeit der Königin wird dadurch nicht beeinflusst. Dabei begünstigt man durch das Verstärken mit stockfremden Bienen und Waben besonders in den Frühjahrsmonaten die Verbreitung von Bienenkrankheiten ganz außerordentlich. Durch das Zukehren erwachsener Bienen wird im April, Mai und Juni vor allem die Nosemaseuche von einem Stock in den anderen übertragen. Mit Brutwaben kann man zu jeder Zeit die Faulbrut verschleppen. Unserem Betriebe sind darum diese veralteten Methoden fast ganz fremd. (…) Dass wir keine Waben verhängen, ist durch frühere Berichte bekannt. Alle Mängel in der Entwicklung unserer Völker suchen wir durch Auslese der Königinnen zu beheben.» (Zander, 1915)

Abb. 40: Bienen, Waben und Brut werden von einem Volk in ein anderes verbracht, was die Ausbreitung von Krankheiten erheblich fördert. © Bollen 2019

Zander hat unterhalb des Bienenkastens einen Wabenschrank angeordnet, sodass ausschließlich die Waben des Volkes für die Zukunft wieder genutzt werden konnten.

Trennung der harmonischen Einheit von Brut- und Honigwaben

Prof. Zander hat schon früh seine eigene doppelwandige Beute entwickelt, die den notwendigen Bedürfnissen der Honigbienen entsprach. Er plädierte für die einräumige Beute: «… aber die bewußte Zerstörung der den Beuten mit festem Bau eigenen Einräumigkeit setzte doch erst mit dem Aufkommen der Bretterkästen und der beweglichen Wabe ein. (…). Selbst die Trennung von Bau und Beute in Brut- und Honigraum ist der Natur völlig zuwider: sie kennt nur den ungeteilten Wohnraum der Bienen.» (Zander, 1944) Er hat zwar aus wirtschaftlichen Gründen später den Brut- vom Honigraum getrennt, war sich aber der Bienenwidrigkeit bewusst.

Die Kunst der Beobachtung: das Verhalten am Flugloch und das Lesen der Windel

Da der Imker in früheren Zeiten weder in die Baumhöhle noch in den Strohkorb Einblick nehmen konnte, um den Zustand des Bienenvolkes zu kontrollieren, war er gezwungen, durch genaue Beobachtung am Flugloch den Gesundheitszustand zu ermitteln (Storch, 2012). Sklenar hatte es in dieser Kunst zu einer so hohen Meisterschaft gebracht, dass er am Verhalten der Honigbienen am Flugloch ablesen konnte, ob ein Volk gesund war, ob die Königin vorhanden war, ob ein Volk drohnenbrütig oder gar buckelbrütig war oder ob es hungerte. Und das, obwohl er im Mobilbau imkerte. Ihm waren die negativen Auswirkungen jeder Störung des Volkes sehr bewusst. (Sklenar, 1948) Die zweite Diagnosemöglichkeit bot die Interpretation des Gemülls auf der sogenannten Windel. Auf das Bodenbrett wurde im Winter ein Stück Papier gelegt, welches immer wieder kontrolliert wurde. Am herabgefallenen Müll, seien es tote Honigbienen, Eier, Wabenreste, Zuckerkristalle, Wabenplättchen, konnte der erfahrene Imker den Zustand des Bienenvolkes, des Innenklimas und des vorhandenen Futters exakt ablesen. (Hummel, 1952) Beide Künste sind verloren gegangen, weil die Imker jetzt jederzeit den Deckel öffnen, die Rähmchen herausziehen und nachsehen konnten.

Explosionsartige Verbreitung von Krankheiten durch bestimmte Imkerpraktiken

Lassen wir auch zu diesem Thema einen berühmten und anerkannten Bienenwissenschaftler zu Wort kommen, nämlich Prof. Zander, der schon 1910 beklagt:

> «Heute darf man sich der Tatsache nicht mehr verschließen, daß für die Verbreitung der Bienenkrankheiten in erster Linie der Imker und nächst ihm in untergeordnetem Maße die Bienen verantwortlich zu machen sind. (...). Daran trägt fast immer der Imker selbst, bewußt oder unbewußt, die Schuld. Mit der Erleichterung des Verkehrs in unserer Zeit hat der Handel mit lebenden Bienen, Wohnungen, Gerätschaften und Bienenprodukten beträchtlich zugenommen. (...). Sehr oft werden Krankheiten durch Kauf oder Eintausch alter Waben, Gerätschaften oder Wohnungen eingeschleppt. (...). Ausnahmsweise kann die Seuche auch durch Bienen eingeschleppt werden, wenn in ihrem Flugkreise ein widerstandslos verseuchtes Volk steht, das sie zur Räuberei reizt. Mit dem geraubten Honig tragen sie dann auch die Krankheitskeime fort. Ist erst ein Volk angesteckt, so steht der Übertragung auf die übrigen Völker des Standes Tür und Tor offen. Dabei hilft abermals der Imker, verleitet durch die moderne Betriebsweise, fleißig mit. Obgleich es faulbrütige Völker immer gegeben hat, sind doch die Brutseuchen erst zu einer wirklichen Gefahr für die Bienenzucht geworden, seitdem der Mobilbau die Korbbienenzucht mehr in den Hintergrund gedrängt hat. Damit soll nicht dem Korb das Wort geredet werden, denn nicht die Betriebsweise an sich trägt die Schuld, sondern die durch den beweglichen Bau an den Imker herangetretene Versuchung, unnötig viel an seinen Völkern zu hantieren und zu probieren.» (Zander, 1910)

Zuckerfütterung nur in absoluten Notzeiten und nicht als normale Imkerpraxis

Das oberste Ziel, den Honigertrag zu steigern, führte bald dazu, dass den Honigbienen ihr gesamter eingetragener Honig entnommen und stattdessen Zuckerwasser, invertierter Zuckersirup oder Puderzuckerteig angeboten wurde, aus dem sie ihren Wintervorrat zur Unzeit «machen» mussten. Zucker wurde von den Bieneninstituten als nahezu gleichwertig angepriesen. Allerdings waren einige Bienenforscher ganz anderer Meinung.

Gerstung hatte schon 1910 seine Bedenken gegen die übermäßige Zuckerfütterung geäußert. Seiner Meinung nach erzeugen die Honigbienen Ameisensäure als Nebenprodukt ihres Stoffwechsels, die sie gegen äußere und auch innere Feinde schützt. Auch die Brut erzeugt diese Säure selbst, da sie im umgebenden Wachs und im Kokongespinst nachgewiesen wurde. Wenn das Bienenvolk immer genügend dieser Säure produzieren kann, so ist es gegen alle Erreger bis hin zum Erreger der Amerikanischen Faulbrut geschützt. Dies kann es aber nur, wenn es vollwertige Nahrung wie Nektar und Pollen und im Winter den aus dem Nektar hergestellten Honig zur Verfügung hat. Für ihn war klar:

> «So läßt sich heute schon mit wissenschaftlicher Sicherheit aus dem Missbrauch des Zuckers bei der Ernährung des Bien der direkte Schluss auf den Mangel an Widerstandsfähigkeit gegenüber der Faulbrut und allen anderen auf Ansteckung beruhenden Krankheiten des Bien ziehen! (…) Die Faulbrut ist allein zu verhüten durch Rückkehr zur Natur in der Ernährung des Bien.» (Gerstung, 1910)

Zander erklärte, dass das Zuckerwasser ein Notbehelf ist, mit dem man zwar die Bienen durch die brutfreie Zeit bringen konnte, aber der Brut dadurch schadete. Da dem Zucker alle wertvollen Stoffe wie Eiweiße, Salze, Säuren usw. fehlten, müssen die Bienen dies durch die Fütterung mit Pollen ausgleichen. Sie werden dadurch zu Ausflügen auch bei schlechter Witterung verleitet, um Pollen zu sammeln, was viele mit dem Tod bezahlen. (Zander, 1944)

Otto Rheinheimer, der Erfinder der Pressrahmenbeute, wurde auch 1952 nicht müde, auf die Nachteile der Zuckerfütterung hinzuweisen. Nur die Nektar- und Pollentracht bieten seiner Meinung nach alle natürlichen Grundstoffe, die bei sachgemäßer Pflege gesunde und leistungsfähige Bienen gewährleisten. Auch er machte die übermäßige Zuckerfütterung für die nachlassende Widerstandskraft der Bienenvölker gegen Krankheiten verantwortlich und plädierte dafür, den Bienenvölkern ausreichende Wintervorräte an eigenem Honig zu belassen. Er entwickelte eine Schließrahmenbeute, die so warmhaltig war, dass das Bienenvolk weniger heizen und damit weniger Honig verbrauchen musste. (Rheinheimer, 1952)

Abb. 41 a und b: Statt gesundem Honig müssen die Honigbienen auf Zuckerhonig überwintern, den sie aus Puderzuckerteig, Zuckerwasser oder invertiertem Zuckersirup zur Unzeit herstellen müssen. © Bollen 2017 und © Bollen 2018

Abb. 42: Anzeige für Fruchtzucker in einem Imkerbuch. (Elsässer, 1903)

Was können wir aus den bisherigen Warnungen für unsere heutige Imkerpraxis lernen?

Es mag sein, dass sich beim Lesen der letzten Seiten bei Ihnen ein leicht mulmiges Gefühl eingestellt hat? Wenn wir einen kurzen Augenblick lang die Imkerpraktiken, vor denen die berühmtesten Imker ihrer Zeit gewarnt haben, mit den heutigen vergleichen, die Bestandteil der «guten imkerlichen Praxis» sind, dann fallen doch sehr viele unter diese Liste. Wir müssen feststellen, dass sehr wenige oder eigentlich keine von den damaligen Empfehlungen umgesetzt wurden. In den nächsten Kapiteln lesen wir, wie sich das ausgewirkt hat.

Teil IV

Die Zunahme der Bienenkrankheiten und die Strategien zu ihrer Bekämpfung

In diesem Teil des Buches lesen Sie, welche sechs Strategien die Imker und Bieneninstitute zur Bekämpfung der sich plötzlich rasant ausbreitenden Bienenkrankheiten jeweils durchgeführt haben und welche Erfolge und Misserfolge diese mit sich brachten. Behalten Sie die obigen Warnungen der Bienenwissenschaftler dabei im Hinterkopf! Strategie 7 nenne ich die «Strategie der Natur»; auch sie wird vorgestellt und deren Erfolge oder Mißerfolge dargestellt.

Zuerst stellt sich die Frage, warum sich die Bienenwissenschaft und die Imker überhaupt plötzlich so ausführlich und intensiv mit den Bienenkrankheiten befassen mussten. Wenn auch Krankheiten schon lange bekannt waren, so haben sie doch nie die Debatte bestimmt. Erst Mitte des 19. Jahrhunderts drängten sich die Probleme mit den sich immer weiter verbreitenden Bienenkrankheiten in den Mittelpunkt der Bienenhaltung. Was hatte sich so plötzlich verändert?

Das, was sich verändert hat, wollen wir uns anhand der vier verheerendsten Bienenkrankheiten ansehen, der Amerikanischen Faulbrut, der Tracheenmilben-Seuche, der Nosemaseuche und der Varroamilben-Seuche.

10
Die Ausbreitung der Amerikanischen Faulbrut (AFB) ab etwa 1860

Strategie 1: Ausrottung des Feindes

> «Erinnern wir uns nur der Lage, in der wir uns vor etwa 30 bis 35 Jahren der Faulbrut gegenüber befanden. Alle Heilmittel versagten. Erst als alle schwerbefallenen Völker vernichtet, die Waben verbrannt, die Kästen gründlich gereinigt und ausgebrannt, oder schwächer befallene Völker in Schwarmzustand versetzt und in keimfreie Wohnungen gebracht wurden, wurden wir der Seuche Herr. Wir haben die Weiterausbreitung der Krankheit unmöglich gemacht dadurch, dass wir alle Ansteckungsmöglichkeiten ausschalteten, indem wir die Ansteckungsherde gründlich beseitigten. Diesen Weg müssen wir auch jetzt gehen. Alle befallenen und befallsverdächtigen Völker rücksichtslos töten, wenn obige Voraussetzungen gegeben sind, und keine Heilversuche machen. Sie sind nicht nur zwecklos, sie begünstigen die Weiterausbreitung der Seuche. Jahrelang wurde vergeblich nach einem zuverlässigen Bekämpfungsmittel gegen die Faulbrut gesucht. Viele wurden angepriesen und alle versagten. Auch nach Einführung der jetzt allgemein als richtig erkannten Bekämpfungsweise wurden die Versuche zur Beschaffung eines Heilmittels fortgesetzt. Aus der Ostzone kam nach dem Krieg die überraschende Kunde, daß ein solches gefunden sei. Bald darauf wurde jedoch von der Verbandsleitung mitgeteilt, daß dieses Mittel ebenfalls versagt hat. Viele erfahrene Fachleute haben die Überzeugung, daß es kein Mittel gibt, welches alle Faulbruterreger im Schorf, in den Waben, an den Stockwänden und im Haarkleid der Bienen tötet.» (Mentzer, 1950)

Die Bienenforscher erkannten später, dass die Honigbienen, während sie in der Schwarmtraube fest zusammenhingen, eine Art Selbstreinigungsmechanismus anwandten, um sich von Sporen und Erregern zu befreien. Dies machte man sich dann zunutze, indem man aus den Honigbienen eines von AFB belasteten Volkes zusammen mit ihrer Königin einen Kunstschwarm erzeugte und das Volk in einen leeren Kasten setzte. Dieser war mit Rähmchen bestückt, die oben nur einen schmalen Wachsstreifen trugen. Ein mechanisches Mittel zur Heilung dieser Krankheit war gefunden. Allerdings wurde die gesamte Brut, auch die noch nicht klinisch kranke, dabei vernichtet. Diese «gesunde» Brut versuchte man in den 1970er-Jahren durch die Behandlung mit einem Sulfonamid zu retten, einem weiteren chemischen Mittel, mit dem man die Honigbienen behandelte. In dem Aufsatz, der dieses neue Mittel erwähnte, folgte im Absatz später pikanterweise die Klage über Pflanzenschutzmittel aus der Landwirtschaft, welche die Honigbienen bedrohten. (Evenius, 1965)

Das hielt die Bienenforscher nicht davon ab, noch 1976 neue chemische Behandlungsmittel zu finden. Sie testeten ein neues Mittel namens Terramyzin mit dem Wirkstoff Oxytetracylin, einem Breitspektrum-Antibiotikum von Pfizer. Insgesamt wurden innerhalb von 8 Wochen von Mai bis Juni insgesamt 16 g Terramyzin pro Volk auf die Brutwaben eines Volkes gegeben, bis der Befall gestoppt war. (Weiß et al., 1977)

Ergebnis

Die meisten Maßnahmen der Strategie 1 waren erfolglos. Ausschließlich eine Maßnahme innerhalb des Paketes der Strategie 1 war erfolgreich, nämlich das Vernichten aller befallenen und befallsverdächtigen Völker und die Bildung von Kunstschwärmen bei nicht befallenen Völkern am selben Bienenstand, was Dr. Evenius 1952 zu folgender Aussage brachte: «.Die Faulbrutgefahr kann als praktisch gebannt angesehen werden – (…).» (Evenius, 1952) Das stimmte wohl nicht ganz, angesichts der Tatsache, dass man noch 1976 den Einsatz von Antibiotika testete, um neue wirksame «Heilmittel» zu finden.

Strategien 2–4: Natürliche oder gezielte Förderung der Resistenz am Bienenstand

Die Bienenwissenschaftlerin Schulz-Langner hat 1957 in einem aufsehenerregenden Artikel in einer Bienenzeitschrift nachgewiesen, dass Honigbienen die Fähigkeit zur Resistenz gegen die Amerikanische Faulbrut in sich tragen. (Schulz-Langner, 1957) Die Zucht auf Resistenz beruhte also auf wissenschaftlicher Grundlage. Der Imkermeister Alber, der auf Sizilien lebte und regelmäßig für die Deutsche Imkerzeitung geschrieben hatte, machte 1953 darauf aufmerksam, dass Honigbienen einige Fähigkeiten aufwiesen, die für die Resistenz gegen die Tracheenmilbe verantwortlich sein könnten. Diese Fähigkeiten dienten alle der Hygiene und sorgten dafür, Krankheitserreger und Keime aus dem Volk zu entfernen. Sie reichten vom Identifizieren und Ausräumen von kranker Brut, Erneuerung der betroffenen Wabenzellen, Verhinderung des Eintritts kranker Bienen in den Stock bis zum Herauszerren kranker Bienen aus dem Stock. Er erinnerte daran, dass genau diese Fähigkeiten auch für die Resistenz gegen die Amerikanische Faulbrut verantwortlich gemacht werden. (Alber, 1953) Leider konnte ich keine Beispiele aus der Literatur finden, die die Strategie 2 «Resistenzbildung durch Kombinationszucht», Strategie 3 «Resistenzbildung durch natürliche Selektion am Bienenstand» und Strategie 4 «Resistenzbildung durch Wahlzucht am Bienenstand» belegen.

Strategie 5: Importverbot von Bienen, Königinnen und Material sowie Verbot der Wanderung

Die Amerikanische Faulbrut ist schon seit Jahrtausenden als Brutkrankheit der Honigbienen bekannt. Die Nachrichten über das Auftreten der AFB in Deutschland geht zwar nach Maaßen (1908) bis auf das Jahr 1568 zurück (Maaßen, 1908), wurde aber nie als große Bedrohung angesehen. Das aber hatte sich verändert. Der Faulbrutsachverständige und Lehrer Hofmann (1904) hat Hunderte von Völkern untersucht. Er konnte nicht verstehen, warum auf dem «Bienenstande des Schlendrians gesunde Völker in den ungünstigsten Verhältnissen und auf den bestgepflegtesten Ständen plötzlich die Krankheit auftrete[n]» und forschte nach weiteren Ursachen: «In all den Fällen, welche bisher zu meiner Kenntnis kamen, ließ sich das Auftreten der Bienenfaulbrut auf Einschleppung zurückführen. Eingeschleppt wurde die Krankheit aus dem Auslande durch den Ankauf von Völkern und Königinnen». (Hofmann, 1904) Aber wie er betont, wurde auch amerikanischer Honig, der von deutschen Konditoreien eingeführt wurde, schon 1848 einem Imker zum Verhängnis. Hofmann hat Bienenzeitschriften von 1823–1860 ausgewertet und fasste die Ergebnisse zusammen: «Die berühmten Bienenzüchter (...) erklärten, die ansteckende Brutpest weder auf ihren eigenen Ständen noch in ihrer Gegend gefunden zu haben. In Thüringen war sie bis zum Jahre 1858 ganz unbekannt (...). (...). Erst, als vom Auslande Bienenvölker (...) eingeführt, in Fehljahren fremder Honig (besonders aus Amerika) zur Fütterung verwendet wurde (...), zeigte sich die Bienenbrutpest auf mehreren Ständen Bayerns und Deutschlands in bedrohlicher Weise». (Hofmann, 1904) Die ersten staatlich verordneten Schutzgesetze in Mecklenburg von 1896 und Sachsen-Weimar von 1898 zeigen, dass zu diesem Zeitpunkt die AFB zum ersten Mal zu einer wirklichen Bedrohung wurde. (Hofmann, 1904)

Das Bienenhandelsverbot, verbunden mit der Warnung vor dem Verfüttern amerikanischen Honigs, der mit Faulbrutsporen verseucht war, wurde eingeführt, aber konsequent umgangen. Die Konsequenzen zeigten sich bald und wurden von den Wissenschaftlern einhellig auf die Importe zurückgeführt.

Strategie 6: Vermeidung ungünstiger Imkerpraktiken

Die Bienenwissenschaft hat die Ausbreitung der extrem gefährlichen Amerikanischen Faulbrut mit Argusaugen verfolgt und dokumentiert. Die Hauptursache war schnell benannt, nämlich die flächendeckende Zunahme ungünstiger Imkerpraktiken, insbesondere die Gepflogenheit, Waben und Honigbienen von einem Volk in ein anderes zu verbringen. Diese Praxis wird heute «horizontale Verbreitung» bzw. «horizontale Transmission» genannt und wird uns auch bei der Analyse der Ausbreitung der anderen Krankheiten wieder begegnen.

«Dabei drängt sich die Frage auf, ob denn heute die Bienenkrankheiten verheerender auftreten wie in früheren Zeiten, als die Imker noch weniger aufgeklärt waren. Diese Frage muß ohne Zweifel bejaht werden (...). Die Gründe der raschen Seuchenverbreitung liegen klar auf der Hand. Die alte Korbbienenzuchtbetriebsweise gestattete viel weniger Eingriffe in das Volk, die fest eingebauten Waben blieben an Ort und Stelle, und wenn sie mit Honig gefüllt waren, dann wurden sie ausgepreßt und eingeschmolzen. – Im modernen Mobilbetrieb dagegen haben sich Gepflogenheiten eingeführt, die auf den Gesundheitszustand der Bienen höchst nachteilig einwirken.» (Himmer, 1927)

Horizontale Verbreitung von Krankheitskeimen

Maaßen hat schon 1908 die horizontale Ausbreitung von Krankheitserregern beschrieben, die zur Verbreitung der Seuche führte:

> «Im allgemeinen gewinnt man jedoch bei Durchsicht der älteren Literatur den Eindruck, daß die Krankheit in früheren Zeiten auf den Bienenständen nur in begrenztem Maße zur Verbreitung gekommen ist, auch weite Gebiete nicht heimgesucht hat, und zwar augenscheinlich wegen der damaligen Betriebsweise der Bienenzucht und infolge des beschränkten Verkehrswesens. (...) Die ersten Angaben über eine Zunahme der Erkrankungsfälle in Deutschland stammen aus den 60er und 70er Jahren des vorigen Jahrhunderts. Zu dieser Zeit wurde in den bienenwirtschaftlichen Zeitschriften darauf hingewiesen, daß sich die Faulbrut in besorgniserregender Weise überall ausbreite, seitdem man auf vielen Bienenständen die neue Betriebsweise mit den beweglichen Waben und das Italisieren (die Zucht der italienischen Bienen) eingeführt habe. (...) Im allgemeinen ist nicht zu verkennen, daß die Hantierungen beim Betriebe mit beweglichen Waben (Einhängen und Auswechseln der Waben und namentlich auch das Vertauschen der Waben bei der Honigernte) die Verbreitung der Seuche begünstigen». (Maaßen, 1908)

Zander (1910) wurde nicht müde, diese schlechte Imkerpraxis zu rügen:

> «Heute darf man sich der Tatsache nicht mehr verschließen, daß für die Verbreitung der Bienenkrankheiten in erster Linie der Imker und nächst ihm in untergeordnetem Maße die Bienen verantwortlich zu machen sind. (...) Daran trägt fast immer der Imker selbst, bewußt oder unbewußt, die Schuld. Mit der Erleichterung des Verkehrs in unserer Zeit hat der Handel mit lebenden Bienen, Wohnungen, Gerätschaften und Bienenprodukten beträchtlich zugenommen. (...) Sehr oft werden Krankheiten durch Kauf oder Eintausch alter Waben, Gerätschaften oder Wohnungen eingeschleppt. (...) Ausnahmsweise kann die Seuche auch durch die Bienen eingeschleppt werden, wenn in ihrem Flugkreise ein widerstandsloses verseuchtes Volk steht, das sie zur Räuberei reizt. Mit dem geraubten Honig tragen sie dann auch die Krankheitskeime fort. Ist erst ein Volk angesteckt, so steht der Übertragung auf die übrigen Völker des Standes Tür und Tor offen. Dabei hilft abermals der Imker, verleitet durch die moderne Betriebsweise, fleißig mit. Obgleich es faulbrütige Völker immer gegeben hat, sind doch die Brutseuchen erst zu einer wirklichen Gefahr für die Bienenzucht geworden, seitdem der Mobilbau die Korbbienenzucht mehr in den Hintergrund gedrängt hat. Damit soll nicht dem Korb das Wort geredet werden, denn nicht die Betriebsweise an sich trägt die Schuld, sondern die durch den beweglichen Bau an den Imker herangetretene Versuchung, unnötig viel an seinen Völkern zu hantieren und zu probieren». (Zander, 1910)

Trotz der Warnungen wiederholte Borchert diese noch 1930, was zeigt, dass die Warnungen nicht beherzigt wurden:

> «Obgleich die Bienenzucht im Mittelalter stärker betrieben wurde als in der Neuzeit, war die Faulbrut damals allerdings verhältnismäßig nicht so stark verbreitet wie heutzutage. Der Grund hierfür ist hauptsächlich der, daß bei Ausübung des früher durchweg üblichen Stabilbaues die Seuche nicht so leicht von Volk zu Volk übertragen wurde als durch die verschiedenartigsten Manipulationen, die dem Mobilbau eigen sind. In der Mitte des vorigen Jahrhunderts hat, bedingt durch die Hebung der Verkehrs- und Handelsverhältnisse, den erleichterten Austausch von Bienenvölkern und die Zunahme der Zahl der bienenwirtschaftlichen Betriebe, zweifellos auch die Seuche an Ausdehnung gewonnen». (Borchert, 1930)

Alle Warnungen bekannter Bienenforscher vor den Auswirkungen einiger Imkerpraktiken wurden weitgehend ignoriert.

Strategie 7: Strategie der Natur

Der Erfolg der Strategie 7 wird durch den Bericht eines deutschen Seuchenbeauftragten von 1938 bestätigt:

> «Nach meiner langjährigen Erfahrung sind Faulbrutherde in 99 von 100 Fällen auf den Ständen der sogenannten Bienenhalter zu suchen. 36 Jahre habe ich meinen Bienenstand neben einem großen Park gehabt, in dessen Mitte sich viele große Linden und Eichen befanden, die jahrein und jahraus bald hier, bald dort Bienenschwärme aufnahmen, die oft viele Jahre dort ihre Heimstätte hatten. Nie aber habe ich auf meinem Stande auch nur eine Spur von Faulbrut gehabt. In vielen Dörfern habe ich aber auf den Ständen die Faulbrut aufgestöbert und radikal ausgerottet. War dieses geschehen, so gab es in der betreffenden Gegend keine Faulbrut mehr, und die Stände gingen wieder hoch, obwohl es auch hier viele hohle Bäume gab. Es liegt nun in der Natur der Sache, daß die Faulbrut sich nicht so leicht in die ‹Naturbeuten› einnistet.» (Fischer, 1938)

Der Faulbrutsachverständige Hofmann machte sich schon 1904 Sorgen um die wild lebenden Honigbienen: «Noch ist es Zeit. Warten wir jedoch länger zu, dann wird sich die Brutpest einbürgern, auch wildlebende Völker (wie wir sie in den Wäldern noch häufig finden) ergreifen und unserer Imkerei steht das Schicksal der englischen Bienenzucht bevor.» (Hofmann, 1904) Das zeigt, dass er sich der Basis der Imkerei, den wild lebenden Völkern, sehr bewusst war.

Frau Dr. Schulz-Langner hatte schon 1957 nachgewiesen, dass die stärkste Abwehrchance die Fähigkeit zur Selbstheilung durch den Putztrieb darstellt. Die Honigbienen wären bei guter biologischer Verfassung in der Lage, sowohl Sporen als auch erkrankte Larven in einem so hohen Maße auszuräumen, dass sie sich selbst heilen konnten. (Schulz-Langner, 1957)

Welche Strategien waren im Kampf gegen die Amerikanische Faulbrut erfolgreich?

Trotz jahrzehntelanger Forschung und Behandlung der Völker mit allerlei Medikamenten konnte die Amerikanische Faulbrut nicht ausgerottet werden. Auch heute noch bricht sie in Landkreisen oder Städten regelmäßig aus. Nur eine der 7 durchgeführten Strategien war nachhaltig erfolgreich, nämlich die Strategie 7«Strategie der Natur». Die Strategien 2, 3 und 4 zeigten sicher auch Erfolge; ich kann diese aber nicht anführen, da ich keine Belege aus der Literatur finden konnte. Die Strategien 5 und 6 hätten zu einem Erfolg wesentlich beigetragen, wenn sie umgesetzt worden wären.

Die sieben Strategien der Seuchenbekämpfung

Alle seit damals bekannten Seuchenbekämpfungsmaßnahmen habe ich sieben Strategien zugeordnet, mithilfe derer die Beurteilung von Erfolgen und Misserfolgen übersichtlicher dargestellt werden kann. Da uns diese sieben Strategien in den nächsten Kapiteln weiter begleiten werden, möchte ich sie an dieser Stelle einführen:

1. Die Ausrottung des Feindes
2. Resistenzbildung durch Kombinationszucht
3. Resistenzbildung durch natürliche Selektion am Bienenstand
4. Resistenzbildung durch Wahlzucht am Bienenstand
5. Importverbot von Bienen, Königinnen und Material sowie Verbot der Wanderung
6. Vermeidung ungünstiger Imkerpraktiken
7. Strategie der Natur

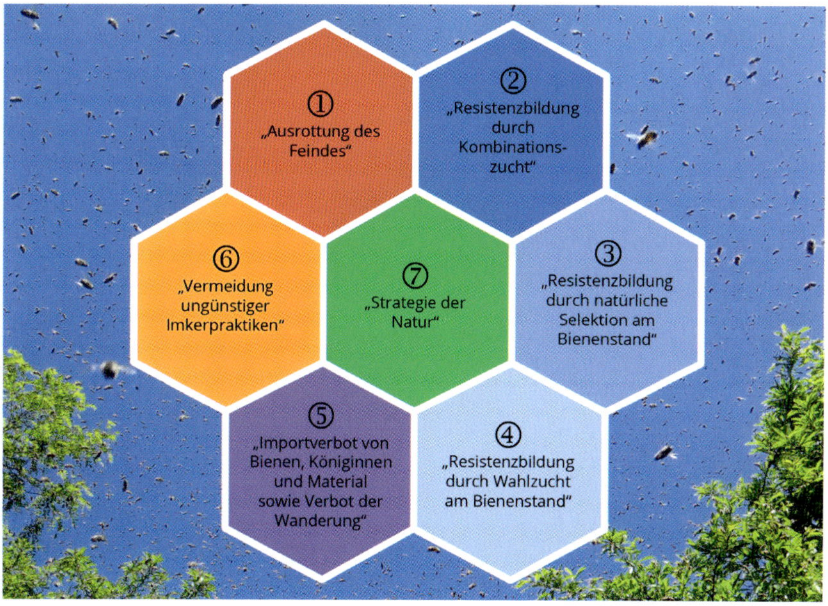

Abb. 43: Übersicht über die Strategien zur Bekämpfung einer Krankheit

11 Die erste Milbenseuche schreckt die Imker 1904 auf

Die Varroamilbe war nicht die erste Milbe, die den Bieneninstituten und Imkern Kopfzerbrechen bereitete. 1904 schreckte eine Mitteilung erst die Imker in England und bald in ganz Europa auf: hohe Völkerverluste angeblich durch eine Milbe. Die Forschung lief an, um die zwei wichtigsten Fragen zu beantworten: Um welchen Parasiten handelte es sich und wie könnte man ihn bekämpfen? Manche werden jetzt die Stirn runzeln, was denn die Milbenseuche von 1904 mit unseren heutigen Problemen zu tun hat. Sehr viel! Ich zeige auf, dass viele der Maßnahmen, die damals ergriffen wurden, den heutigen gegen die Varroamilbe sehr ähnlich waren und damals wie heute nicht zum Erfolg führten. Und ich zeige, dass erfolgreiche Strategien zu wenig zur Kenntnis genommen und umgesetzt wurden, ein Umstand, der auch heute noch zu konstatieren ist. Wir hätten von damals schon vieles für heute lernen können.

Beschreibung der Problemlage

1904 brach auf der Isle of Wight, einer dem englischen Festland vorgelagerten Insel, eine bis dahin unbekannte Krankheit auf. Die Bienen krabbelten flugunfähig zu Tausenden auf dem Boden vor der Beute herum und starben. Diese Symptome ähnelten der seit 20 Jahren bekannten Lähmungskrankheit, die wahrscheinlich durch ein Virus ausgelöst wurde und den Imkern geläufig war. Die Wissenschaftler vermuteten als Ursache jedoch einen anderen Erreger. Innerhalb von 5 Jahren waren alle 326 Bienenvölker der Insel tot. Der Ausbruch begann 4 Jahre, nachdem die Imker einige Bienenvölker vermutlich aus Frankreich oder der Schweiz importiert hatten. Nachforschungen ergaben, dass die Milbenseuche schon zur Jahrhundertwende ins Berner Oberland (Schweiz) durch Bienenimporte aus dem benachbarten Ausland eingeschleppt wurde. (Morgenthaler, 1932) Importe schienen auch hier die Ursache der Verbreitung einer Krankheit zu sein. Mindestens seit 1909 hatte die Krankheit auch das englische Festland erreicht; 10 Jahre später waren nahezu alle englischen Bienenvölker tot.

Die Wissenschaftler forschten fieberhaft nach dem Erreger und hielten zuerst den von Prof. Zander im Jahr 1909 als *Nosema apis* bezeichneten für den Auslöser, da auch die durch ihn ausgelöste Krankheit ähnliche Symptome aufwies und massenhaftes Sterben von Völkern zur Folge haben konnte und bis heute haben kann. Dr. Rennie glaubte das nicht, forschte weiter und stellte 1920 die Tracheenmilbe *Acarapis woodi* als Auslöser der Krankheit vor. (Bruder Adam, 1968) Andere Forscher halten allerdings bis heute die Ansicht aufrecht, dass ein Virus der Auslöser sei. (Bailey et al., 2001) 10 Jahre Forschungsarbeit in der Schweiz führten damals zur Erkenntnis, dass diese Katastrophe durchaus auch durch das Zusammenwirken mehrerer Krankheiten ausgelöst worden sein könnte. Denn auch Zander und Morgenthaler registrierten natürlich die Fälle, in denen zwar Bienen vor dem Stock krabbelten, aber keine Milben nachgewiesen werden konnten oder Völker mit nachgewiesener Milbe ohne Symptome blieben. In späteren Jahren stellte auch Rennie, der Entdecker der Tracheenmilbe, fest, dass «unter der ursprünglichen und jetzt ganz recht verworfenen Bezeichnung ‹Isle of Wight-Krankheit› mehrere Krankheiten mit analogen oberflächlichen Symptomen eingeschlossen waren.» (Bailey, 1964)

Die Wissenschaft war sich sehr einig in der Überzeugung, dass allein der Handel und das Wandern mit Bienen die Verbreitung der Milbenseuche verursacht hatten. Prof. Zander wies 1925 die Tracheenmilbe in Deutschland (Bayern) nach und zeigte damit, dass der schon 1924 erlassene Einfuhrstopp von Bienen und Königinnen nach Deutschland von vielen Imkern nicht ernst genommen wurde, der nach der deutschen Reichsverordnung zur Abwehr der damals weit verbreiteten bösartigen Faulbrut und der kurz zuvor entdeckten Milbenseuche erlassen worden war. Interessant war die Tatsache, dass in der Schweiz die Region, in der mit der Dunklen Biene geimkert wurde, 1932 noch milbenfrei war, während der französisch sprechende Teil der Schweiz, der sehr betroffen war, viele Kärntner- und Italiener-Bienen importiert hatte.

Bis kurz vor Ende des 2. Weltkrieges wurde in Deutschland noch auf 170 Reinzuchtbelegstellen die Zucht der Dunklen Biene aktiv betrieben sowie auf 138 Reinzuchtbelegstellen die Zucht der Kärntner Biene. (Mittl, 2019) Die Entscheidung, die Zucht der Dunklen Biene in Deutschland einzustellen und alle Belegstellen auf die Zucht der Kärntner Biene umzustellen, trafen die Imker, die Imkerverbände und die Bieneninstitute nach dem 2. Weltkrieg gemeinsam, weil die Kärntner Biene im Durchschnitt einen höheren Honigertrag aufwies. Die Folgen der massiven und zu diesem Zeitpunkt noch immer illegalen Einfuhr (Mentzer, 1950) aus Österreich, das seit 1925 als flächendeckend milbenverseucht galt (Morgenthaler, 1932), ließen nicht lange auf sich warten: Die Tracheenmilbe breitete sich immer weiter aus, was die deutschen Forschungsinstitute ab 1948 auf den Plan rief. Viele Berichte über die Bekämpfung der Milbe, aber auch über die mangelnden Erfolge, füllten ab 1950 die Seiten der Imkerzeitungen. Noch 1965 mahnte der Leiter des Bieneninstitutes in Mayen, Dr. Dreher, vor schweren Verlusten, wenn keine adäquaten Schritte zur Bekämpfung unternommen würden. (Bruder Adam, 1968) Daraus lässt sich ableiten, dass die massiven Bekämpfungsmaßnahmen wenig erfolgreich waren. Welche Strategien wurden denn ersonnen und umgesetzt und warum brachten sie letztendlich keinen Erfolg? Können wir aus diesen Erfahrungen für heute lernen? Beginnen wir mit der ersten Strategie.

Strategie 1: Ausrottung des Feindes

Viele Wissenschaftler waren der Meinung, dass die Honigbienen nicht aus sich heraus gegen die Milbe resistent werden könnten und setzten daher auf die Ausrottung des Erregers, um die Wirtschaftlichkeit der Bienenhaltung zu gewährleisten. (Morgenthaler, 1932) Dr. Evenius vom Bieneninstitut Celle hielt 1952 die Milbenseuche für «den Bienenfeind No. 1». (Evenius, 1952) und in Österreich wurde 1941 das Kriegsvokabular auf die Milbe angewandt: «Die Tagung war beseelt von dem festen Willen (...), (...) einen planvollen Großangriff gegen die Milbenseuche vorzunehmen. (...) Gerade im Braunauer Bezirk flackert stellenweise die Milbenseuche immer und immer wieder auf, obwohl schon mehrfach die Vergasung mit dem Frowschen Mittel durchgeführt worden ist.» (Landesfachgruppe Imker «Donauland», 1941)

Erforschung der Biologie, der Physiologie und der Verbreitung des Erregers

Die Forschungsinstitute forschten über Jahre und Jahrzehnte über Biologie, Fortpflanzung und Reaktion der Tracheenmilbe *Acarapis woodi* auf unterschiedliche Einflüsse wie Temperatur, Luftfeuchtigkeit, CO_2 und O_2, um entsprechend wirksame Medikamente überhaupt entwickeln zu können. (Sachs, 1955) (Kaeser, 1951) Eine Frage blieb dabei strittig: War die Tracheenmilbe überall in der Natur in Europa verbreitet oder wurde sie aus einem unbekannten Land in die Schweiz und benachbarte Länder eingeschleppt? Eine weitere Frage blieb ungeklärt: Die Forscher konnten in der Schweiz im Lauf der Jahre zwei äußerlich nicht unterscheidbare *Acarapis*-Milben identifizieren: Eine lebte vorwiegend in den vordersten Luftröhren der Honigbiene und wurde Innenmilbe genannt; nur sie löste die Milbenseuche aus; sie wanderte nur nach außen, um von dort aus eine weitere Honigbiene befallen zu können; die zweite lebte ausschließlich auf der Honigbiene, war harmlos und wurde Außenmilbe genannt. (Zander, 1947) Handelte es sich dabei um zwei unterschiedliche Arten oder gab es nur eine Milbe?

Erforschung der Infektions- und Ausbreitungswege und Entwicklung und Anwendung von Medikamenten gegen den Erreger

Den Forschern war schnell klar, dass die Aufstellung der Bienenvölker in Reihe und in Bienenhäusern die Infektion bisher gesunder Völker stark begünstigt. Das Bieneninstitut in Hohenheim zeigte in einem Versuch, dass innerhalb von ein paar Tagen alle Völker eines Bienenstandes durch ein infiziertes Volk infiziert wurden. Auch die Räuberei diente der Verbreitung der Milbe. Drohnen brachten die Milben auf andere Bienenstände und der Kauf von Bienenvölkern verbreitete die Milbe über ganz Europa.

Zu Beginn der Krise hat man in der Schweiz alle angesteckten Völker und Bienenstände vernichtet, ging aber aufgrund des hohen wirtschaftlichen Schadens dann zur Anwendung der anderen Mittel über. In Deutschland wurde noch 1950 empfohlen, an Standorten, wo die Milbenseuche nur sporadisch auftrat, alle Völker eines Standes zu vernichten, um die Ausbreitung auf andere Bienenstände zu verhindern. «Die toten Völker tragen die Seuche nicht mehr weiter.» (Mentzer, 1950)

Der Engländer Frow entwickelte 1927 ein Mittel, das aus zwei Teilen Nitrobenzol, zwei Teilen Benzin und einem Teil Safrolöl bestand. Dieses wurde portioniert über insgesamt 10 Tage auf eine Filzunterlage aufgebracht und verdampfte im Bienenstock. Es zeigte große Erfolge, hatte aber auch große Nebenwirkungen. Je nach Dosierung, Temperatur, Witterung und Bienenvolk starben viele Bienen während der Behandlung oder ließen starke Räuberei zu.

Das Delacan genannte Mittel mit einer bestimmten Rezeptur aus Kalisalpeter, Schwefelblumen und Schwefelkohlenstoff, welches auf Wellpappe aufgebracht und dann angezündet wurde, brachte ab den 1930er-Jahren ebenfalls gute Wirkungen. Der Schwefelrauch sollte an milden Spätherbst- und Wintertagen mit je drei Stößen durch das Flugloch in das Volk eingebracht werden und bis zum Frühjahr 10-15-mal erfolgen. Das Mittel war aber nicht zuverlässig: Wurde es zu hoch dosiert, schadete man den Bienen, wurde es zu niedrig dosiert, wurden nicht alle Bienen erfasst. (Sachs, 1955)

Abb. 44: Werbeanzeige für das Milbenbekämpfungsmittel Delacan. (Deutscher Imkerbund, 1952)

Das Pestizid und Pflanzenschutzmittel Folbex wurde ab 1953 in der Schweiz entwickelt und bald in ganz Europa gegen die Tracheenmilbe (und später auch gegen die Varroamilbe als Folbex VA) angewendet, weil nach Dr. Evenius alle anderen Mittel nicht wirklich zum Erfolg geführt hatten. Es wurden zwar Schädigungen der Königinnen beim Einsatz des Mittels beobachtet, die aber angeblich bei sachgemäßer Anwendung weitgehend vermieden werden könnten, wie Dr. Evenius vom Bieneninstitut Celle verkündete. (Evenius, 1965) Ein Räucherstreifen mit dem Wirkstoff Brompropylat wurde in den Bienenkasten eingebracht und angezündet; der Rauch wirkte gegen Milben und sollte laut Beipackzettel für die Bienen ausgezeichnet verträglich sein. Bis zu acht Anwendungen dieser Begasung im Abstand von jeweils einer Woche mussten für eine zuverlässige Wirkung durchgeführt werden. Überlebte auch nur eine Milbe, könnte dies zu einer späteren Neuinfektion führen. (Sachs, 1955)

Da alle Mittel aber nicht alle Milben zuverlässig töteten, führte dies dazu, dass angesteckte Völker, die behandelt wurden, nach kurzer Zeit den ganzen Stand anstecken konnten, obwohl die Bienen vorbildlich gepflegt und die Heilmittel vorschriftsmäßig und regelmäßig angewandt wurden. (Mentzer, 1950)

Folbex hilft sicher gegen die Milbenseuche

Seit Wochen richtet sich die Aufmerksamkeit der Imker in steigendem Maße auf Folbex-Räucherstreifen, das neue Milbenbekämpfungsmittel von Spiess - Urania.

Daß Folbex *rasch und sicher die Bienenmilbe tötet* und außerdem *nachhaltig und vorbeugend wirkt*, verbreitet sich durch Propaganda von Mund zu Mund. Aus vorliegenden Versuchsberichten ist erwiesen, daß das Akarizid *unschädlich ist für Bienen, Brut, Honig und Futter*. Imker, die Folbex schon anwenden, sind begeistert von der *einfachen Dosierung*: „pro Woche und Volk ein Streifen", und nicht minder von der *eleganten Anwendung*: Glimmenden Räucherstreifen in Bienenstock einhängen; Flugloch luftdicht schließen, Rauch 1 Stunde wirken lassen.

Eine Heilbehandlung umfaßt acht Verräuche rungen, die genau im Abstand von einer Woch erfolgen müssen. Zur vorbeugenden Behand lung, insbesondere im Herbst nach der Wande rung, braucht man nur 3—4 Streifen.

Folbex, dem in der Schweiz bereits die Auf hebung ehemaliger Milbensperrgebiete zu dan ken ist, dient im Bundesgebiet in dieser Saison neben den unzähligen Fällen privater Anwen dung auf breiter Basis amtlichem Großeinsatz.

Wenn Sie mehr über wissen wollen, das auch so schreiben Sie noch heu Preisen an die Fa. C. F mische Fabrik, Kleinka

Abb. 45 a und b: Werbeanzeige für das Milbenbekämpfungsmittel Folbex. (Spiess, 1955)

Noch 1955 konnte ein Anbieter Folbex als harmlos für Bienen und Mensch in der Imkerzeitung des Deutschen Imkerbundes anbieten. Erst viel später merkte man oder war bereit anzuerkennen, dass sich dieser Wirkstoff in den Waben anreicherte, Königinnen schädigte und der Gesundheit von Mensch und Tier schadete, weshalb der Einsatz dieses Wirkstoffes 2002 (z. T. erst 2007) in der Europäischen Union verboten wurde.

Wintergrünöl brachte ab den 1930er-Jahren auch gute Erfolge und schien für die Bienen «weniger giftig zu sein als das Frow'sche Mittel, auch begünstigt es nicht die Räuberei.» (Morgenthaler, 1932) Weitere Mittel waren Senföle (Mito A 2, Mito AS von Dr. Jordan aus Österreich) und Menthol.

Gleichzeitig forderten die Bieneninstitute die Imker auf, ihre Völker nicht in Reihe aufzustellen, da dies die Verbreitung extrem begünstigte, sondern weiter voneinander weg zu platzieren und auch die Wanderung mit ihren Völkern zu vermeiden. (Sachs, 1955) Leider wurde diese Empfehlung selten umgesetzt.

Je mehr die milbeninfizierten Honigbienen zu arbeiten hatten, desto schneller endete ihre Lebenszeit. Je mehr Bienen erzeugt und zur Arbeit angehalten würden, desto höher wäre der ständige Verbrauch an Arbeitsbienen, deren Tod auch den Tod der Milbe bedeutete. Das führte zu verschiedenen Strategien, den Brutansatz und den Brutumsatz zu steigern. (Jordan, 1964)

Das dritte biologisch-mechanische Verfahren wurde «Svoboda-Methode» oder «Brutentnahmeverfahren» genannt und aus der Beobachtung abgeleitet, dass die Tracheenmilbe nicht die offene Brut befällt, sondern nur die jungen Bienen. Deshalb wurden bienenfreie Waben mit gedeckelter Brut außerhalb des Flugradius der milbenverseuchten Völker auf gesunde Völker verteilt und damit wieder neue Völker aufgebaut. Dr. Kaeser aus Freiburg hielt diese Methode für wirtschaftlicher und erfolgreicher als die jahrelange und nicht immer von Erfolg gekrönte Begasung mit chemischen Stoffen. (Kaeser, 1951)

Auch wenn viele Bienenwissenschaftler die Misserfolge den nicht hundertprozentig wirkenden Mitteln zuschrieben (Kaeser, 1951) (Mentzer, 1950), war für andere der Schuldige schnell gefunden, nämlich der Imker, der seine Völker nicht behandelte: «Allerdings werden wir diese Seuche nicht mehr los werden, denn wenn 99 % aller Imker ihren Stand frei machen, dann stecken die wenigen verseuchten Stände die anderen wieder an.» (Sachs, 1955)

Ergebnis der Strategie 1 nach 30–43 Jahren

Laut einer Zusammenkunft von schweizerischen, französischen und deutschen Bienenwissenschaftlern im Jahre 1950 (man bedenke, dass die Schweiz und Frankreich seit mindestens 1922 riesige Probleme mit der Tracheenmilbe hatten, also seit fast 30 Jahren behandelten) sahen die bisherigen Ergebnisse der Bekämpfungsmaßnahmen nicht gut aus: Das Elsass war 1950 trotz alljährlicher Anwendung des Frow'schen Mittels nunmehr fast ganz verseucht. Die Krankheit konnte zwar zurückgedämmt, aber nicht geheilt werden. Gleich oder ähnlich lagen die Verhältnisse in ganz Frankreich. Auch in Österreich war die Milbenseuche so weit verbreitet, dass es keinen Zweck mehr hatte, innerhalb des Landes Sperren zu errichten. Nur der Norden Deutschlands blieb noch milbenfrei und die Zentralschweiz, die bei ihrer Dunklen Biene blieb und kategorisch jede Einfuhr fremder Unterarten untersagte. Das Versagen der Behandlungsmittel konnte nicht wirklich erklärt werden; die Forscher mutmaßten, dass es an der mangelhaften Anwendung der Mittel liegen könnte, aber auch an der Luftzirkulation im Bienenstock oder an den Abwehrmaßnahmen der Bienen gegen die Dämpfe. Die Forscher diskutierten auch die Erkenntnis, dass die Ansteckungsgefahr von Völkern noch jahrelang ausgeht, auch wenn sie behandelt werden, da «die letzte Milbe in den Tracheen der Bienen auch vom besten Behandlungsmittel nicht erreicht und getötet wird» und daher weiterhin eine Gefahr darstellte. (Mentzer, 1950) Ein klarer Hinweis auf das Scheitern der Bekämpfungsmaßnahmen aus dem Werkzeugkasten der Strategie 1.

Herr Mentzer, der zweite Bundesleiter des Deutschen Imkerbundes bezeichnete daher 1951 die Bekämpfung als verhängnisvollsten Fehlgriff, da während der Behandlung befallener Völker die Völker im Umkreis befallen wurden, was dazu führte, dass binnen Jahren alle Länder milbenverseucht wurden. «Durch die Anwendung von Heilmitteln (...) gelingt es wohl, die Bienenvölker ertragsfähig zu halten, aber geheilt werden sie, wie bereits betont, fast niemals.» Er vertrat damals auch die Ansicht, dass «in erster Linie die Weiterverbreitung der Krankheit unterbunden werden muß, wenn wir wieder zu gesunden Bienen kommen wollen. Möglich ist dies zur Zeit nur durch Vernichtung aller befallenen und befallsverdächtigen Völker (...).» (Mentzer, 1951) Er erkannte nur die Erfolge des Brutentnahmeverfahrens und der Resistenzzucht an. Ihm war völlig bewusst, dass gesunde Honigbienen nur dann als gesund bezeichnet werden können, wenn sie ohne Dauerbehandlung mit Medikamenten gesund blieben.

Strategie 2: Resistenzbildung durch Kombinationszucht

Bruder Adam verfolgte einen anderen Ansatz, nämlich den der Kreuzungs- oder Kombinationszucht. Er war der Meinung, dass die Bekämpfung einer Krankheit nie vollständig gelingen konnte und daher nur zur weiteren Ausbreitung des Erregers führen würde. Als Ziel der Zucht sah er zwar die Hochleistungsbiene an, aber Grundlage jeder Zucht, sei es Rein- oder Kreuzungszucht, war für ihn die Auslese, also die Wahlzucht: «Ohne ein Sichten, Auslesen gibt es keine Zucht. Die Natur ist eine strenge, unbarmherzige Züchterin.» (Bruder Adam, 2002) Er untersuchte alle seine Völker sehr sorgfältig und züchtete nur mit Königinnen weiter, die milbenfreie Völker aufwiesen oder trotz Milbe keine Krankheitssymptome aufwiesen. Als Zuchtweg wählte Bruder Adam die Kreuzungs- oder Kombinationszucht, d. h. er züchtete und kombinierte alle möglichen Unterarten der Westlichen Honigbiene so lange, bis er die einzige heute vorhandene Zuchtrasse der Westlichen Honigbiene, die Buckfast-Rasse erzüchtet hatte. Auf dem Weg dorthin konnte er Erfolge in der Resistenzzucht gegen die Tracheenmilbe aufweisen, musste aber auch Niederlagen verkraften. Auf jeden Fall erkannte er, dass auch eine erbliche Resistenz unter sehr ungünstigen Umwelt- oder Haltungsbedingungen zusammenbrechen konnte und dass verschiedene Honigbienenpopulationen oder -stämme verschieden anfällig für die Trachenmilbe waren, also unterschiedliche Resistenzgrade aufwiesen. Dies war und ist die Voraussetzung für Auslese. Er plädierte zusätzlich für die Einhaltung der Einfuhrbestimmungen, um die Ausbreitung zu verhindern und damit die anfälligen Bienenpopulationen und -bestände zu schützen (Bruder Adam, 1968)

Abb. 46: Die einzige Zuchtrasse der Westlichen Honigbiene, die Buckfast-Biene. © Bollen 2017

Ergebnis der Strategie 2

Einige Wissenschaftler ließen sich Resistenzköniginnen der Buckfast-Rasse schicken und weiselten sie in milbenverseuchte Völker ein. In zwei Fällen (Deutschland und Schweiz) bewiesen die Königinnen ihre vererbbaren Eigenschaften; am Ende der Saison waren die milbenverseuchten Honigbienen des Ursprungsvolkes abgegangen und gestorben und die Nachkommen der Buckfast-Königin setzten ihre Strategien um, das Volk milbenfrei zu halten. Bruder Adam konnte sich die Mechanismen zwar nicht erklären, der auf Sizilien lebende Imkermeister Alber aber schon: Er vermutete, dass bestimmte Hygienemaßnahmen, wie sie aus faulbrutfesten Stämmen bekannt waren, die Ursache für diese Resistenz darstellten. Die Hygienemaßnahmen reichten von Identifizieren und Ausräumen von kranker Brut, Erneuerung der betroffenen Wabenzellen, Hindern der heimkehrenden kranken Bienen am Eintritt in den Stock bis zum Herauszerren kranker Bienen aus dem Stock. (Alber, 1953) Interessanterweise wird in anderen Artikeln das Gegenteil beschrieben, nämlich, dass diese Resistenzköniginnen der Buckfast-Rasse zwar in England resistent gewesen seien, deren Nachkommen aber in einer anderen Umwelt genauso anfällig gewesen wären wie die heimischen. (Mentzer, 1951) [mit «heimischen» ist in diesem Fall die Landbiene gemeint, nicht die Dunkle Biene; Anm. d. V.]

Auch der Deutsche Imkerbund würdigte 1951 die Resistenzbildung als einzig wirklich nachhaltige Bekämpfungsmaßnahme gegen die Tracheenmilbe: «Der Engländer, Dr. Anderson (…) hat schon im Jahre 1931 davor gewarnt, anfällige Völker aufzupäppeln und am Leben zu erhalten. Nur Völker, welche widerstandsfähig gegen die Krankheit sind, sollten am Leben erhalten werden.» (Mentzer, 1951)

Strategie 3: Resistenzbildung durch natürliche Selektion am Bienenstand

Der damals in Imkerkreisen sehr angesehene Imkermeister Alber gab zu bedenken, dass durch die Behandlung der Völker gegen die Milbenseuche die Verbreitung der Seuche gar gefördert würde, indem sich die behandelten Völker, statt zu sterben, wieder erholten und die Milben an andere Völker weitergaben und bezeichnete das Behandeln als Quacksalberei. Er brachte den «weisen Ratschluß der Natur» ins Gespräch, der da lautete: «Was nicht leben konnte, sollte sterben» und berichtete von einigen großen Imkern, die mitten in hoffnungslos befallenem Gebiet sich gegen jede Behandlung stemmten und mit ihren Bienen überlebten. (Alber,

1953) Der Biologe und Erwerbsimker Dr. Kefuss setzte genau diese Strategie, die er nach einem James Bond-Film «Bond-Methode» nannte, erfolgreich zur Resistenzbildung seiner Honigbienenvölker gegen die Varroamilbe ein.

Strategie 4: Resistenzbildung durch Wahlzucht am Bienenstand

Diese Strategie könnte auch von den Imkern, von denen Alber 1953 berichtet hatte, durchgeführt worden sein. Sie ist leider nicht dokumentiert. Bruder Adam hat diese Strategie mit seiner Kombinationszucht zusammen verwendet. Es ging darum, Völker, die nachweislich krank waren, abzuschwefeln und nicht für die Nachzucht zu verwenden, d. h. keine Ableger zu machen. Nur Völker, die keine Krankheitssymptome aufweisen, weil sie verschiedene Strategien nutzen, die Erreger in Schach zu halten, wurden am Bienenstand gehalten und zur Vermehrung genutzt.

Strategie 5: Importverbot von Bienen, Königinnen und Material sowie Verbot der Wanderung

Zander war davon überzeugt, dass nur das Einfuhrverbot fremder Honigbienen aus Ländern mit nachgewiesenermaßen vorkommender Milbenseuche die Ausbreitung derselben verhindern könnte und setzte sich für ein entsprechendes Einfuhrverbot ein. Er stützte sich dabei auf die Beobachtung, dass vorher milbenseuchenfreie Länder aufgrund der illegalen Einfuhr von Bienen und Königinnen kurze Zeit später große Bienenverluste zu beklagen hatten. (Alber, 1953) (Mentzer, 1950) Bruder Adam nahm an, dass die Tracheenmilbe von einem noch nicht identifizierten Ort nach England eingeschleppt wurde (Bruder Adam, 1968), was wiederum für Einfuhrverbote von Bienen und Bienenmaterial sprach. Die Einfuhr von Honigbienen aus anderen Ländern barg und birgt noch immer das Potenzial der Verbreitung und Verschleppung von Erregern in sich; gefährlich könnte es vor allem dann werden, wenn hochansteckende Formen eines Erregers in Gebiete eingeschleppt werden, in denen sich ein Gleichgewicht mit dem gleichen, aber wenig ansteckenden Erreger schon herausgebildet hatte. Dies geschah und geschieht häufig auch durch Wanderung mit den Honigbienen. Der gleiche Erreger kann in einem Gebiet wenig ansteckend, in einem anderen sehr ansteckend sein.

Ritter beschreibt in seinem Buch «Bienen gesund erhalten» 2016, dass vier *Acarapis*-Arten auf der Honigbiene leben und harmlos sind. Er schreibt aber auch, dass die Tracheenmilbe *Acarapis woodi* heute in vielen Bienenvölkern in der Schweiz, Österreich und Süddeutschland vorkommt, aber keine Schäden mehr verursacht. Als Grund vermutet er «eine natürliche Selektion von gegen den Parasiten toleranten Bienen.» (Ritter, 2016) Ich möchte an dieser Stelle eine Hypothese zur Diskussion stellen: Könnte es nicht sein, dass die in Europa Innenmilbe genannte *Acarapis woodi* durch den Import einer Unterart der Östlichen Honigbiene, *Apis cerana indica*, der Indischen Honigbiene, in der damaligen Zeit von dieser auf die Westliche Honigbiene übergesprungen ist, wie es auch bei der Varroamilbe der Fall war? Zu der damaligen Zeit wurden viele andere Honigbienen nach Europa zu Zuchtzwecken importiert, warum nicht auch diese? Bekannt ist, dass *Acarapis woodi* 1957 für die Indische Honigbiene beschrieben wurde. (Singh, 1957)

Ergebnis

Das Einfuhrverbot hätte seine Wirkung entfalten können, wenn es auch eingehalten worden wäre. Es wurde aber konsequent illegal von den Imkern umgangen.

Strategie 6: Vermeidung ungünstiger Imkerpraktiken

Verhinderung des Schwarmprozesses

Manche Forscher gehen davon aus, dass der Wandel vom Stabil- zum Mobilbau mit all seinen Auswirkungen auf das Bienenvolk für den Ausbruch der Milbenseuche verantwortlich war; aber nicht der Mobilbau als solcher, sondern die durch ihn möglichen neuen Imkerpraktiken. Bis zum Beginn des 20. Jahrhunderts wurden die Körbe meist noch ausgeschnitten und das Volk in einen leeren Bienenkorb gesetzt, sodass es zu einer wenn auch kurzen Brutpause kam und der Wabenbau komplett erneuert wurde; das Schwärmen als solches, welches einer der wichtigsten Selbstheilungsstrategien der Honigbienen darstellt, wurde aber nicht verhindert; der Mobilbaubetrieb ermöglichte eine tägliche Kontrolle auf Anzeichen des Schwarmtriebes, der durch Ausbrechen der angesetzten Königinnenzellen unterbunden werden konnte. Erneuerung des mit Keimen belasteten Wabenbaus und die Brutpause entfielen. Diese Praxis, verbunden mit weit größeren Bienenbeuten mit höherem Volumen (und damit mehr Bienenindividuen), könnte zu einem Anstieg der Milbenpopulation oberhalb einer nicht genauer definierten, weil bis dahin unbekannten Schadschwelle geführt haben, der dann den Ausbruch der Milbenseuche auslöste. (Royce et al., 1991)

Zuckerhonig statt Nektarhonig als Wintervorrat für die Honigbienen

Zander und Sklenar warnten davor, die Zuckerfütterung, die ausschließlich in Notzeiten empfohlen wurde, als Dauerlösung und normale neue Imkerpraxis zu etablieren. Aber die Steigerung des Honigertrages durch komplette Entnahme des Wintervorrates und die Einfütterung mit Zuckerwasser, das die Bienen zur Unzeit zum Zuckerhonig umarbeiten mussten, war zu verlockend. Der Ersatz des wertvollen Honigs durch eine reine Zuckerlösung hatte und hat erhebliche Auswirkungen auf die Gesundheit und Funktionsfähigkeit des Immunsystems der Bienen zur Folge. Dazu später mehr.

Verbreitung der Erreger von Volk zu Volk – horizontale Transmission

Ein weiterer Effekt war für die Zunahme der Krankheiten verantwortlich: die Übertragung der Erreger von einem Honigbienenvolk in das danebenstehende. Diese Form der Übertragung wird «horizontale Transmission» genannt. Diese geschieht auf verschiedene Art und Weise. In früheren Zeiten wurden zwar auch schon Bienenvölker in Bienenhäusern gehalten, was die horizontale Verbreitung von Keimen begünstigt hat, aber die Völker schwärmten in der Regel, was nachweislich zu einer Abnahme aller möglichen Erreger führte und führt. Mit Einführung des Mobilbaus und der dadurch ermöglichten Schwarmverhinderung wurden den Honigbienen eine ihrer wichtigsten Strategien zur Selbstheilung, das Schwärmen, genommen, was die Ausbreitung der Erreger auf den ganzen Stand begünstigte. (Sachs, 1955) Zander zählte weitere Mechanismen der Verbreitung von Erregern auf, nämlich das Einbringen von Waben und Bienen von einem Volk ins nächste, die Verwendung eines einzigen Besens, Feder und Stockmeisels für alle Völker am Bienenstand und die Reihenaufstellung der Bienenvölker. (Zander, 1947)

Kranke Völker als Grundlage der Vermehrung

In früheren Zeiten hatte man keine Heilmittel zur Bekämpfung von Krankheiten zur Verfügung, weshalb kranke Honigbienenvölker starben, wenn sie nicht aus eigener Kraft gesunden konnten. Die Einführung der Behandlung mit chemischen Mitteln sorgte für einen neuen Begriff von «Gesundheit». Auch wenn

Abb. 47: Reihenaufstellung der Bienenvölker führte und führt zur raschen Verbreitung von Krankheiten. © Bollen 2019

die Honigbienen jedes Jahr, und das mehrmals, gegen eine Krankheit behandelt wurden, hielt man diese Völker für gesund, wenn die Völker die Behandlung überlebt hatten und züchtete sorglos von diesen Völkern nach. Es wurden Ableger gemacht, gesunde Völker mit eigentlich kranken vereinigt und von kranken Völkern neue Königinnen nachgezogen.

Ergebnis

Diese Imkerpraktiken wurden trotz aller Warnungen eingeführt, gelehrt und an nahezu allen Imkerständen so umgesetzt, was zu einer weiteren Verbreitung der Krankheiten führte. Strategie 6 hätte viel zum Ziel «gesunde Honigbienen am Imkerstand» beitragen können, wurde aber weitgehend ignoriert.

Strategie 7: Strategie der Natur

Die wild lebenden Honigbienenvölker überlebten trotz Tracheenmilbe, *Nosema* und Amerikanischer Faulbrut. Es gab zwar zu dieser Zeit noch keine wissenschaftlichen Untersuchungen über die Art und Anzahl von Erregern auf wild lebenden, d. h. in unserem Fall verwilderten Honigbienen, aber die Berichte, die wir aus den Imkerzeitschriften der 1950er-Jahre in Deutschland haben, geben uns doch klare Hinweise auf die Gesundheit oder Krankheit dieser Völker.

Bei allen Sorgen um die Honigbiene in Imkerhand gab es eine gute Nachricht, die allerdings in ihrer Bedeutung gar nicht hoch genug bewertet werden konnte und kann: Trotz der flächendeckenden Ausbreitung und Behandlung von Bienenkrankheiten wie Amerikanischer Faulbrut, Nosemose und Tracheenmilbenseuche mit chemischen Arzneimitteln lebten parallel zu den Völkern in Imkerhand durchgehend verwilderte Honigbienenvölker in Baum- und Erdhöhlen. Völker, die aus Imkerhand entkommen und in der Natur zwar der natürlichen Selektion unterworfen, aber dem Stress der Imkerpraktiken entzogen waren. Aufmerksame Imker, Förster oder Bienenforscher haben diese wild lebenden Honigbienen gefunden und in den lokalen Imkerzeitungen darüber berichtet. Als Beispiel mögen zwei Berichte von 1951 und 1956 dienen: «Wir durchquerten den Wald und näherten uns dem Platz, den ich für die Belegstelle ausgesucht hatte. Plötzlich blieb er vor einer alten Eiche stehen und deutete mit dem Stock hinauf. Ich folgte der Blickrichtung und sah nun in etwa 15 Metern Höhe in der Mitte der Baumkrone ein starkes Volk fliegen. Nun erklärte mir der Forstwart noch, daß er im zeitigen Frühjahr in etwa 300 Meter Entfernung eine Eiche habe fällen lassen, in der ebenfalls ein Volk überwintert hatte.» (Menold, 1951) «Ein alter Holzhauer erzählte mir, daß er aus dem Stamm einer mehrere 100 Jahre alten Eiche einen Zentner Honig in Waben herausnehmen konnte.» (Dormann, 1956)

Interessant sind die Erkenntnisse eines französischen Forschungsinstitutes von 1954, die in einer deutschen Imkerzeitung veröffentlicht wurden:

> «Die ansteckenden Krankheiten sind sicherlich bei den Wildbienenvölker viel seltener als bei den Hausbienenvölkern. Diese Annahme stützt sich auf die Beobachtungen und Untersuchungen, die bei 37 abgefangenen Wildbienenschwärmen gemacht wurden. Alle Proben von diesen Völkern waren gesund. Dasselbe galt von den Schwärmen, die von Imkern gefaßt und eingeschlagen worden waren. Dr. Moreaux glaubt, daß die zum Teil unsachgemäße Behandlung der Bienen in den Mobilbeuten die Ausbreitung der Krankheiten begünstigt und hält es für erwiesen, daß die künstliche Fütte-

Abb. 48a: «Beim Baumfällen im Winter stößt man manchmal auf wilde Völker.» © Doering. In: (Doering, 1952). Abb. 48b: «Bienenvolk (B) hoch oben in einer Föhre». Photo: Zander; wahrscheinlich von 1914. In: (Zander 1944)

rung der Bienen mit Zuckersirup einer der Gründe für die fortschreitende Schwächung und Degenerierung ist, die ihrerseits wieder die Ansteckung mit Mikroben und Parasiten begünstigt.» (Klink, 1954)

Dies ist ein klarer Beweis dafür, dass in einem Land wie Frankreich, in dem die Milbenseuche seit 1930 trotz intensiver Bekämpfung weit verbreitet war, (Morgenthaler, 1932) die aus Imkerhand entkommenen Honigbienen gesund in freier Wildbahn lebten.

Ein englisches Bieneninstitut startete 1954 sogar einen weltweiten Aufruf, wild lebende Honigbienenvölker zu melden, um sie untersuchen zu können:

«Es ist vielfach behauptet worden, daß wild lebende Honigbienen eine Bedrohung der Bienenhaltung darstellen, weil sie Krankheiten zu verbreiten helfen, und zwar vor allem die Faulbrut. Es gibt Imker, die am liebsten alle wild lebenden Bienenvölker vernichten möchten. Andererseits ist auch häufig festgestellt worden, daß wild lebende Bienenvölker in bemerkenswerter Weise frei von Krankheiten sind.» (Wedmore, 1954)

Sogar eine neuere Studie kommt zum Ergebnis, dass verwilderte Honigbienenvölker, also aus Imkerhand entkommene und frei in der Natur überlebende Völker, auch heute noch seltener Tracheenmilben aufweisen als bewirtschaftete Völker aus derselben Gegend; zudem weisen verwilderte Völker weniger Tracheenmilben pro Arbeitsbiene und weniger verseuchte Arbeitsbienen pro Volk auf als Imkervölker. Die Forscher vermuten, dass diese Ergebnisse eine Folge des Schwärmens sind, welches bei bewirtschafteten Völkern in der Regel unterbunden wird und eine Folge der geringen Wahrscheinlichkeit des Verfluges, da verwilderte Völker in der Regel weit voneinander entfernt leben. (Royce et al., 1993)

Welche Strategien waren im Kampf gegen die Tracheenmilbe erfolgreich?

Trotz jahrzehntelanger Forschung und Behandlung der Völker mit allerlei Medikamenten konnte die Milbenseuche nicht ausgerottet werden. Noch 1965 warnte der Leiter des Bieneninstitutes Mayen, Dr. Dreher, vor herben Verlusten, wenn nicht entsprechende Schritte zur Bekämpfung der Krankheit unternommen würden. (Bruder Adam, 1968) Nur eine der 7 durchgeführten Strategien war nachhaltig erfolgreich, nämlich die Strategie 7«Strategie der Natur» und 3 der Strategien erwiesen sich als teilweise erfolgreich, nämlich Strategie 2 «Resistenz-

bildung durch Kombinationszucht» , Strategie 3 «Resistenzbildung durch natürliche Selektion am Bienenstand» und Strategie 4 «Resistenzbildung durch Wahlzucht am Bienenstand». Als teilweise erfolgreich werte ich sie nur deshalb, weil ich keine Dokumentationen über diese Strategien und ihre Ergebnisse finden konnte. Die Strategien 5 und 6 hätten zu einem Erfolg wesentlich beigetragen, wenn sie umgesetzt worden wären.

Diese Strategien wurden jeweils auch für die nun folgenden Krankheiten angewandt oder ignoriert. Eines sei hier schon verraten: Man machte das Gleiche immer wieder und wieder – und wunderte sich, warum es nicht funktioniert hat und funktioniert.

12
Die *Nosema*-Krankheit

Prof. Zander hat 1909 den Erreger *Nosema apis* für die schon länger bekannte und auch Schwindsucht genannte Darmseuche verantwortlich gemacht. Er warnte schon sehr früh vor der Gefahr der Bienenverluste durch die *Nosema*; aber auch vor der Verbreitung der *Nosema*-Sporen durch die Imkerpraktiken und den Bienenhandel. Diese Warnungen wurden aber nicht ernst genommen. (Zander, 1926) Nur so ist zu erklären, dass der Deutsche Imkerbund 1955 folgende Aussage tätigte: «In den vergangenen Monaten hat besonders die *Nosema* ihre Gefährlichkeit gezeigt. Sie kam für viele Imker sehr überraschend.» (Lutzner et al., 1955) Erst als die Bienenproben massiv mit *Nosema*-Sporen belastet waren und ganze Bienenstände der Krankheit zum Opfer fielen, reagierten die Bienenforscher mit der Entwicklung von chemischen Mitteln.

Strategie 1: Ausrottung des Feindes

Prof. Zander hatte schon ab 1910 empfohlen und auch selbst konsequent praktiziert, stark geschwächte Völker abzuschwefeln und zu verbrennen. (Zander, 1947) Dr. Böttcher von der Bayerischen Landesanstalt für Bienenzucht Erlangen, für den die Ursache zweifellos «in erster Linie in den außergewöhnlich schlechten Witterungsbedingungen der Jahre 1953 und 1954 zu suchen» war, setzte seine Hoffnungen auf den Einsatz des erst kürzlich entwickelten Bekämpfungsmittels Nosemack auf Quecksilberbasis und des Antibiotikums Fumidil mit dem Wirkstoff Fumagillin (Böttcher, 1955), einem stark nerventoxischen Mittel Nosemack wurde dem Futter beigegeben und tötete zuverlässig die *Nosema*-Parasiten ab. Für die Abtötung der Sporen auf den Waben und auch gleich der Wachsmotten nutzten die Imker ein chemisches Mittel mit dem Namen Macktoxin. Obwohl diese Mittel flächendeckend angewendet wurden, war «der Kampf gegen die *Nosema*» weiterhin nötig, wie Dr. Evenius 1965 bestätigte; (Evenius, 1965) nicht nur bis dahin, sondern sogar noch 10 Jahre später. Folbex wurde im Jahr 1975 immer noch gegen die Krankheit eingesetzt und führte in einigen Völkern zum Verlust der Königin. (Weiß et al., 1976) Die Ausrottung des Feindes wurde weiterhin betrieben, wenn auch ergebnislos, während parallel schon die Varroamilbe auftauchte, die auch mit chemischen Mitteln behandelt wurde. Davon später mehr. Die Nosematose verlor man aus den Augen, obwohl sie weiterhin überall zu finden war und auch heute weit verbreitet ist, aber wenig beachtet wird.

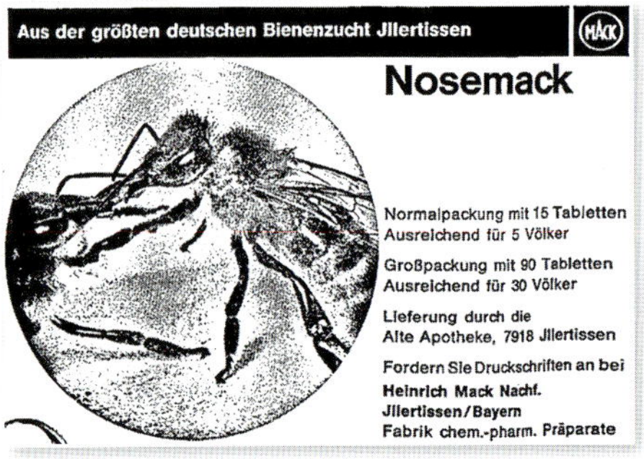

■ Abb. 49: Anzeige für das Quecksilber-Behandlungsmittel Nosemack gegen die *Nosema*-Krankheit. (Deutscher Imkerbund, 1966)

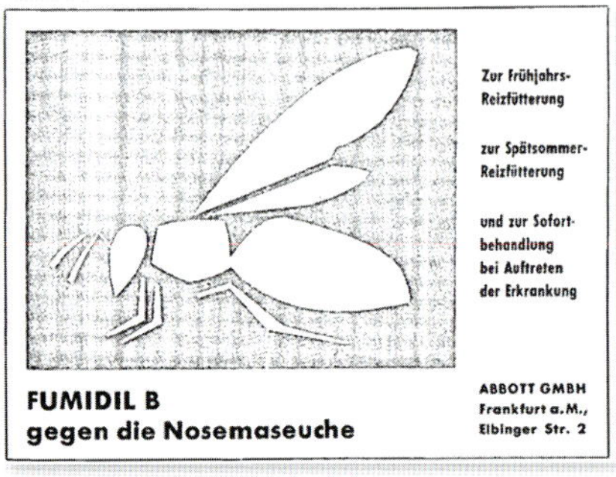

■ Abb. 50: Anzeige für das Behandlungsmittel Fumidil B gegen die *Nosema*-Krankheit. (Landesverband Bayerischer Imker, 1963)

Ergebnis

Dr. Sachs von der Hochschule Hohenheim hielt die Bienenzucht im Jahre 1955 für «zurzeit schwer bedroht, besonders durch die Milben- und Nosemaseuche.» (Sachs, 1955) Das heißt, dass die Maßnahmen mit dem Ziel, die Völker zu heilen, letztendlich wenig bewirkt haben. Dies hat sich auch bis heute nicht wesentlich geändert, wenn auch heute der Fokus auf der Varroamilbe liegt.

Strategien 2–4: Natürliche oder gezielte Förderung der Resistenz am Bienenstand

Die Bienenwissenschaftlerin Schulz-Langner hat 1958 nachgewiesen, dass eine erhöhte Körpertemperatur der Honigbiene die Entwicklung der *Nosema*-Krankheit hemmen kann. (Schulz-Langner, 1958) Hier zeigte sich schon früh eine mögliche Strategie der Honigbienen, resistent werden zu können. Leider sind mir keine Beispiele von gezielten Zuchtbemühungen bekannt. Zander gibt uns aber einen Hinweis auf Honigbienenvölker, die gegen *Nosema* resistent waren:

> «Da durch den deutschen *Nosema*-Beobachtungsdienst nosemafreie Stände ermittelt wurden, die anscheinend dauerhaft nosemafrei blieben, hält es v. Frisch (1944) nicht für ausgeschlossen, daß man da und dort auf Stämme von erhöhter Widerstandskraft gegen die Seuche stößt. Daß die ganzen Lebensverhältnisse und die Art der Bienenpflege, wie auch Himmer (1929) hervorhebt, die Anfälligkeit der Bienenvölker günstig oder ungünstig beeinflussen, wird niemand bestreiten können, (…).» (Zander, 1947)

Als Vorbeugemaßnahmen empfahl er daher:

> «In erster Linie müssen wir (...) durch naturgemäße Pflege und Ernährung, sorgsame Einwinterung und Befriedigung des Bautriebes auf eine Steigerung der Widerstandskraft unserer Völker hinarbeiten. Die vielfach übertriebene Zuckerfütterung und die vielen Sünden in der Behandlung und Einwinterung sind sicher nicht dazu angetan, die Bienen seuchenfester zu machen.» (Zander, 1947)

Dazu gehörte für ihn auch, nur gesunde Völker einzuwintern.

Strategie 5: Importverbot von Bienen, Königinnen und Material sowie Verbot der Wanderung

Über diese Strategie ist mir nichts bekannt. Ich möchte aber an dieser Stelle eine Hypothese zur Diskussion stellen, die den zweiten *Nosema*-Erreger, *Nosema ceranae*, betrifft: 1996 haben Fries et al. auf der Östlichen Honigbiene *Apis cerana* den Erreger *Nosema ceranae* nachgewiesen, der ähnliche Symptome wie *Nosema apis* auslöst. (Fries et al., 1996) Chen et al. kamen 2008 zu dem Schluss, dass dieser Erreger schon weit vor 1995 von seinem ursprünglichen Wirt *Apis cerana* auf die Westliche Honigbiene übertragen wurde. (Chen et al., 2008) An welchem Ort diese Übertragung stattfand, ist bisher unbekannt. Es könnte doch sein, dass auch der zweite Erreger, der eine Darmseuche auslösen kann und der unter dem Mikroskop kaum vom anderen Erreger zu unterscheiden ist, schon Anfang des 20. Jahrhunderts durch die Einfuhr von *Apis cerana* nach Deutschland oder Europa auf die Westliche Honigbiene übertragen wurde.

Strategie 6: Vermeidung ungünstiger Imkerpraktiken

Die Gesundheit des Bienenvolkes stärken ist wichtiger, als einen Feind zu bekämpfen

Der sehr renommierte Bienenforscher Prof. Borchert richtete schon 1930 den Blick auf die Bedeutung des Wohlbefindens eines Bienenvolkes im Kampf gegen einen Erreger:

> «Dem Parasiten kommt niemals eine primäre, sondern immer nur eine sekundäre Bedeutung zu. Als primäre Ursache für das Zustandekommen

der Nosemaseuche ist vielmehr eine Verschlechterung der Disposition des Volkes anzusehen, eine Verschlechterung seiner gesamten biologischen und physiologischen Verhältnisse.» (Borchert, 1930)

Da auch er die Beobachtung gemacht hatte, dass ein ganzes Volk mit einer hohen Nosemalast befallen, aber keine klinischen Symptome ausgebildet hatte, andererseits auch Völker eingehen, die nur eine vergleichsweise geringe Nosemalast aufwiesen, unterschied er klar zwischen Nosemabefall und Nosemaseuche:

> «Da für den unterschiedlichen Verlauf der Nosemainfektion bei einem Bienenvolk, die sich entweder als Nosemabefall oder Nosemaseuche äußern kann, weder die Gegenwart von *Nosema apis* an sich, noch besondere Eigenschaften des Parasiten verantwortlich zu machen sind, so bleibt, insbesondere da auch die Menge der Parasitenträger im Volk dessen Schicksal nicht so ohne weiteres beeinflußt, nur der Schluß übrig, daß der Infektionsverlauf außer von dem Parasiten, noch vom Zustand und dem Verhalten des infizierten Volkes selbst bestimmt wird. (…) In der Disposition eines Bienenvolkes sehen wir die Kraft des Volksganzen, die imstande ist, verschiedenartigsten Schädigungen entgegenzuwirken und die bedingt wird durch die gesamten biologischen und physiologischen Verhältnisse innerer und äußerer Art, unter denen ein Bienenvolk lebt.» (Borchert, 1930)

Die waagerechte Verbreitung (horizontale Transmission) von Erregern

Zander warnte vor der Beibehaltung verschiedenster Imkerpraktiken, die die Krankheiten immer weiter verschleppen:

> «Daher sind die Wege, auf denen die Sporen wieder in den Darm gesunder Bienen gelangen, recht mannigfaltig. Der Imker und die Bienen wirken dabei eifrigst zusammen. Der erstere schafft durch die gedankenlose Verwendung verseuchter Wohnungen, Waben mit und ohne Futter, sowie durch allgemeine Unreinlichkeit manche Ansteckungsgelegenheit. (…) Steht erst einmal ein befallenes Volk am Stande, so hindert nichts mehr das Übergreifen der Seuche auf die gesunden Stöcke. Soweit dafür nicht der Imker durch allgemeine Unreinlichkeit, Umhängen der Waben von Stock zu Stock, Vereinigen usw. sorgt, sind für die Verbreitung von Stock zu Stock verseuchte Raubbienen und verflogene kranke Bienen eine große Gefahr, die besonders bei dichtgedrängter Anordnung der Stöcke nicht ernst genug genommen werden kann.» (Zander, 1947)

Förderung des Ausbruchs der Nosematose durch die Nutzung eines Absperrgitters

Dr. Steche vom Zoologischen Institut, Abteilung Bienenkunde in Hohenheim, hat den Zusammenhang zwischen dem Eiweißhaushalt des Bienenvolkes und der Nosematose untersucht und gelangte zu interessanten Feststellungen über die Auslösung dieser Krankheit durch bestimmte Imkerpraktiken wie dem Einsatz eines Absperrgitters in einer zu kleinen Bienenwohnung.

Für den Imker brachte die Trennung von Brut- und Honigraum durch das Einsetzen eines Absperrgitters pures Geld. Die Königin konnte das Absperrgitter nicht überwinden und im Honigraum keine Eier legen. Für den Imker bedeutete das einen Honigraum mit reinen Honigwaben ohne Brut, sodass er alle Waben schleudern und den Ertrag für sich steigern konnte. Die Kehrseite dieser Imkerpraxis führte zu einer unharmonischen Volksentwicklung, die Pfarrer Gerstung als Ursache für den Ausbruch von Krankheiten schon früh ausgemacht hatte. (Gerstung, 1902):

> «Die Zucht von Königinnen im Honigraum des weiselrichtigen Volkes kann nur deshalb möglich sein, weil das Absperrgitter einen so krassen Einschnitt in die Einheit des Volkes darstellt, daß sich in einem Teil des Volkes die den Schwarm auslösenden stoffwechsel-physiologischen Vorgänge und damit gekoppelt Änderungen der Verhaltensweisen (G. Goetze, 1930) einzuleiten beginnen, und diese sind verbunden, wie bereits an anderer Stelle erwähnt, mit einer erhöhten Eiweißaufnahme. (…) Durch den Imker werden Spannungen innerhalb des Volkes geschaffen, welche die Bienen einfach nicht mehr kompensieren können, ohne Schwarmvorbereitungen zu treffen und damit vermehrt Eiweiß aufzunehmen.» (Steche, 1961)

Wenn die Königin weniger Eier legt, können die Ammenbienen weniger Eiweiß über den Futtersaft an die Larven abgeben. So reichert sich die Eiweißmenge immer weiter an. Übersteigt sie eine bestimmte Schwelle, wird die *Nosema*-Spore dazu angeregt, die Vermehrung einzuleiten. Das sehr fein austarierte Gleichgewicht zwischen Wirt und Erreger wird so massiv gestört. Wenn jetzt das Schwärmen noch unterdrückt wird, wächst die Wahrscheinlichkeit, dass ein Volk an der Nosematose erkrankt und stirbt. (Steche, 1961)

Ergebnis

Morgenthaler hat 1944 darauf verwiesen, dass *Nosema apis* mit den Völkern in einer Art Symbiose lebte, die den Bienen nur unter besonderen Umständen gefährlich werden konnte. Er leitete diese Einschätzung aus der Beobachtung ab, dass viele Bienenvölker trotz hoher Belastung mit *Nosema*-Sporen gesund blieben. (Zander, 1947) Man hatte die jetzt modernen Imkerpraktiken als Ursache für die massive Ausbreitung der Nosematose an den Imkerständen nachweisen können. Die Steigerung des Honigertrages machte die Imker aber blind für die Tatsache, dass ihre Völker durch die neuen Imkerpraktiken immer anfälliger wurden. Mit der Zunahme der Bienenkrankheiten änderte sich auch schleichend der Gesundheitsbegriff. Morgenthaler schrieb schon 1925, dass die Imker «das Urteil über die Leistungen eines wirklich gesunden Volkes verloren» hatten. (Zander, 1947)

Ein neuer Gesundheitsbegriff – «krank» ist das neue «gesund»

Früher galt eine Honigbiene dann als gesund, wenn sie aus eigener Kraft eine Krankheit überstehen konnte oder erst gar nicht krank wurde. Bruder Adam hat schon früh davor gewarnt, diesen Gesundheitsbegriff umzudeuten (siehe oben). Jetzt war es nicht mehr wichtig, für gesundheitsfördernde Umweltbedingungen zu sorgen oder zu überlegen, welche Stressfaktoren die Honigbienen schwächen könnten, um diese abzustellen; nein, ab jetzt ging es nur noch darum, Völker rechtzeitig mit chemischen Mitteln zu behandeln, damit sie trotz Krankheit noch gute Erträge brachten. Gontarski, der Leiter des Bieneninstitutes Oberursel, nannte die sich immer mehr durchsetzende Art der Bienenhaltung «künstliche Bienenzucht» und äußerte noch 1953 in vielen Vorträgen seine Sorge darüber, dass sich immer mehr das Bestreben zeige, «rein verstandesmäßig und auf Grund der in der toten Welt der Maschine als gültig erkannten Gesetze, diese auch auf die lebendige Umwelt, hier in Sonderheit auf das Bienenvolk zu übertragen und es nach den gleichen Prinzipien zu behandeln. Damit wird ein lebendiger Organismus zur Maschine.» (Gontarski, 1953) Es war für ihn kein Zufall, dass die Klagen der Imker über eine «mangelhafte Frühjahrsentwicklung der Völker und über ihr Unvermögen, eine Obstblütentracht auszunutzen, ständig zunehmen. Es ist auch nicht verwunderlich, daß ein durch ständige Mißachtung seiner Lebenseigenart gestörter und geschwächter Organismus bestimmten Parasiten (*Nosema,* Amöben) einen geeigneten Boden für ihre Entwicklung bietet.» (Gontarski, 1952) Innerhalb von nur zwei Jahren vollzog er eine Kehrtwende. 1955 schwärmte er über die Wirksamkeit des quecksilberbasierten Medikaments gegen *Nosema*, Nosemack: «Es erscheint daher im Frühjahr unbedingt notwendig, sofort mit einer Behandlung zu beginnen, wenn die ersten Anzeichen eines Entwicklungsstillstandes oder Rückgangs bei den Völkern sichtbar werden.» Er behandelte sogar extrem stark geschädigte und dadurch geschwächte Völker. «Es konnten aber alle Völker erhalten werden und die meisten wurden honigraumreif zur Haupttrachtzeit.» (Gontarski, 1955) Dass durch diese Maßnahme auch immunschwache Völker weitervermehrt wurden und ihre Erreger an gesunde Völker am selben Bienenstand weitergegeben werden konnten, wurde mehr und mehr aus dem Bewusstsein verbannt.

Strategie 7: Strategie der Natur

Zur damaligen Zeit wurden die Wildvölker noch nicht direkt auf die *Nosema*-Krankheit untersucht. Neue Untersuchungen bestätigen, dass wild lebende Völker häufig weniger *Nosema*-Sporen aufweisen als Imkervölker; weisen sie aber ähnlich hohe Werte an Sporen auf, bricht die Krankheit dennoch seltener aus. (Rangel et al., 2016)

Welche Strategien waren im Kampf gegen die Nosematose erfolgreich?

Trotz jahrzehntelanger Forschung und Behandlung der Völker mit allerlei Medikamenten konnte die *Nosema*-Krankheit nicht ausgerottet werden. Nur eine der 7 durchgeführten Strategien war nachhaltig erfolgreich, nämlich die Strategie 7«Strategie der Natur». Zu den Strategien 2, 3 und 4 liegen mir leider keine Beispiele vor. Die Strategien 5 und 6 hätten zu einem Erfolg wesentlich beigetragen, wenn sie umgesetzt worden wären.

13
Was waren die Gründe für die Heilkraft der Natur gegen Erreger?

Die damals schon bekannten Gründe für die nachhaltig erfolgreichste Strategie, die «Strategie der Natur»

Der Feind ist der Erreger – stimmt das überhaupt?

Nein, in der Regel nicht! Die Erreger leben überall auf der Erde und sogar viele in uns Menschen und Tieren. Sie müssen auf einen Wirt treffen, dessen Immunsystem geschwächt ist, um klinische Symptome auszulösen. Die Forschung hat schon lange nachgewiesen, dass es nicht genügt, einfach nur einen Erreger mit einem Wirt zusammenzubringen, um eine Krankheit zu verursachen. (Blaser, 2017) (Engelbrecht et al., 2020) Diese sogenannte Mikroben-Theorie beruht auf einem Mythos, wie der Medizin-Professor Kass von der Harvard-University im Jahr 1971 ausführte. Entscheidend für die Aufrechterhaltung der Gesundheit ist ein intaktes Immunsystem, welches durch Stress, schlechte Nahrung, unsauberes Trinkwasser, Pestizide und Antibiotika, also ungünstige Umweltbedingungen geschwächt werden kann. (Bosch, 2017) Diese Erkenntnis wurde auch von Borchert, Jordan und Zander (siehe oben) schon geäußert, aber nicht ernst genommen.

Das «gesunde» Gleichgewicht zwischen Wirt und Parasit

Die meisten Honigbienenvölker sind ganz natürlich mit zahlreichen Bakterien, Viren und Pilzen bevölkert, ohne Krankheitssymptome aufzuweisen. Die Erreger haben nur ein Ziel, nämlich ihre Art zu erhalten und sich daher in einem geeigneten Wirt zu vermehren. Deshalb haben sie sich derart an die Entwicklungszyklen ihres Wirtes angepasst, dass beide gesund überleben. Dr. Steche vom Zoologischen Institut Hohenheim beschrieb das 1961 für den *Nosema*-Erreger so:

> «Der Parasit ist während der Wintermonate im ‹gesunden› Volk nur in geringer Anzahl vorhanden, beginnt dann aber mit dem Einsetzen der Brutphase sich unglaublich zu vermehren und erreicht das Häufigkeitsmaximum etwa zur Schwarmzeit, um dann in der Phase der sog. Selbstheilung relativ schnell wieder zurückzugehen, bis vor dem Winter nur noch einige wenige Bienen befallen sind.» (Steche, 1961)

Im Prozess des Schwärmens gelangt der Erreger an einen neuen Ort und erfüllt sein Ziel, sich weiter zu verbreiten. Aus diesem Grund bestand Dr. Jordan von der Bundesanstalt für Bienenkunde Wien 1964 in einem Artikel darauf, klar zwischen Milbenbefall, der für die Honigbienen unschädlich ist, und der Milbenseuche zu unterscheiden, die dadurch gekennzeichnet ist, dass das Bienenvolk durch den Erreger sichtbar geschädigt ist und sterben könnte. Jordan kritisierte den einseitigen Fokus der Bieneninstitute auf das Auszählen der Milbe und die Ausbildung der Imker in der Anwendung der Behandlungsmittel und forderte stattdessen eine bessere Ausbildung der Imker in Bienenpflege, die darauf ausgerichtet sein sollte, auf welche Weise man das Bienenvolk in seiner natürlichen Abwehr gegen parasitäre Krankheiten wirkungsvoll unterstützen könnte. Der Einsatz von Behandlungsmittel könnte dann auf Notzeiten beschränkt bleiben. (Jordan, 1964) Genau daran war auch Prof. Zander gelegen:

> «Doch muß man sich wohl davor hüten, den Erregern alle Schuld an einem Seuchenschaden zuzuschieben. Die Anwesenheit von Krankheitserregern im Tier- oder Menschkörper ist noch lange nicht gleichbedeutend mit seiner Erkrankung. Die Erreger sind nur die eine Ursache der Erkrankung und oft nicht die Erste. Die andere, nicht minder wichtige, liegt im Wirtskörper, dessen angeborene oder unter ungünstigen äußeren Lebensverhältnissen erworbene ‹Krankheitsbereitschaft›, Anfälligkeit (Disposition) den Erregern ihr verderbliches Werk erst ermöglicht.» (Zander, 1947)

Gesundheit und Vitalität als entscheidender Faktor zur Krankheitsvermeidung

Gesetzt den Fall, die Honigbienen werden unter bestimmten Umständen krank und bilden sichtbare klinische Symptome aus, dann aktivieren vitale und gesunde Völker alle ihnen innewohnenden Abwehrmaßnahmen gegen die Erreger: Kranke Bienen verlassen den Stock, um außerhalb zu sterben, die Arbeiterinnen säubern mit Sporen verunreinigte Wabenzellen, erkennen befallene Brut und räumen diese aus (Hygieneverhalten), sie befreien sich selbst und gegenseitig von Sporen und Milben («grooming»), sie erhöhen kurzfristig ihre Temperatur, um Erreger zu töten oder deren Fortpflanzung zu drosseln, sie schwärmen und reduzieren auf diese Weise die Anzahl der Erreger. (Schulz-Langner, 1957) (Schulz-Langner, 1958) (Alber, 1953) Sind die Maßnahmen erfolgreich, überlebt das Volk. Die Völker, die das nicht können, erweisen sich damit als extrem anfällig für einen oder mehrere Erreger und sterben. (Bailey, 1968)

Ungünstige Umweltfaktoren können eine Krankheit auslösen

Die Erreger, die nur unter gewissen Umständen eine Erkrankung auslösen, werden «fakultativ pathogen» genannt und die ausgelöste Krankheit als «Faktorenkrankheit» bezeichnet. Sie tritt also nur dann auf, wenn verschiedenste Stressfaktoren das Immunsystem so weit schwächen, dass es nicht mehr in der Lage ist, einen oder mehrere Erreger in Schach zu halten. Die Erreger vermehren sich dann ungehindert und lösen Krankheitssymptome aus. Da damals bei der Honigbiene keine obligat pathogenen Keime bekannt waren, war klar, dass alle bisher bekannten Erreger wie Steinbrut, Sackbrut, *Nosema*, Tracheenmilbe und sogar die Amerikanische Faulbrut «nur» als fakultativ pathogen eingestuft wurden und übrigens auch heute noch werden.

Oben genannte Wissenschaftler listeten schon damals folgende Umweltfaktoren auf, die zum Ausbruch einer Faktorenkrankheit führen konnten: Hitze, Kälte, mangelnde oder einseitige Tracht, nicht artgerechte Bienenwohnungen und nicht artgerechte Imkerpraktiken. Das ist eine grundsätzlich gute Nachricht, da wir als Imkerinnen und Imker viel dazu beitragen können, die Umweltbedingungen, unter denen die Honigbienen bei uns leben, so gut wie möglich zu gestalten. Wenn wir auch viele Faktoren wie industrielle Land- und Forstwirtschaft nicht direkt beeinflussen können, so können wir doch unsere Imkerpraktiken selbst wählen. Wild lebende Honigbienen litten also unter weniger Stress und waren in der Lage, Resistenzen auszubilden.

Noch einmal zur Erinnerung: Die als «Isle of Wight-Krankheit» bezeichnete Krankheit wurde von einer Reihe von Erregern sowie ungünstigen Umständen ausgelöst, nicht durch die Tracheenmilbe. (Bailey, 1968)

Ausbildung einer natürlichen Resistenz durch die natürliche Selektion

All diese Mechanismen führen zu unterschiedlichen Graden von natürlicher Resistenz oder Toleranz gegenüber den verschiedenen Krankheitserregern. Die Erreger haben ihrerseits Mechanismen entwickelt, um ihren Wirt lebendig zu erhalten. Sie sind nicht so ansteckend, also avirulent, wie manche ihrer Geschwister, die unvorsichtig, also virulent, waren und ihren Wirt getötet haben. Auf diese Weise verhindert die Natur mit ihrer Strategie der natürlichen Selektion, dass kranke Völker, die nicht aus eigener Kraft gesunden und extrem ansteckende Parasiten, die nicht gelernt haben, ihren Wirt am Leben zu erhalten, aussterben und ihre Gene nicht mehr weitergeben können. Die überlebenden Völker hingegen haben zusammen mit ihren Parasiten ein Gleichgewicht gefunden, das es beiden zu überleben ermöglicht. Damit ist eine Resistenz oder Toleranz gegenüber dem Erreger entwickelt. Bailey formuliert das 1964 so: «Das Ergebnis ist, dass Infektionen, insbesondere von erwachsenen Bienen, sehr weit verbreitet sind – und doch ist eine durch sie verursachte offensichtliche Krankheit selten.» (Bailey, 1964) Er beschrieb damit schon damals das Wesen einer Faktorenkrankheit. Bailey verweist allerdings auch darauf, dass die Honigbienen zwar resistent sein können, aber nicht grundsätzlich immun gegen einen Erreger sind. Entwickeln sich virulentere Erreger und erreichen ein Volk (z. B. durch Wanderung, Verflug, Umhängen von Waben und Verteilung von Bienen von einem Volk ins andere), ist ihr Überleben wiederum abhängig von ihren Fähigkeiten zur Immunaktivierung. Und damit kommen wir zu den Auswirkungen der sogenannten horizontalen Transmission.

Waagrechte und senkrechte Verbreitung von Krankheitserregern

Was ist nun damit gemeint? Die Wissenschaft spricht auch von horizontaler und vertikaler Transmission, also von waagrechter und senkrechter Verbreitung von Keimen. Bailey drückt das so aus:

> «Die natürlichen Mechanismen, die Infektionen entgegenwirken, funktionieren also in unseren Bienenvölkern wahrscheinlich sehr effektiv, vorausgesetzt, wir tun nichts, um sie zu bekämpfen. Aber wir widersetzen uns ihnen oft durch einige unserer Imkeraktivitäten. Man kann davon ausgehen, dass viele Dinge, die wir tun und die die normale Tätigkeit der Bienen behindern, den Parasiten mehr Möglichkeiten zur Ausbreitung geben als gewöhnlich. (…) Am offensichtlichsten sind die Wiederverwendung und Lagerung von beweglichen Waben. Dadurch werden Parasiten übertragen und konserviert, die in ihrer Lebensgeschichte Stadien haben, die in der Lage sind, auf Waben zu überleben – (…) die Amerikanische bzw. Europäische Faulbrut verursachen, sowie *Nosema apis* (…). Imker nehmen solche Waben oft vor den Zeiten im Jahr, in denen die Bienenvölker normalerweise den größten Teil ihrer Infektionen weggeräumt hätten, von den Bienenvölkern weg und geben sie unbereinigt zurück. Die reichlich eingeschleppten Krankheitserreger können dann nicht mehr an der Vermehrung gehindert werden, weil die jahreszeitliche Phase der Bienenvölker-Entwicklung, die normalerweise die meisten von ihnen weggeräumt hätte, vorbei ist.» (Bailey, 1964)

Wir kommen auf diese Themen im Kapitel zur *Varroa* noch einmal ausführlich zurück.

Horizontale Transmission

Parasiten, die von einem Volk ins andere übertragen werden, also waagrecht und horizontal, machen sozusagen die Erfahrung, dass sie überleben, auch wenn ihr Wirt durch sie vielleicht in Kürze gestorben wäre. Das bekommen sie ja nicht mehr mit. Sie unternehmen deshalb keine Anstrengung, avirulent zu bleiben oder zu werden. Oder anders ausgedrückt: Wären sie unvernünftig gewesen und hätten ihren Wirt umgebracht, hätten sie das ebenfalls nicht überlebt. Leider überleben sie durch diese Imkermaßnahmen, mutieren und erhöhen ihre genetische Vielfalt weiter. Das ermöglicht ihnen dann, unter sehr vielen verschiedenen Umweltbedingungen zu überleben. Wird hingegen ihre genetische Vielfalt durch das Unterbinden der waagrechten Verbreitung stetig reduziert, verlieren sie auch Zug um Zug ihre erhöhte Ansteckungsfähigkeit.

Lassen Sie uns das Prinzip der horizontalen Transmission an einem Beispiel verdeutlichen: Ihre Bienenvölker stehen wie meist üblich nebeneinander in Reih und Glied. Die Honigbienen von Volk 1 fliegen versehentlich beim Nachbarn Volk 2 ein (Verflug), bringen ihre eigenen Erreger gleich mit und nehmen deren Erreger vielleicht auch mit zurück in ihren eigentlichen Stock. Die Erreger werden weiterverbreitet, egal wie virulent, also ansteckend, sie sind. Die natürliche Selektion ist dadurch aufgehoben. Sie als Imker haben noch Honig- und ausgebaute Waben vom letzten Jahr eingelagert, die von allen möglichen Völkern stammen. Ein Volk hat nicht genug Nektar gesammelt und Sie halten es für eine gute Idee, eine Honigwabe einzuhängen. Die Königin von Volk 4 legt so viele Eier und Sie denken, es wäre doch gut, noch eine ausgebaute Wabe vom letzten Jahr einzuhängen. Sie erschaffen neue Völker, indem Sie Ableger bilden oder verstärken Völker, indem Sie Bienen aus anderen Völkern diesen zuschütten. Mit Ihrem Stockmeisel öffnen Sie Volk 8, das krank zu sein scheint. Haben Sie es begutachtet, öffnen Sie mit Ihrem Stockmeisel, an dem jetzt möglicherweise Erreger oder Sporen haften, Volk 10. Damals wusste man noch nicht, dass die Erreger durch diese Art der Verbreitung immer ansteckender werden können (dazu später mehr), was bedeutet, dass Sie innerhalb kurzer Zeit nicht nur alle möglichen Erreger auf Ihrem eigenen Stand verbreitet haben, sondern auch dafür gesorgt haben, dass die Bienen Ihres Standes die Erreger auf den Nachbarbienenstand mitnehmen, der heutzutage oft auch nicht sehr weit weg ist.

Denken wir nun an die besorgten Aussagen von Prof. Zander zurück, der die Hygiene als wichtigste Maßnahme zur Gesunderhaltung betrachtet hat. Auch die Wanderung oder der Kauf von Königinnen aus anderen Gegenden oder derselben Gegend, aber krank, führt zur horizontalen Ausbreitung von Erregern und nicht nur das, sie bringen möglicherweise sehr ansteckende hochvirulente Keime mit, an die die Völker der Gegend, in die gewandert wird, sich noch nicht haben anpassen können. Daher ist ein Import-Stopp oder das Verbot der Wanderung, Strategie 5, sehr zielführend zur Eindämmung von Krankheiten.

Vertikale Transmission

Normalerweise vermehrt sich ein Bienenvolk nur durch den Schwarmakt: Nur wenn ein Volk überlebt hat, kann es im nächsten Jahr schwärmen. Die Erreger haben also ihren Wirt gut erhalten, sind also nicht sonderlich ansteckend oder krankmachend. Schwärmt jetzt ein Volk, werden die Erreger oder die Sporen dieser Erreger von einer Generation (vom zukünftigen Tochtervolk) zur anderen (mit dem Muttervolk) mitgenommen, sie werden also senkrecht oder vertikal übertragen. Der Schwarmakt hat zweierlei Konsequenzen: Im zukünftigen Tochtervolk setzt eine Brutpause ein; die junge Königin (nehmen wir an, es handelt sich um einen Vorschwarm, der ausgezogen ist, also mit der alten Königin) muss erst ausfliegen, erfolgreich begattet werden, um dann zwei Wochen später Eier legen zu können. Die Bienen haben Zeit, ihre Wohnung von Krankheitskeimen zu befreien. Der Vorschwarm hingegen hängt erst einmal am Baum, bis die Spurbienen die geeignete Wohnung gefunden haben. Solange er hängt, geschieht etwas Wunderbares: Die Honigbienen «lausen» sich, befreien sich von Sporen und erhöhen kurzfristig ihre Temperatur, um Keime oder Milben abzutöten bzw. deren Fruchtbarkeit herabzusetzen. Dieses Vorgehen macht man sich bei der Sanierung von Amerikanischer Faulbrut durch Bildung eines Kunstschwarmes übrigens zu Nutze. Sind sie dann in ihre neue Behausung eingezogen, werden weitere Keime und Sporen in die neu angefertigten Waben eingelagert und dadurch unschädlich gemacht. Auch diesen Vorgang macht man sich bei der Faulbrutsanierung zunutze, indem man die Waben, die innerhalb der ersten drei Tage gebaut wurden, entnimmt. Diese Selbstreinigung schützt die Honigbienen vor möglichen Erregern bzw. hält diese Erreger unter einer sogenannten Schadschwelle. Nur Erreger, die gelernt haben, ihren Wirt gesund zu halten, werden auf diese Weise auch überleben.

In der freien Natur finden sich auch nicht alle zwei Meter freie Baumhöhlen. Sie sind in der Regel weit voneinander entfernt und wenn sie näher liegen, streiten

■ Abb. 51: Das Schwärmen eines Honigbienenvolkes fördert die Gesundheit. © Schwarz 2017

sich viele Interessenten wie Baummarder, Schwarzspecht, Hohltaube, Hornissen, Siebenschläfer und Eichhörnchen mit den Honigbienen um eine Baumhöhle. Die Chance, Erreger über Verflug, also horizontale Transmission, zu verbreiten, sind denkbar gering. Ist ein Volk krank und kann es aus eigener Kraft die Krankheit nicht besiegen, stirbt es und die Erreger mit ihm. Die Waben werden von den Nachmietern ausgeräumt, wodurch die Erreger kostenlos aus der Wohnung entfernt werden. Vertikale Transmission ist also eine geniale Erfindung der Natur, die wir nicht aushebeln sollten.

Die Natur lässt nur gesunde Honigbienen überleben

Wild lebende Honigbienen überleben nur, wenn ihr Immunsystem sofort anspringt, wenn es gilt, Krankheitskeime unschädlich zu machen. Die Immunabwehr ruht auf mindestens vier Säulen: der Fähigkeit der Einzelbiene, z. B., indem sie in der Lage ist, kranke Brut zu erkennen und auch auszuräumen; der Fähigkeit des gesamten Volkes, auf Erreger gemeinsam zu reagieren, z. B. kurzfristig die Temperatur oder die Luftfeuchtigkeit zu erhöhen, um Erreger in ihrer Fortpflanzungsfähigkeit zu schwächen; auf gesunder Nahrung und der Fähigkeit, Keime abtötendes Propolis zu sammeln und ihre Höhle damit auszukleiden. Sie überleben auch nur dann, wenn sie in ihrem Vorratslager genügend Honig gespeichert haben, um den Winter gut zu überstehen. Als «gesund» wurden früher nur Völker angesehen, die ohne Zuckerfütterung und ohne dauerhafte Behandlung gegen Krankheiten überlebt haben. Die Entscheidung, kranke Völker mit chemischen, biologischen oder mechanischen Mitteln zu behandeln, hatte natürlich bedeutsame Konsequenzen, die erst in späteren Jahrzehnten in ihrer ganzen Bedeutung erkannt wurden. So erkannte man erst später, dass sich Rückstände der Antibiotika im Wachs anreichern und bei Wiederverwendung die Brut schädigen können. Man merkte auch erst später, dass durch die Behandlung mit Antibiotika und anderen Stoffen die Erreger überlebten, denen die Mittel nichts ausmachten. Auf diese Weise wurden immer aggressivere Erreger herangezüchtet.

Honig, Pollen, Propolis, warmhaltige Bienenwohnung und Beibehaltung der natürlichen Anordnung der Brut- und Honigwaben als natürliche Mittel gegen Erreger

Diesen Punkt besprechen wir einige Kapitel später, da die segensreiche Wirkung von Honig, Pollen, Propolis und warmhaltigen Bienenwohnungen erst in späteren Jahrzehnten ausführlich erforscht und nachgewiesen wurde, damals aber einigen Wissenschaftlern und Imkern selbstverständlich bekannt waren.

Schlussfolgerungen

Die Wissenschaft hatte früher schon einen sehr guten Kenntnisstand über die Ursachen von Gesundheit und Krankheit im Bienenvolk. Daher bleibt es unverständlich, warum dieses Wissen bei den Imkern entweder nicht ankam oder einfach ignoriert wurde. An dieser Stelle möchte ich nicht selbst die Schlussfolgerungen ziehen, sondern Dr. Steche vom Zoologischen Institut, Abteilung Bienenkunde in Hohenheim, im Jahr 1961 zu den Ursachen der sich immer weiter verbreitenden Krankheiten sprechen lassen:

> «Daß man sich nicht davor scheute, erhebliche Eingriffe in die Soziologie und natürliche Lebensweise des Bienenvolkes vorzunehmen, ja daß dies

geradezu als eines der wesentlichen Momente der rationellen imkerlichen Betriebsweise angesehen wurde, mag folgendes Zitat von M. Kuntzsch aus seinem Buch ‹Imkerfragen› demonstrieren: ‹Es gibt keine Entartung durch künstliche, sachgemäße Vermehrung, weil wir hier die ganze Entwicklung kontrollieren und unterstützen können. Der Imker muß seine Völker vollständig in der Hand haben. Dann kann er ihnen geben, was sie benötigen und schließlich haben wir heute die Bienen nicht zu tiefsinnigen Betrachtungen, so interessant das immer ist. Wir haben im vaterländischen Interesse die Pflicht, einen leisen Druck auszuüben, daß sie uns möglichst viele materielle Vorteile in Gestalt von Honig und Wachs bringen.› Derartige Zitate, wenn auch nicht immer in dieser krassen Formulierung, ließen sich endlos aneinanderreihen (…). Nach all den bitteren Erfahrungen, die wir gerade in jüngster Zeit sammeln konnten in Fällen, da der Mensch die Natur, auch die seines eigenen Körpers, glaubte ‹überrumpeln› zu können, nimmt es beinahe wunder, daß es in der Bienenzucht bisher noch ‹so gut› gegangen ist (…).» (Steche, 1961)

Wenn wir uns die Bienenkrankheiten und die unterschiedlichen Strategien zu ihrer Bekämpfung ansehen, so können wir daraus fünf Schlussfolgerungen ziehen:

- Eine Krankheit löst die nächste ab,
- die Bienenforscher und Imker sind immer beteiligt, wenn die nächste «Seuche» auftritt,
- die Krankheiten konnten nicht wirklich besiegt werden,
- die Ergebnisse vieler wissenschaftlicher Untersuchungen blieben ungehört und
- trotz aller die Imkerstände beherrschenden Krankheiten lebten parallel dazu in der freien Natur wild lebende Honigbienenvölker, die weitgehend gesund waren.

Von daher können wir folgende Prognose abgeben: Die nächste Krankheit wird jeweils schon in den Startlöchern gestanden haben und die Beteiligten werden in der Mehrheit immer wieder genau gleich reagiert haben, was dazu geführt hat und wohl auch weiter führen wird, dass die Ergebnisse immer wieder die gleichen sein werden. Parallel dazu werden auch in Zukunft wild lebende Honigbienenvölker die neu auftauchenden Krankheiten überstehen und gesund und gestärkt daraus hervorgehen. Könnte das stimmen?

14
Die Varroamilbe als nächste Herausforderung ab 1970

Beschreibung der Problemlage

Die Varroamilbe *Varroa destructor* lebt seit Tausenden von Jahren als Parasit der Östlichen Honigbiene *Apis cerana*, einer Schwesterart unserer Westlichen Honigbiene *Apis mellifera*. Als man die Kärntner Biene *Apis mellifera carnica* aus Europa nach Ostasien importierte, weil sie einen höheren Honigertrag versprach als die einheimische *Apis cerana*, wurde die Varroamilbe auf die Westliche Honigbiene übertragen. 1964 wurde die Milbe in *Apis mellifera*-Völkern im russischen Ussurien gefunden. Nachdem die als winterhart geltenden Völker von dort vielfach nach Osteuropa reimportiert worden waren und die Varroamilbe mitbrachten, wurde sie 1967 in Bulgarien, 1975 in Rumänien und 1976 in Serbien nachgewiesen. Durch die Wanderimkerei verbreitete sich die Milbe extrem schnell von Ost- nach Westeuropa. Nach Deutschland kam die Varroamilbe allerdings über einen Direktimport und verbreitete sich auch von da aus. Wie konnte das geschehen? Obwohl man durch von Buttel-Reepen seit 1918 wusste, dass die Varroamilbe auf der Östlichen Honigbiene lebte, holte Prof. Friedrich Ruttner 1970 und 1971 zwölf Völker der Östlichen Honigbiene zu Forschungszwecken aus China und Pakistan ans Institut für Bienenkunde Oberursel in Hessen, ohne deren Befall mit *Varroa destructor* erkannt zu haben. Neben den 200 Institutsvölkern standen noch 500 private Völker im Flugkreis unter Kontrolle. Erst im Herbst 1976 und im Frühjahr 1977 entdeckten die Bienenforscher nach einer Behandlung der Völker mit Milbenbehandlungsmitteln (Akariziden) bei 50 % der Institutsvölker einen leichten Varroabefall von 10 bis max. 300 Milben pro Volk. Trotz der Behandlung fanden sich im Sommer 1977 bei einigen Völkern wieder Varroamillben. Im Herbst 1977 war auch «eine Anzahl» der 500 privaten Völker im Flugkreis der Institutsvölker «durch natürliche Verbreitung» befallen. Man wusste aus anderen Studien, dass von einem Herd aus im ersten Jahr ein Gebiet von 3 km und im zweiten Jahr von 6 km Radius erobert wurde, was einer Fläche von 100 km^2 entsprach, und begann sofort mit weiteren Bekämpfungsmaßnahmen. (Ruttner, 1977; Ruttner, 1973) Man muss davon ausgehen, dass sich in den 7 Jahren, die zwischen der Einfuhr und dem Fund der Varroamilbe auf den Honigbienen vergangen waren, die Varroamilben Kilometer für Kilometer von Oberursel aus ausgebreitet haben.

Ritter schrieb 1981, dass *Apis mellifera*-Völker «manchmal» sterben, wenn sie von der Varroamilbe befallen wurden. (Ritter, 1981) Der Schaden war also damals in Deutschland noch nicht so groß wie in anderen Ländern Europas, wo ganze Bienenbestände einbrachen. Die Anpassung der beiden Arten aneinander war noch sehr unvollständig; man konnte aber davon ausgehen, dass sich im Laufe der Zeit ein Gleichgewicht einstellen würde, das es Honigbiene und Milbe ermöglichte, miteinander zu leben. Die Sorge vor einem massiven Verlust von Bienenvölkern ließ aber den alten Reflex wieder aufkommen, nämlich den Erreger als Feind Nr. 1 zu sehen und ihn zu bekämpfen.

Strategie 1: Ausrottung des Feindes

Erforschung der Biologie und Physiologie der Varroamilbe

Als die Wissenschaft 1958 in Japan zum ersten Mal die Varroamilbe auf Völkern der Westlichen Honigbiene nachgewiesen hatte, begannen die Forschungen der Bieneninstitute und Universitäten zu Biologie und Physiologie der Varroamilbe, um sie effektiv bekämpfen zu können und ihre weitere Ausbreitung zu verhindern. Bis heute werden u. a. die Auswirkungen von Luftfeuchtigkeit, CO_2-Gehalt, O_2-Gehalt und Temperatur auf die Fortpflanzungsrate der Milbe untersucht.

Abb. 52: Findet der Imker viele Varroamilben auf dem Bodenbrett seiner Bienenbeute, so weiß er, dass sein Bienenvolk mit *Varroa* belastet ist. Trotzdem kann es sein, dass seine Bienen mit den Milben sehr gut zurechtkommen. Das muss er dann herausfinden. © Sachs 2017

Erforschung der Infektions- und Ausbreitungswege und Entwicklung von Medikamenten

Da diese Milbe im Westen der Erde nicht heimisch war, war sofort klar, dass die Verbreitung der *Varroa* samt den Viren durch den Transport von Honigbienen von einem in ein anderes Land erfolgt war. Dies schloss und schließt die intensive Wanderimkerei der kommerziellen Imker mit ein. (Ritter, 1981) Weiterhin verbreiten sich die Milben von einem Volk ins andere durch Verflug und Räuberei sowie durch die Imkerpraktiken. Die ersten Medikamente standen schon aus der Behandlung gegen die Tracheenmilbe zur Verfügung und wurden umgehend eingesetzt; gleichzeitig wurden neue Mittel entwickelt und erprobt. In fast allen Fällen handelte es sich um Insektizide. Schon 1981 warnte Ritter davor, dass resistente *Varroa*-Stämme entstehen konnten, wenn Milben nach einer Behandlung überleben. (Ritter, 1981) Aus der Erfahrung mit der Tracheenmilbe und anderen Bienenkrankheiten war klar, dass kein Behandlungsmittel zu einem 100 % sicheren Abtöten der Milben führen würde und daher die Resistenzbildung vorprogrammiert war.

Einsatz der verschiedenen Mittel

Das Abschwefeln ganzer Völker wurde und wird nur selten angewandt, auch wenn die Varroabelastung sehr hoch war/ist. Dies führte natürlich zur Verbreitung der Milben und Viren. Die Behandlungsmittel, die bis 1980 eingesetzt wurden, zeigten nur eine unzureichende Wirkung. Es begann mit Kelthan von Hoechst, das aus DDT hergestellt wurde. Aus der Behandlung gegen die Tracheenmilbe standen die Wirkstoffe Bromopropylat (Folbex VA) und Chloropropylat zur Verfügung. Man bedenke, dass Folbex VA als für Bienen gut verträglich galt, aber 2002 in der EU verboten wurde, weil es für Mensch und Tier schädlich ist. Die 98 %-ige Ameisensäure war als sehr wirksam getestet worden. Das Mittel Varostan® von Bayer wurde 1977 in Deutschland häufig angewandt, die Behandlung aber eingestellt, weil zu viele Bienen bei der Behandlung starben. Die Liste chemischer Insektizide war schon 1981 extrem lang und die «Chemotherapie», wie Ritter diese Therapieformen nannte, erlebte nach 70 Jahren besorgniserregender Zunahme der Bienenkrankheiten einen Höhepunkt in der Bienenhaltung. Phenothiazin, ein nervenschädigendes Insektizid, wurde auch häufig eingesetzt, blieb aber hinter den Erwartungen zurück, genauso wie das von Ciba Geigy hergestellte Folbex Forte-Kontaktpulver mit dem Wirkstoff Brompropylat, das aber hohe Bienenverluste verursachte. Ein neuer Brompropylat-Streifen, als Folbex Forte-Begasungsmittel zugelassen, brachte bessere Erfolge. Ein anderes Mittel enthielt Chlordimeform-Hydrochlorid und wurde in der kalten Jahreszeit auf die Waben getropft; die Bienen nahmen das Gift auf und gaben es an die Larven weiter. Es stellte sich aber heraus, dass die Giftmenge für die Milbe, die an der Larve saugte, zu gering war, um sie zu töten, was zu Resistenzen führen konnte. (Ritter, 1981) In den 1990er-Jahren wurden weltweit weitere Insektizide zugelassen, die als sehr verträglich galten, aber dann doch in Deutschland, der Schweiz oder Österreich oder in allen drei Ländern zusammen wegen massiver Resistenzbildung und Schädigung der Bienen verboten wurden; so etwa Apistan® oder Perizin®, das erst 2017 in Deutschland und der Schweiz verboten wurde. Alle Mittel blieben wie die Mittel gegen die Tracheenmilbe Tage bis Wochen im Bienenstock. Bayvarol®, PolyVar®Yellow, Apitraz® und Apivar® sind bis heute in Deutschland zugelassen.

Die heute am häufigsten eingesetzten Mittel, übrigens auch in allen Bio-Verbänden zugelassen, sind 60 %-ige Ameisensäure, Oxalsäure und Milchsäure, die zusammen mit den mechanischen und biologischen Mitteln jedes Jahr regelmäßig zur Anwendung kommen. Das ätherische Öl Thymol, welches schon 1980 gegen die Varroamilbe eingesetzt wurde (Ritter, 1981), gilt vielen als unbedenklich, da es als ein pflanzliches und biologisches Mittel angesehen wird. Eine neue Untersuchung zeigt aber, dass durch das Mittel ApiLife Var© die Produktion der Spermien in den Drohnen signifikant gesenkt und die Lebensfähigkeit der Spermien in der Spermathek der Königin signifikant vermindert wird. (Burley, 2007) Da wundert es nicht, dass immer mehr Imker berichten, dass ihre Königinnen vom Begattungsflug unbegattet zurückkommen oder schlecht begattet sind.

Jedes neue chemische Mittel, das entwickelt und eingesetzt wird, wie das Lithiumchlorid oder neue Medikamente, die sich im Fettkörper anreichern, den die Varroamilbe frisst (Ramsey et al., 2019), werden wie alle anderen nur ein Symptom kurieren, aber nicht die Ursache, und wie alle anderen zu Nebenwirkungen führen.

1979 wurde die biologisch-mechanische Bekämpfungsmethode der Brutentnahme entwickelt. Da die Brut aus verschiedenen Völkern nicht vernichtet, sondern häufig zu einem sogenannten Sammelbrutableger zusammengebracht wird, blüht in der Folge die horizontale Übertragung. Im Frühjahr beginnt das regelmäßige Herausschneiden und Vernichten der Drohnenbrut, da diese zuerst von den Milben befallen wird, und das sogenannte «Käfigen» der Honigbienenkönigin auf einer Wabe, sodass sie eine Zeit lang keine Eier legen kann und damit eine Brutunterbrechung erreicht wird. Auch die Wärmebehandlung wurde zu dieser Zeit erprobt.

Die Erfahrungen im Bieneninstitut Oberursel zeigten eindeutig, dass keines der Behandlungsmittel einen 100 %-igen Erfolg aufweisen konnte, da nach jeder Behandlung Milben überlebt haben, die weiterverbreitet werden konnten (Ruttner, 1977) und können. Auch das Bieneninstitut in Oberursel konnte den Herd, den es selbst geschaffen hatte, nicht mehr ausrotten. Trotzdem wurde wie bei der Tracheenmilbenbehandlung häufig den Imkern die Schuld an der Verbreitung der Varroamilbe gegeben, die nicht oder «zu wenig» behandelten.

Ergebnisse

Die Behandlung gegen die Varroamilbe ist nach 44 Jahren in eine Sackgasse geraten

Dr. Ritter, der an der Entwicklung der Strategie 1 beteiligt war, sieht diesen damals eingeschlagenen Weg heute sehr kritisch. So hat er 2014 auf einer Konferenz dargelegt, dass in den 1980er-Jahren ein Bienenvolk nur einmal, und zwar im Winter, heute aber mindestens viermal und noch häufiger behandelt werden muss, und er hat eingeräumt, dass der Einsatz der Behandlungsmittel gegen die Varroamilbe eindeutig in eine Sackgasse geraten ist. (Ritter, 2014)

Die internationale wissenschaftliche Forschung kommt zu ähnlichen Ergebnissen, von denen ich eines aus 2006, das repräsentativ für alle ist, zitieren möchte:

> «Die Ergebnisse legen weiterhin nahe, dass das langjährige Problem der Bienenhaltung mit dem Milbenbefall vermutlich mit der Methode der Bienenhaltung zusammenhängt, bei der die Imker den von den Parasiten ausgehenden Selektionsdruck beseitigen, indem sie die Milben durch Behandlungsmittel entfernen.» (Fries et al., 2006)

Dadurch wurde die co-evolutionäre Anpassung der Westlichen Honigbiene an die Varroamilbe, wie sie erstens durch natürliche Selektion ermöglicht wird und zweitens für die Östliche Honigbiene *Apis cerana* nachgewiesen ist, durch die Varroabekämpfungsmethoden der Imker verhindert. (Locke, 2015)

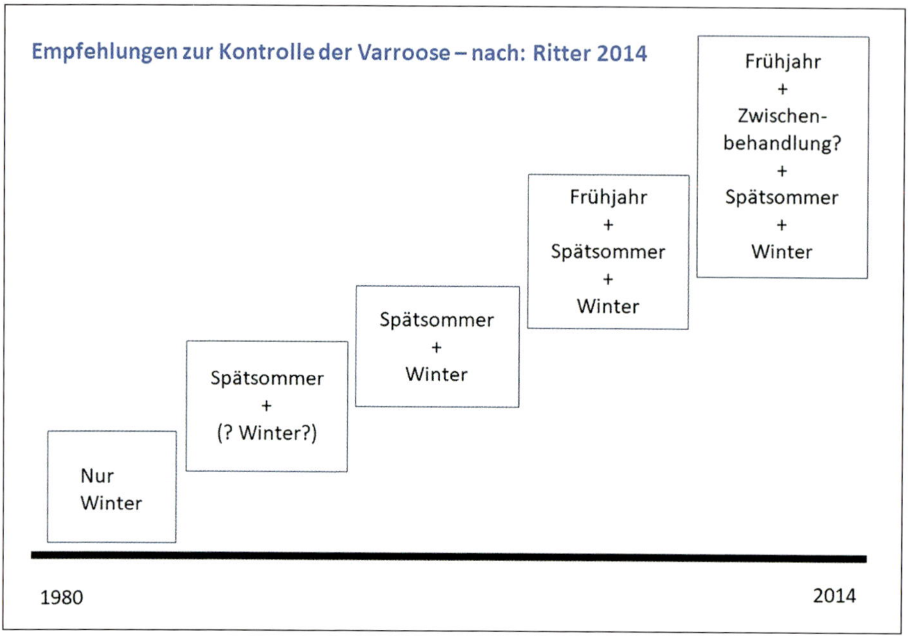

Abb. 53: Die Häufigkeit der Behandlung gegen die Varroose im Verlauf von 34 Jahren. Nach: (Ritter, 2014)

Diese Grafik zeigt eindeutig, dass alle Formen der Behandlung gegen die Varroamilbe, seien es der Einsatz von chemischen Wirkstoffen, organischen Säuren, ätherischen Ölen und/oder selektive Brutentnahme nicht zu dem gewünschten Ergebnis geführt haben. Im Gegenteil: Die Imker müssen heute immer häufiger und mehrmals im Jahr behandeln, immer neue Wirkstoffe oder höherprozentige Säuren einsetzen, weil die Milben immer neue Resistenzen und Anpassungsstrategien ausbilden. Bei jeder Behandlung überleben Milben, die robuster sind oder zufällig resistent gegen ein Mittel. Diese pflanzen sich fort und werden mit der Zeit immer resistenter, bis hin zu dem Zeitpunkt, wo ein Mittel nicht mehr wirkt. Zugleich scheint es, dass die Milben und die durch sie übertragenen Viren immer virulenter, d. h. ansteckender werden, was aus folgender Grafik geschlossen werden kann.

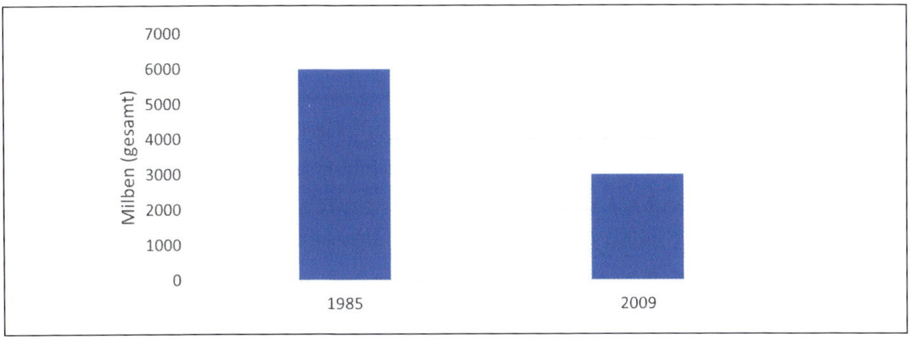

■ Abb. 54: Schadensgrenze bei *Varroa*-Gesamtbefall im Vergleich von 1985 zu 2009. Nach: (Ritter, 2014)

Waren es 1985 noch 6000 Milben im Durchschnitt, die ein Volk zum Zusammenbrechen brachten, waren 2009 nur noch durchschnittlich 3000 Milben notwendig, Tendenz fallend. Entsprechend hat sich auch der Grenzwert für den natürlichen Milbenfall, der einen Rückschluss auf die Schadensgrenze erlaubt, deutlich nach unten verschoben, wie diese Übersicht zeigt:

Periode	1980er-Jahre	1990er-Jahre	ab 2000
	Milben/Tag	Milben/Tag	Milben/Tag
Spätsommer	< 100	< 30	< 10
Winter	< 10	< 2	< 0,5

Musste beispielsweise in den 1980er-Jahren im Winter nur dann behandelt werden, wenn auf der Windel pro Tag mehr als 10 Milben zu finden waren, so musste die Behandlung ab 2000 dann erfolgen, wenn mehr als 0,5 Milben pro Tag auf der Windel zu finden waren.

Die Resistenz der Varroamilbe gegen die Behandlungsmittel hat Konsequenzen

Laut verschiedener Studien hat die Varroamilbe innerhalb kürzester Zeit – im Fall von Apistan® 5 Jahre nach Zulassung in den USA; im Fall von Perizin® 2 Jahre nach Zulassung in den USA – Resistenzen gegen die eingesetzten chemischen Insektizide Fluvalinat (Handelsname Apistan®), Flumethrin (Bayvarol®, PolyVar® Yellow), Coumaphos (Perizin®), Amitraz (Apitraz®, Apivar®) entwickelt. (LeConte et al., 2010) (Johnson et al., 2009) Da scheint es bedenklich, dass Deutschland mit

Abb. 55: Naturwabenbau ist im Gegensatz zu den häufig mit vielen Medikamenten und Pestiziden belasteten künstlichen Mittelwänden frei von Giftstoffen. © Sachs 2016

Klaren zu sein, den Bienen in die Beute. Reines, von Bienen selbst produziertes Wachs in Form des Naturwabenbaus weist keine Rückstände dieser Akarizide auf und bietet somit die höchsten Überlebensraten für die Brut.

Die organischen Säuren stören einen Baustein des Abwehrsystems, das Mikrobiom im Darm

Auch wenn gegen die organischen Säuren wie Ameisensäure, Milchsäure und Oxalsäure, die regelmäßig verwendet werden, noch keine Resistenzen bekannt sind, so muss doch festgehalten werden, dass die 60 %-ige Ameisensäure häufig gegen die 85 -%ige eingetauscht wird, da erstere nicht mehr so gut zu wirken scheint. Man darf gespannt sein, wann auch diese Mittel nicht mehr wirken. Le Conte et al. äußern sich auch zu natürlicheren Substanzen wie Thymian kritisch. Auch diese reichert sich im Wachs an und werden für die Honigbienen giftig. Zudem weisen sie einen desinfizierenden Effekt auf. Verschiedene Forschungen zeigen, dass mit den Honigbienen vergesellschaftete gesundheitsfördernde Bakterien und Pilze, die in einer gesunden Kolonie vorhanden sind, dadurch zerstört werden. Die Mikroflora einer gesunden Kolonie scheint ein zentraler Baustein der Verteidigung gegen Krankheiten zu sein, wie es für die Kalkbrut (ausgelöst durch *Ascosphaera apis*) gezeigt wurde. (LeConte et al., 2010) (Vasquez et al., 2009) (Gilliam, 1997) Diese «Mikroflora» genannte Gemeinschaft lebt im Darm der Honigbienen und bildet natürliche Antibiotika und Antimykotica. Ritter (2014) hat die Ergebnisse der Forscher Murali Nayudu und Sheba Khan (2007) in einem Vortrag auf einer Bienenkonferenz in Wien 2014 zusammengefasst:

Gesunde Bienenvölker	Kranke Bienenvölker
pro Darm:	pro Darm:
100 Millionen–1000 Millionen Bakterien	10 000–100 000 Bakterien
25–30 Arten	10–15 Arten

Tabelle 5: Auswirkungen der Behandlungsmittel gegen *Varroa* auf die Darmflora der Honigbiene. Nach: (Ritter, 2014)

Die Forscherin Martha Gilliam hat in gesunden Bienenvölkern sogar über 6000 Mikrobenstämme isoliert und identifiziert, die den Honigbienen verbunden und für das Immunsystem entscheidend sind. (Gilliam, 1997)

Strategie 3: Resistenzbildung durch natürliche Selektion am Bienenstand

Die «Bond-Methode» des Dr. Kefuss

Der erste Imker, der mit der Umsetzung dieser Strategie international bekannt wurde, ist der Biologe und Erwerbsimker Dr. Kefuss, der angelehnt an den Namen des James-Bond-Filmes «Leben und sterben lassen» die «Bond-Methode» entwickelte. Nachdem Dr. Kefuss nach Jahren der Behandlung seiner Völker gegen die Varroamilbe keinen nachhaltigen Erfolg sah, änderte er seine Strategie und behandelte seine Völker ab 1999 nicht mehr gegen die *Varroa*. Nach wenigen Jahren hatte er zwei Drittel seines Bestandes verloren, diesen aber durch gezielte Zucht wieder stabilisiert und gegen *Varroa* resistent gemacht; das heißt, er kombinierte die Strategie 3 mit der Strategie 4. (Kefuss et al., 2015) Manche Forscher nehmen an, dass die Resistenz nur durch die Vermischung mit nicht europäischen Unterarten möglich wurde, wie es bei Kefuss' Honigbienen der Fall war; er hat die afrikanische Unterart *Apis mellifera intermissa* aus Tunesien in seinen Bestand eingekreuzt. Die seit über 30 Jahren varroatolerante Italienische Honigbiene (*Apis mellifera ligustica*) auf einer Insel vor Brasilien und auch die resistenten bewirtschafteten Honigbienen Englands beweisen aber, dass auch die europäischen Unterarten diese Fähigkeiten in sich tragen. (De Mattos et al., 2017) (Hudson et al., 2019)

Nicht so bekannt, aber noch eindrücklicher, stellen sich die Ergebnisse der Bond-Methode in einer bewirtschafteten Buckfast-Honigbienenpopulation von *Apis mellifera* in Norwegen dar, die seit 1997 nicht mehr gegen *Varroa* behandelt wurde und seit 23 Jahren (1997–2020) resistent ist. Nach einem dramatischen Einbruch erholte sich der Bestand, welcher zusätzlich mit Schwärmen und Ablegern auf das ursprüngliche Niveau gebracht wurde (also Kombination der Strategie 3 mit Strategie 4). In den letzten 13 Jahren waren die Verluste mit 10 % niedriger als im Landesdurchschnitt. Die Forscherinnen und Forscher verglichen diese Population mit einer anfälligen *Carnica*-Population in Imkerhand 60 km entfernt, um die Resistenzmechanismen herauszufinden. Es zeigte sich, dass weder das Grooming noch das varroasensitive Hygieneverhalten, die im Folgenden noch erklärt werden, für die Reduktion der Milben verantwortlich waren; die Anzahl der dadurch auf die Windel gefallenen Milben war in beiden Gruppen gleich; ausschlaggebend war die Fähigkeit, den Fortpflanzungserfolg der Milben zu reduzieren, was sich in signifikant niedrigeren Milbenzahlen auf der Windel niederschlug; der Fortpflanzungserfolg der *Varroa* war im Vergleich zu den milbenanfälligen Völkern um etwa 30 % reduziert. (Oddie et al., 2017) Diese Zahl deckt sich interessanterweise mit den Ergebnissen der resistenten Honigbienenpopulation von Avignon. (Locke et al., 2012)

In Nordwestwales beweisen einige Imkerinnen und Imker, dass ihre lokal angepasste Dunkle Biene die Fähigkeit zur Varroaresistenz besitzt und innerhalb weniger Jahre ausgebildet hat. Shân und Clive Hudson aus Wales haben ihre etwa 10 Völker die ersten 8 Jahre nach Ankunft der Varroamilbe 1998 mit Bayvarol© und Apistan© behandelt, bis die Imkerverbände die Resistenz der Milbe gegen die Inhaltsstoffe verkündeten. Sie probierten in der Folge ab 2007 mit Thymol und ab 2008 im Januar mit Oxalsäure und im April mit Thymol. 2009 behandelten sie einige Völker mit Thymol und andere gar nicht, bis sie dann im selben Jahr jegliche Behandlung einstellten und ihre Völker der natürlichen Selektion überließen. Der Umstand, dass in ihrer Umgebung wild lebende Honigbienen ohne Behandlung auch viele Jahre nach Ankunft der *Varroa* gesund und munter in ihren Baum- und Mauerhöhlen überlebten, ermutigte sie zu diesem Schritt, den sie bis heute nicht bereuen. Sie setzten auf die «Bond-Methode», selektierten ihre Völker nicht und ergänzten ihren Bestand nur durch eingefangene Schwärme.

Sie hatten das große Glück, keine größeren Völkerverluste beklagen zu müssen. Seit 12 Jahren leben ihre mittlerweile 16 Bienenvölker nun behandlungsfrei und werden vom Gesundheitsinspektor als gesund eingestuft. Ihre Winterverluste betragen weiterhin zwischen 6–9 %. 2010–2015 führten die beiden Umfragen in ihrer Gegend durch und errechneten, dass die Imker, die ihre 477 Völker behandelten, durchschnittlich 19 % Winterverluste hinnehmen mussten, während die Imker, die ihre 1096 Völker nicht behandelten, im Durchschnitt 13 % Verluste zu verkraften hatten. Ihre Umfragen ergaben auch, dass weder die Art der Bienenbeuten noch die Umgebungsbedingungen und auch nicht die Imkermethoden den Erfolg der behandlungsfreien Bienenhaltung beeinflussten, sondern ausschließlich die Entscheidung, die Behandlung einzustellen. Die meisten Imker, die nicht behandeln, verwenden Absperrgitter, machen Ableger, verhindern Schwärme, füttern Zuckersirup zu und freuen sich auf eine gute Honigernte. Erfreulicherweise klagten auch die Nachbarimker nicht über eine Reinvasion durch eingehende Völker der «Nichtbehandler». (Hudson et al., 2019) (Hudson et al., 2016) (Hudson et al., 2015) (Hudson et al., 2020)

> «In den Anfangsjahren von *Varroa* ist es gut dokumentiert, dass die Verluste hoch sein können. In unserem Gebiet gibt es Hinweise darauf, dass sich diese Situation nun geändert hat. Jedes Jahr versorgen wir lokale Imker mit Ablegern. In diesem Jahr haben wir 14 Ableger weitergegeben und es ist selbstverständlich, dass alle Bienenvölker von uns behandlungsfrei (TF; treatmentfree; Anmerkung der Verfasserin) gehalten werden. Wir beenden gerade unser 12. Jahr der TF-Imkerei. Vor zwölf Jahren gab es noch andere TF-Imker in unserem Gebiet, darunter David Heaf, aber viele Imker zögerten, diesen Weg zu gehen. In den folgenden Jahren gingen die meisten Imker unseres Verbandes und andere Imker in unserem Gebiet zur TF-Imkerei über und mussten keine bedeutenden Verluste hinnehmen. Wir können nur den Schluss ziehen, dass die Bienen im Laufe der Jahre Zeit hatten, sich anzupassen, sich weiterzuentwickeln und Strategien zur Bekämpfung von *Varroa* zu entwickeln.» (Hudson et al., 2020)

Der berühmte Warré-Imker Dr. David Heaf hatte damals den Anstoß zu dieser Umfrage gegeben. Seine Forschung zeigt beispielhaft die Dynamik der Honigbienenvölker, wenn die Behandlung eingestellt wird. Er stellte 2007 die Behandlung seiner sechs Völker ein und notierte akribisch den Verlauf der natürlichen Selektion. Nach drei Jahren erlitt er im folgenden strengen Winter 2010/11 einen Verlust von 67 % (vorher 0 % 2007/2008, dann 45 % 2008/2009, dann 17 % 2009/2010).

Die verbliebenen vier Völker ergänzte er mit elf Schwärmen. Danach war das Tal der Tränen durchschritten und die Winterverluste schwankten zwischen 0 und 25 %; seit 2011 liegen die Winterverluste mit durchschnittlich 8,7 % sogar unter denen der behandelnden Imker der Region. Er ergänzte seinen Bestand ausschließlich durch eingefangene Schwärme. Sein ältestes Volk ist heute über 10 Jahre alt (per mail, 2020), (Heaf, 2020) Diese Kurve deckt sich auffallend mit der der anderen Honigbienenvölker Europas, die nicht behandelt und dokumentiert wurden. Im vierten Winter nach Beendigung der Behandlung zeigt sich häufig der größte Verlust, aber danach erholt sich der Bestand und baut seine Resistenz nach und nach dauerhaft auf.

Diese Strategie kann unter zwei Bedingungen verantwortungsvoll umgesetzt werden: Zum einen sollen im Umkreis von mindestens 6 km Radius keine anderen Bienenvölker stehen, zum zweiten muss die Varroabelastung der einzelnen Völker exakt erfasst und stark belastete Völker abgeschwefelt werden. Nur so kann verhindert werden, dass diese Völker ihre Varroalast in Völker eines benachbarten Imkers eintragen. Diese Vorgehensweise muss aber auch von den Bienenhalterinnen und Bienenhaltern, die gegen *Varroa* behandeln, erwartet werden. Es ist bekannt, dass auch behandelte Völker innerhalb kurzer Zeit wieder eine extrem hohe Anzahl von Varroamilben aufweisen können, die in andere Völker verschleppt werden.

Die Anwendung der Strategie 3 erfordert ein hohes Maß an Verantwortung und vertrauensvolle Kommunikation zwischen allen Beteiligten. In neuerer Zeit hat sich vor allem Prof. Seeley für diese Strategie 3 ausgesprochen, die er «Darwinian Beekeeping» nennt. (Seeley, 2017)

Strategie 4: Resistenzbildung durch Wahlzucht am Bienenstand

Bieneninstitute und Universitäten in der Resistenzzucht

Honigbienen-WissenschaftlerInnen haben in der ganzen Welt Honigbienen verschiedenster Unterarten auf Varroaresistenz gezüchtet. (Harbo et al., 1999) (Harris et al., 2010) (Boecking et al., 1999) (Harbo et al., 1999) (Spivak et al., 2001) (Spivak et al., 2001) (Ibrahim et al., 2006) (Büchler et al., 2010) (Kefuss et al., 1996) (Harbo et al., 2005) (Harris et al., 1999) (Harbo et al., 1997). Sie haben festgestellt, dass alle Unterarten die Fähigkeit besitzen, resistent zu werden. Allerdings verschleiert die Behandlung der Völker gegen die *Varroa* diese Fähigkeit. Für uns Imkerinnen und Imker ist es schwierig, die Mechanismen selbst zu erkennen, die unsere Honigbienen nutzen. Wir haben nur den Milbenfall auf der Windel, den wir zählen und das Ausräumverhalten der Bienen, das wir testen können. Wie wir noch sehen werden, werden die Honigbienen vor allem dann resistent, wenn sie die Fortpflanzung der Varroamilbe schon innerhalb der Brutzellen massiv senken können. Wir können dieses Verhalten nur indirekt erkennen, indem die Milbenlast auf der Windel dramatisch sinkt im Vergleich zu der von anfälligen Völkern. Von daher können wir zwar das normale Hygieneverhalten sowie das varroasensitive Hygieneverhalten durch bestimmte Methoden erfassen und die Honigbienen «vorsortieren». Zentral aber ist die ständige Beobachtung der Milbenfallzahlen und der Vergleich der Ergebnisse zwischen den Völkern.

Die Vorgehensweise der Arbeitsgemeinschaft Toleranzzucht (AGT)

Obwohl die AGT schon lange arbeitet, konnten bisher keine durchschlagenden und flächendeckenden Erfolge erzielt werden. Gleichwohl können einige Methoden für den Weg der Resistenzzucht sinnvoll genutzt werden, die im Methodenhandbuch der Arbeitsgemeinschaft Toleranzzucht (AGT) (Arbeitsgemeinschaft Toleranzzucht, 2013) sehr klar beschrieben werden; die Methoden zielen auf die Ermittlung der Milbenbelastung, die Vitalität und die Bruthygiene eines Volkes ab. Grundsätzlich sollte vor einer Behandlung mit Milbenvernichtungsmitteln immer (!!) die Ermittlung der Milbenbelastung stehen, um abschätzen zu können, ob eine Behandlung überhaupt notwendig ist.

> «Um eine Beurteilung der individuellen Befallsentwicklung als Grundlage für die Zuchtwertschätzung vornehmen zu können, wird der Befall der Prüfvölker während der Salweidenblüte sowie im Sommer (Zeitraum Ende Juni – August) ermittelt. Potentielle Zuchtvölker, die niedrige Befallswerte aufweisen, sollen (…) unbehandelt weiter beobachtet und möglichst ohne Akarizidbehandlung eingewintert werden. Dieser sogenannte Vitalitätstest ermöglicht die Auswahl varroatoleranter Zuchtvölker anhand ihrer Winterfestigkeit». (Arbeitsgemeinschaft Toleranzzucht, 2013).

Die Zucht sollte natürlich vor allem mit Völkern durchgeführt werden, die wenige Milben aufweisen. Wenn die konsequente Auslese hin zu varroaresistenten Völkern im Mittelpunkt steht und horizontale Transmission vermieden werden soll, ist es ratsam, Völker, die in die von der AGT aufgestellte Kategorie 3 «Behandeln oder Auflösen» fallen, auch konsequent aufzulösen, d. h. abzuschwefeln. Der Test zur Bruthygiene findet sich ebenfalls im Methodenheft der AGT. Das Methodenhandbuch kann gegen eine geringe Gebühr auf der Seite der AGT bestellt sowie als PDF kostenfrei heruntergeladen werden. Ich möchte es an dieser Stelle sehr empfehlen.

An dieser Stelle muss klar gesagt werden, dass letztendlich nicht die Milbenzahl für ein Zusammenleben für Honigbiene und *Varroa* entscheidend ist. Bienenvölker, die eine sogenannte Varroatoleranz entwickeln, leben auch gesund mit der *Varroa*, ertragen auch hohe Befallszahlen. Von daher birgt die Methode der AGT die Gefahr, tolerante Völker vorher auszusortieren. Dieser Kompromiss ist nur in nicht isolierten Gegenden nötig, um die Akzeptanz bei Imkern, die behandeln, zu erreichen.

Ron Hoskins – einer der Pioniere der behandlungsfreien Resistenzzucht

Der Imker Ron Hoskins ist eine Berühmtheit. Er lebt im Südwesten Englands und imkert seit 77 Jahren. Er fand 1993 die erste Varroamilbe in seinen Bienenvölkern und sah sich die Milben in seinen Bienenvölkern genau an. Dabei stellte er fest, dass ein Volk eine hohe Anzahl beschädigter Milben aufwies. Er konnte nachweisen, dass die Arbeiterinnen sich gegenseitig die Milben entfernten (grooming) und diesen dabei charakteristische Bisswunden zufügten. 1995 beendete er die Behandlung mit Ameisensäure, nachdem er erkannt hatte, dass seine Honigbienen nach der Ameisensäurebehandlung regelmäßig umweiselten und imkert jetzt seit 15 Jahren erfolgreich ohne jegliche Behandlung. Er beschloss, sich das Grooming-Verhalten zunutze zu machen und die Honigbienen auf dieses Merkmal hin zu selektieren. Zusammen mit einem befreundeten Imker startete er mit 80 Völkern. Da er nachgewiesen hatte, dass das Grooming-Verhalten vererbbar ist, wählte er die Königin des Volkes, das ein ausgeprägtes Grooming-Verhalten gezeigt hatte, und benutzte sie für den Aufbau eines ganz besonderen Zuchtprogrammes.

Im Jahre 2007 machte er dann eine weitere sensationelle Entdeckung: Eines seiner Völker hatte begonnen, ganz gezielt Brut zu entdeckeln und auszuräumen, die stark von *Varroa* befallen war. Er erkannte dies an den vielen durchsichtigen abgerissenen Antennen der Puppen, die auf dem Drahtgitter und auf der Windel lagen. Begleitet wurde dieses Phänomen von sehr vielen jungen Babymilben, die nur ein Sechstel der Größe der erwachsenen Milbe aufwiesen. Sie wurden offenbar mit herausgezogen, wenn die geschädigte Brut entfernt wurde.

Es war klar, dass dieses Volk eine wichtige Rolle im zukünftigen Zuchtprogramm spielen würde. Ron Hoskins hatte das varroasensitive Hygieneverhalten bei seinen Bienen entdeckt. 2008 hatten er und sein Kollege dann etwa 50 Völker, die nie behandelt wurden, denen nie Drohnen weggeschnitten und nie Schwärme

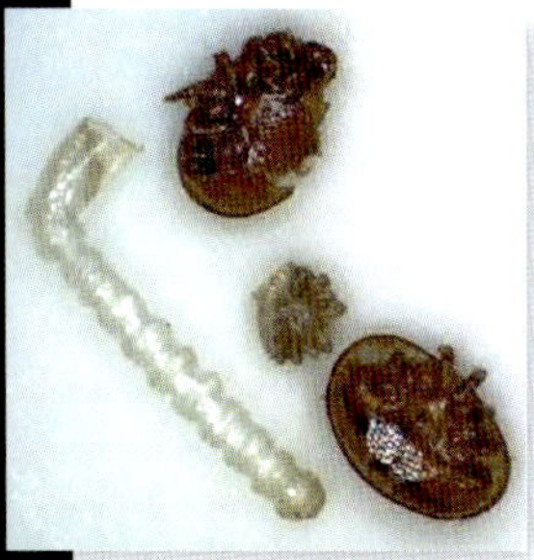

Abb. 56 a und b: Ron Hoskins untersucht seine Völker auf zerbissene Milben (Nachweis für Grooming) und herausgezogene milbenbefallene Brut, was er anhand der durchsichtigen Antennen nachweisen konnte (VSH-Verhalten). © R. Hoskins

vorweggenommen wurden. Das Grooming und das VSH-Verhalten haben die Milbenpopulation dramatisch gesenkt. Seine Königinnen verteilte er im ganzen Umkreis. Königinnen, die kein gutes Pflegeverhalten zeigen, wurden getötet und durch bessere ersetzt. 2015 machten seine Honigbienen wiederum Schlagzeilen: Wissenschaftler, die sie ab 2012 untersucht hatten, stellten fest, dass sie eine harmlose Variante des Flügeldeformationsvirus DVW aufwiesen, den Typ B, der den ebenfalls weit verbreiteten Typ A, der sehr aggressiv ist und zu hohen Völkerverlusten führen kann, so unterdrücken konnte, dass er keinen Schaden im Volk anrichtete. So hatte sein Resistenzzuchtprogramm, das er 1995 begonnen hatte, drei Mechanismen der Resistenzbildung ans Tageslicht gebracht, die es den Honigbienen erlauben, ohne Behandlung gesund zu überleben. (Hoskins, 2020) (Mordecai et al., 2015)

Auch schwedische, norwegische und finnische Imker kombinieren die Behandlung belasteter Völker mit Thymol mit der Nichtbehandlung niedrig belasteter Völker mit großem Erfolg. Der Schwede Erik Österlund sucht und nutzt ganz gezielt Völker, die sehr viele milbenbelastete Brutzellen finden und ausräumen, die also das VSH-Verhalten aufzeigen. Er untersucht dazu die Anzahl der Milben in verschiedenen Brutzellen und leitet daraus die Fähigkeit ab, die Milbenlast gering zu halten. (Österlund, 2018)

Abb. 57: Der schwedische Elgon-Bienenzüchter selektiert seine Völker auf das varroasensitive Hygieneverhalten und zählt dazu die Milbenanzahl in den Brutzellen. © E. Österlund

Die «Soft-Bond»-Methode des Erwerbsimkers und Biologen Dr. Kefuss

Für Züchter oder Imker, die die «Bond-Methode» nicht umsetzen können oder möchten, entwickelte Kefuss die «Soft-Bond-Methode». Im ersten Schritt ermittelt man dabei die Völker mit der höchsten Honigproduktion. Im zweiten Schritt werden die Völker sehr genau hinsichtlich ihrer Fähigkeit zum hygienischen Verhalten untersucht. Die Völker, die eine hohe Ausräumrate aufweisen, werden auf einen anderen Bienenstand gebracht und die Behandlung gegen die *Varroa* beendet. Die Völker werden intensiv weiterbeobachtet und Völker, die hoch belastet sind, aufgelöst. Auf diese Weise lassen sich mit der Zeit resistente Völker herausselektieren und weitervermehren.

Der Hygienetest verläuft folgendermaßen: Ein Stück der verdeckelten Brut wird herausgeschnitten, eingefroren und 24–48 Std. später dem Volk wieder eingesetzt (oder mit Kältespray vor Ort vereist und gleich wieder eingesetzt). 24 Std. später wird gezählt, wie viele Puppen davon ausgeräumt worden sind. Ein Volk gilt als «hygienisch», wenn mindestens 95 % der Puppen ausgeräumt wurden. Der Zusammenhang zwischen dem hygienischen Verhalten und niedriger *Varroa*-Anzahl im Volk wurde nachgewiesen, sodass diese Völker gute Kandidaten für die Resistenzzucht darstellen (Kefuss et al., 1996). Viele Wissenschaftler nutzen heute diese Methode zur Resistenzzucht. Der Nadeltest, der von der Arbeitsgemeinschaft Toleranzzucht verwendet wird (Arbeitsgemeinschaft Toleranzzucht,

2013), wird dabei nicht verwendet. Es hat sich herausgestellt, dass dadurch das Hygieneverhalten nur künstlich erhöht wird, was die Aussagekraft natürlich vermindert (Gramacho et al., 1999). Völker mit einem hohen Hygieneverhalten sind auch resistent gegen die Amerikanische Faulbrut und die Kalkbrut. (Spivak et al., 2001)

Wie wir im Unterkapitel zur Strategie 3 erfahren haben und in Unterkapitel zur Strategie 7 noch ausführlich erfahren werden, sind Hygieneverhalten, Grooming und varroasensitive Hygiene wichtig, aber nicht in jedem Fall für die Resistenz entscheidend.

Strategie 5: Importverbot von Bienen, Königinnen und Material sowie Verbot der Wanderung

Ritter hat 1978 bei einem internationalen Bienenkongress die Einfuhrkontrolle bzw. ein Einfuhrverbot für alle Honigbienen-Unterarten, das Verbot der Einfuhr von erwachsenen Bienen, Brut und Königinnen und die Einführung von Gesundheitskontrollen vorgeschlagen, um die Ausbreitung der Varroamilbe zu unterbinden. Um die Ausbreitung der Milbe von Oberursel (Deutschland) her zu verhindern, sollten Bienenvölker erst dann weitergegeben werden, wenn sie «nachweislich frei von Krankheiten sind». Um einen befallenen Bienenstock herum sollte ein Beobachtungsgebiet eingerichtet und die Quarantäne erst aufgehoben werden, «wenn alle Kolonien in dem Gebiet frei von der betreffenden anzeigepflichtigen Krankheit sind», unter die neben der Amerikanischen Faulbrut und der Tracheenmilbenseuche jetzt auch die Varroaseuche fiel. In Gebieten mit größerem Verseuchungsgrad machte nach Ritters Ansicht ein striktes Verbot der Verbringung von Völkern keinen Sinn mehr, obgleich alles getan werden müsse, behandelte Völker nicht der Reinvasion durch befallene Völkern auszusetzen. Ein Verbot der Wanderung empfahl er nicht, obwohl damals schon bekannt war, dass die schnelle Verbreitung der Varroamilbe innerhalb Europas vor allem auch durch die Wanderung von Abertausenden von Bienenvölkern aus halb Europa in attraktive Gegenden wie z. B. Siebenbürgen verursacht wurde. (Ritter, 1981)

Wenn man sieht, dass heute in Deutschland mehrmals im Jahr gegen die Varroamilbe mit chemischen und mechanischen Mitteln behandelt wird, muss der Versuch Ritters, den Herd in Oberursel auszurotten, als gescheitert betrachtet werden. Da auch alle anderen Länder der Erde heute mit der Varroamilbe zu tun haben, muss man auch die oben empfohlenen Maßnahmen als gescheitert betrachten, da sich viele Imker über Wanderung und Verschickung von Königinnen quer durch alle Lande nicht an die Empfehlungen gehalten haben und noch immer nicht halten.

Strategie 6: Vermeidung ungünstiger Imkerpraktiken

Abb. 58: Ein Honigbienenvolk im Stabilbau und Naturwabenbau in einer gedämmten Gruibert-Beute hat beschlossen zu schwärmen. Dazu hat es zwei Königinnenzellen angelegt, die am unteren Ende der Waben zu sehen sind (rote Pfeile). Nicht mehr lange, und die Königinnen werden schlüpfen. Kurz davor verlässt die alte Königin mit einem Teil der Honigbienen das Nest. © Sachs 2020

Prof. Tautz äußerte sich 2015 in einem Interview zur Zukunft der Imkerei zum Thema «Ungünstige Imkerpraktiken»:

> «Der grösste Stressfaktor für die Honigbienen ist aber – der Imker. Natürlich arbeitet jeder Imker nach bestem Wissen und Gewissen. Wir können und müssen aber die imkerliche Praxis in vielen Details verbessern.» (Tautz, 2015)

Verhinderung der Schwarmtätigkeit

Der Schwarmakt gilt als einer der effizientesten Selbstheilungsmechanismen, weil er im Zuge der senkrechten Übertragung (vertikale Transmission) zu weniger aggressiven Erregern führt. Und nicht nur das. Wenn ein Honigbienenvolk schwärmt, verlassen mit der Königin und vielen Bienen auch viele Erreger das zukünftige Tochtervolk, von denen sich auch der Schwarm noch befreien kann, während er in der Schwarmtraube zusammenhängt. Die intensive Bienenhaltung verzichtet auf diese natürliche Heilung und verhindert durch das Ausbrechen der angesetzten Königinnenzellen und das Töten der Königinnen das Schwärmen des Volkes.

Übertragung der Krankheiten durch die Reihenaufstellung der Bienenvölker

Die Reihenaufstellung der Bienenvölker an (Lehr-) Bienenständen und Imkereien trägt zur massiven horizontalen Verbreitung von Varroamilben und Viren sowie der Amerikanischen Faulbrut u. a. bei. Innerhalb von nur sechs Tagen können sich Varroamilben und Viren sowie andere Krankheitskeime durch den Verflug von Bienen auf dem gesamten Stand ausbreiten, wenn die Völker in Reihe aufgestellt werden. Dies macht Dr. Ritter sehr anschaulich deutlich:

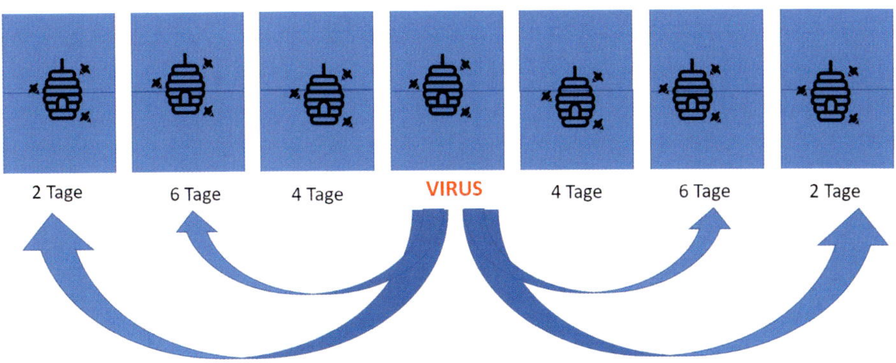

Abb. 59: Ausbreitung von Krankheitserregern an einem Bienenstand mit Reihenaufstellung am Beispiel des Akuten Paralyse-Virus. Nach: (Ritter, 2014)

Am Beispiel des Akuten Paralyse-Virus wird die Ausbreitung von Krankheitserregern bei in Reihe aufgestellten Bienenvölkern in Tagen gezeigt. Da der Verflug von Bienen am Rande eines Bienenstandes immer höher ist als in der Mitte, verfliegen sich mehr Bienen in die außenstehenden Völker. Daher wird das Virus auch in die außenstehenden Beuten schneller eingeschleppt, hier innerhalb von zwei Tagen! Dies ist ein Beispiel für horizontale Transmission. In einem Vortrag von 2016 zeigte Dr. Ritter, wie rasend schnell sich Krankheitserreger von einem Bienenstand zum nächsten verbreiten: Innerhalb von 25 Tagen hat sich ein Erreger im 1 km-Radius verbreitet, nach 60 Tagen im 2 km Radius. (Ritter, 2016) Pfeiffer & Crailsheim zeigten 1998, dass sich 92 % aller markierten Bienen an einem Bienenstand in Reihe verflogen und dass sie sich mehr als einmal verfliegen, also von einem Volk zum nächsten ständig wechseln können. Der Verflug war im Sommer signifikant höher als im Herbst; Räuberei fand nicht statt, alle Völker waren gut gefüttert und die Durchsicht der Völker hat den Verflug nicht erhöht. (Pfeiffer et al., 1998)

Viele Imker*innen machen sich große Sorgen um Kolleg*innen, die ihre Völker aus verschiedensten Gründen nicht oder sehr selten gegen die Varroamilbe behandeln. Sie befürchten im Zuge des Phänomens der Reinvasion durch Räuberei eine massive Verseuchung ihrer behandelten Bienenvölker, sind sich aber nicht darüber im Klaren, welche Folgen die Reihenaufstellung auf ihre eigenen Völker und die der Nachbarn haben kann. Noch größere Sorgen sind auf verwilderte Bienenvölker, die in Wäldern oder Bäumen innerhalb der Stadt oder Landschaft leben, gerichtet. Diese werden häufig – allerdings in Unkenntnis der Sachlage – als Seuchenschleudern bezeichnet. Dies ist weit weniger richtig, als Bienenstände oder Imkereien als solche zu bezeichnen. Eine Studie weist nach, dass unnatürlich hohe Völkerdichten in Imkereien zu höherer Reinvasion von Milben und erhöhter Verbreitung von Krankheiten führen. (Seeley et al., 2015)

Das Schwärmen eines Honigbienenvolkes kann nur unter bestimmten Bedingungen seine Heilkraft entfalten

Seeley & Smith (2015) konnten wichtige Aussagen zum Zusammenhang «Schwärmen-Varroaentwicklung-Abstand der Bienenvölker» treffen. Bei jedem Schwarmakt verlassen 40–70 % der Arbeiterinnen das zukünftige Tochtervolk. Da ca. 50 % der Milben auf den Bienen sitzen, bedeutet das, dass 20–35 % der erwachsenen Milben das Volk verlassen. Schwärmt ein Schwarm noch einmal und noch einmal, sinkt die Milbenlast drastisch.

Das Forscherteam untersuchte zwei Gruppen von Bienenvölkern: Die eine Gruppe stand dicht gedrängt in Reihe auf einem Imkerstand, die andere stand locker verteilt im Abstand von 30 m voneinander. Alle Völker wurden nicht gegen *Varroa* behandelt und wiesen zu Beginn gleiche Varroabelastungen auf. Alle geschwärmten Völker hatten binnen weniger Wochen wieder eine junge begattete Königin. Im Frühsommer (Ende Juni) entwickelten die nicht geschwärmten Völker beider Gruppen hohe Varroazahlen. Die Völker beider Gruppen, die geschwärmt waren, konnten niedrige Varroazahlen beibehalten. Im Spätsommer veränderte sich dann das Bild: Alle Bienenstand-Völker, die geschwärmt waren, wiesen Ende Juli wieder hohe Milbenzahlen auf; Ende August waren die Milbenzahlen so hoch wie in den Völkern, die nicht geschwärmt sind. Ganz anders bei den im Feld stehenden Völkern: Sie hatten ihre niedrigen Varroazahlen halten können. Alle Völker aus beiden Gruppen mit hohen Varroazahlen starben über den Winter; alle Völker mit niedrigen Varroazahlen im Spätsommer überlebten hingegen den Winter. Daraus folgt ganz klar, dass das Schwärmen die Varroalast eines

Volkes verringern kann, aber wenn dieses varroaarme Volk zusammen mit vielen anderen varroabelasteten Völkern in Reihe auf einem Bienenstand steht, wird dieser Vorteil durch Verflug wieder zunichte gemacht. Die Forscher halten dafür nicht die Räuberei für den entscheidenden Grund, sondern eine andere Verhaltensweise: Arbeiterinnen und Drohnen der hoch belasteten Völker, die nicht geschwärmt sind, neigen ganz besonders dazu, sich zu verfliegen. Ob diese Neigung durch die zunehmende Verschlechterung der Volksgesundheit hervorgerufen oder durch die Milben ausgelöst wird, ist nach Ansicht der Forscher noch nicht zweifelsfrei geklärt. (Seeley et al., 2015)

Abb. 60: Mit dem Schwarm verlassen auch viele Milben und Viren das Honigbienenvolk. © Sachs 2018

Eine andere Gruppe von Forscherinnen und Forschern untersuchte, inwieweit die *Varroa* oder mit ihr vergesellschaftete Viren selbst die Bienen dazu drängen, sich zu verfliegen. Sie fanden heraus, dass Bienenvölker mit hoher Varroabelastung signifikant mehr fremde Bienen in ihren Stock hineinlassen als Völker mit niedriger Varroabelastung. Die Hypothese, dass Völker mit hoher Varroabelastung mehr Bienen aussenden, die sich verfliegen, konnten sie nicht bestätigen. Die Hauptursache für den hohen Verflug sehen auch sie in der Reihenaufstellung, vor allem auch in Erwerbsimkereien mit extrem hohen Bienendichten. In solchen können auch verschiedenfarbige Beuten oder ein Einsatz von Landmarken wie Sonnenschirmen den Verflug nicht wesentlich mindern. Ihre Ergebnisse zeigen, dass «Bienenstände als solche eine ideale Brutstätte für hochansteckende Viren wie den Flügeldeformationsvirus abgeben, weil die Transmission der Viren auch durch die *Varroa* erfolgt, was die Fähigkeit eines Bienenvolkes vermindert, die Transmission zwischen Kolonien aufzuhalten.» (Forfert et al., 2015)

Intensive Bienenhaltungsmethoden führen zu aggressiveren Erregern und zur leichteren Verbreitung derselben

Die aktuellen Imkerpraktiken «bringen wahrscheinlich Völker hervor, die ein Schlaraffenland für die Varroamilben und die Viren, die sie übertragen, darstellen.» (Seeley et al., 2015) Sie begünstigen die horizontalen Übertragungswege, die «hin zu höherer Virulenz selektieren», d. h. sie führen dazu, dass die Erreger wie die *Varroa,* aber auch die durch sie übertragenen Viren, immer ansteckender werden und endlos weiter verbreitet werden. Formen der horizontalen Verbreitung sind der Austausch von Bienen und Waben für die Ablegerbildung, die Verstärkung der Völker und die Fütterung, die Schwarmverhinderung, die Reihenaufstellung, Kauf und Verkauf von kranken Völkern und die Wanderung. Die Verbreitung der Bienenkrankheiten und -parasiten und die Auslese hin zu immer ansteckenderen Erregern wird also durch die intensiven Bienenhaltungsmethoden erleichtert. (Fries et al., 2001) (Schmid-Hempel, 2011) (Lipsitch et al., 1996) Die Bienenvölker werden auch in unnatürlich großen Bienenwohnungen gehalten, was u. a. zu einer geringeren Schwarmneigung führen soll. Je weniger Honigbienen schwärmen, desto mehr haben Erreger wie die Varroamilbe die Möglichkeit, Völker zu schädigen. (Seeley et al., 2015)

Abb. 61: Während der Schwarm in der Traube sitzt, reinigt er sich auch selbst von Erregern. Wird er auf Mittelwände eingeschlagen, kann das Volk diesen Selbstreinigungsmechanismus nicht nutzen © Sachs 2018

Ein Schwarm wird in eine Beute mit eingehängten Mittelwänden gegeben

Ritter beschreibt die Selbstheilungskräfte der Honigbienen während des Schwarmaktes und durch welche Maßnahmen diese verhindert werden. Wird ein Vorschwarm oder ein vorweggenommener Schwarm mit der alten Königin direkt auf Mittelwände oder ausgebaute Waben gesetzt, so werden die Selbstheilungskräfte unterbunden, weil die Königin und ihre Arbeiterinnen sofort mit dem Legen von Eiern bzw. der Pflege derselben beschäftigt sind, statt sich von Erregern zu reinigen und diese zu entsorgen. Allein schon diese Praxis kann zum Ausbruch der Amerikanischen Faulbrut führen und erlaubt der Varroamilbe, sich ohne Brutpause fortzupflanzen. Auch die Verwendung von Brutwaben zur Ablegerbildung erschwert oder behindert die Selbstheilung. (Ritter, April 2016)

Zu frühes Erweitern des Beutenvolumens durch Aufsetzen einer Leerzarge

Ritter sieht zudem die Erweiterung des Beutenvolumens auf das Doppelte oder Dreifache im Frühling sehr kritisch, weil es das bis dato ausgeglichene Verhältnis zwischen Honigbienen und Raum erheblich stört. Honigbienen, die im Brutbereich kranke oder befallene Brut erkennen und ausräumen sollen, verlagern möglicherweise ihren Tätigkeitsort in die neuen Räume, um dort Waben zu reinigen bzw. neue Waben zu bauen. Die Königin erweitert das Brutnest durch das Legen von Eiern und verschiebt damit das Verhältnis Bienen und zu pflegende Brut. Ein Kälteeinbruch verunmöglicht es den Bienen dann, die gesamten Brutbereiche zu wärmen. Beides kann zum Ausbruch von Amerikanischer Faulbrut führen. (Ritter, 2016)

Abb. 62: Die Königin hat in diesem Bereich des Nestes gerade Eier gelegt. Jetzt braucht es genügend Honigbienen, die sich um diese Eier kümmern, sie nähren, pflegen und warmhalten. © Bollen 2020

Die Auswirkungen der Zucker- und Invertzuckerfütterung auf das Immunsystem der Honigbienen

Bis ins letzte Jahrhundert hinein war die Zuckerfütterung nur eine Notlösung. Die beimkerten Völker durften den meisten Honig als Winterfutter behalten. Durch die Intensivierung der Bienenhaltung ging der Trend dahin, nahezu den gesamten

Honig zu entnehmen und den Honigbienen Zuckerwasser bereitzustellen, das sie zu Honig umarbeiten mussten. Die Studien zeigen, dass die heute übliche Zuckerfütterung dramatische Auswirkungen auf Immunsystem, Gesundheit und Langlebigkeit der Bienen hat. Die Natur stellt den Honigbienen die für ihr Überleben notwendigen Stoffe aus den Quellen Nektar, Honig, Pollen und Wasser zur Verfügung, die eine gesunde Darmflora garantieren. Die Darmzellen, auf denen die gesundheitsfördernden Mikroben leben, sind entscheidend für Verarbeitung und Resorption der wichtigen Nährstoffe und damit für die Langlebigkeit der Bienen. Mirjanic et al. untersuchten die Auswirkungen verschiedener Futtermittelzusammensetzungen auf das Gewebe im Mitteldarm und die Lebensdauer der Honigbienen und kamen zu folgenden Ergebnissen: Honig hatte keine negativen Auswirkungen auf die Darmgesundheit der Bienen. Sie leben bei Honigfütterung am längsten, im 3-jährigen Durchschnitt der Untersuchung 27,05 Tage. Ähnlich sahen die Ergebnisse für Enzym-Invertzuckersirup (23,74 Tage) und Zuckersirup (21,91 Tage) aus. Den größten Schaden für die Epithelzellen im Darm und signifikant auch für die Lebensdauer der Bienen richtete der «saure» Invertzuckersirup an (12,15 Tage). Die Säureverunreinigungen in diesem Bienenersatzfutter verursachen gefährliche Veränderungen im Darmtrakt, die signifikant zu einer kürzeren Lebensdauer der Honigbienen führt. (Mirjanic et al., 2013)

Futtermittel	Lebensdauer der Bienen in Tagen
Honig	27, 05
Enzym-Invertzuckersirup	23, 74
Zuckersirup	21, 91
saurer Invertzuckersirup	12, 15

Tabelle 6: Auswirkung verschiedener Futtermittel auf die Lebensdauer der Honigbienen. Zusammengestellt aus: (Mirjanic et al., 2013)

Zur Information: Es gibt zwei Arten von Sirup, nämlich Zuckersirup und Invertzuckersirup. Zuckersirup wird durch die Vermischung von Zucker und Wasser gewonnen. Invertzuckersirup wiederum wird auf unterschiedliche Weise gewonnen. Das Prinzip allerdings ist immer gleich: Rohr- oder Rübenzucker (Saccharose) wird umgewandelt (invertiert) in Fruchtzucker (Fructose) und Traubenzucker (Glucose), indem es hydrolytisch aufgespaltet wird. Das Ergebnis ist Invertzucker. Zu dieser Aufspaltung wird neben Wasser ein Katalysator benötigt. Zu diesem Zweck wird entweder eine kleine Menge Säure zu der in heißem Wasser gelöster Saccharose dazugegeben, was zu «saurem» Invertzucker führt, oder der Invertzucker wird durch die Behandlung des Zuckers mit dem Enzym Invertase

(= Saccharase, Sucrase) hergestellt; dieser Sirup wird dann «Enzym-Invertzuckersirup» genannt. Invertase findet sich u. a. in Hefen, Pflanzen, Pilzen oder Bakterien und auch als Verdauungsenzym im Darm vieler Lebewesen. Heute wird Invertase allerdings häufig aus gentechnisch veränderten Hefen gewonnen.

Eine Studie hat gezeigt, dass Honig Inhaltsstoffe enthält, die direkt auf das Erbgut der Honigbienen einwirken. Diese Stoffe werden in Pflanzen gebildet und gelangen über den gesammelten Nektar in die Honigbienen. Eine dieser Substanzen ist die p-Cumarinsäure, die am Abbau von Giftstoffen beteiligt ist und sich auch im Pollen und im Propolis nachweisen lässt. All diese Stoffe fehlen natürlich dem Zuckerwasser. Eine Versuchsanordnung zeigt die Unterschiede: Gleichaltrige Sammelbienen wurden entweder mit Honig und Saccharose- oder Fructosesirup gefüttert. Dann wurde das Gewebe aus einem speziellen Speicherorgan der Bienen untersucht, in dem sie Kohlenhydrate, Fette und Eiweiße speichern. Die Forscher konnten nachweisen, dass sich die Aktivität von mehr als 100 Genen in den beiden Gruppen deutlich voneinander unterschied. Diese Gene sind für den Eiweiß- und Fettstoffwechsel sowie die Weiterleitung von Signalen der Nervenbahnen zuständig und/oder spielen eine wichtige Rolle im Immunsystem; entscheidende Gene für die Aufrechterhaltung der Gesundheit. Die Forscher raten daher zur Zurückhaltung bei der Zuckerfütterung. (Wheeler et al., 2014)

Eine verhängnisvolle Entwicklung des Gesundheitsbegriffes – «chronisch krank» ist das neue «gesund»

Dr. Ritter machte auf einem Vortrag 2016 über die Krankheiten der Honigbiene die anwesenden Imkerinnen und Imker mit einer bitteren Wahrheit vertraut, die wir aber alle nicht wahrhaben möchten: «Wir haben es mit einem aus der Massentierhaltung bekannten Phänomen, einer ‹infektiösen Faktorenkrankheit› zu tun, die wir selbst provozieren.« (Ritter, 2016) „Unter einer «infektiösen Faktorenkrankheit» versteht man laut Fachbuch eine gestörte Leistungsfunktion, die dadurch zustande kommt, dass normalerweise harmlose Infektionen über nicht mikrobielle Faktoren gehäuft zu klinisch fassbaren Krankheiten führen. (Rolle et al., 2006) Aus der Aussage Ritters müssen wir schließen, dass wir es in der aktuell betriebenen Imkerei, die Bio-Betriebe eingeschlossen, mit einer Art Massentierhaltung zu tun haben. Massentierhaltung weist Kriterien auf, die mit dem Begriff «nicht mikrobielle Faktoren» beschrieben werden, nämlich andere Infektionen, Stress, Mängel in den Haltungsbedingungen wie Klima, hohe Tierdichte, Zugluft, mangelhafte

Abb. 63: Die meisten Honigbienenvölker werden zwei- bis dreimal im Jahr mit ätzenden Säuren bedampft, die die Varroamilbe dezimieren sollen, aber auch die Honigbienen und die Brut schädigen. Diese Behandlungsweise ist sowohl in den konventionellen wie auch in allen Bio-Betrieben bis hin zu DEMETER erlaubt. © Bollen 2017

Hygiene, sehr hohe geforderte Produktionsleistung, Fütterungsmängel und genetische Faktoren.

Die aktuellen Imkerpraktiken wie z.B. die Bekämpfung der Varroamilbe, Reihenaufstellung und Übertragung von Waben und Bienen von einem Volk ins andere führen in der Summe zur «Züchtung» von resistenten Varroamilben sowie zu immer aggressiveren (virulenteren) Viren und Bakterien, wie die aktuelle Forschung zusammenfasst. (Seeley et al., 2015) (Fries et al., 2001) (Schmid-Hempel, 2011) Die dichte Reihenaufstellung sowie die Praxis, Waben und Bienen über die horizontale Transmission weiterzureichen, die Sirup- und Zuckerfütterung sowie ungeeignete Bienenbeuten schwächen die Honigbienen. Fast alle unsere Honigbienen werden jedes Jahr mit Behandlungsmitteln und technischen Maßnahmen wie Drohnenschneiden, Brutentnahme, Käfigen der Königin usw. in extremen Stress versetzt.

Wenn diese Völker den Winter überleben, werden sie als gesund bezeichnet. Dies ist meiner Auffassung nach nicht richtig. Wir halten, kaufen und verkaufen letztlich chronisch kranke und erheblich geschwächte Völker und ziehen aus diesen Völkern die nächsten, wiederum kranken Generationen. Die Zucht und Vermehrung solcher Völker ist nicht nachhaltig und nicht verantwortungsbewusst. Wir geben der Natur auch kranke Honigbienen zurück, von der wir einst gesunde Honigbienen entnommen haben, um die Bienenhaltung zu begründen. Erinnern wir uns an die Auffassung von Bruder Adam bezüglich seiner Definition von Gesundheit und Krankheit. Gesundheit definiert sich meiner Meinung nach dadurch, dass Tiere (und Menschen) ohne dauerhafte regelmäßige Behandlung mit chemischen Mitteln gesund sind und dadurch gesunde Nachkommen hervorbringen.

Strategie 7: Strategie der Natur

Weltweit werden Honigbienenvölker, gleich welcher Unterart, beobachtet, die ohne jegliche Behandlung gegen *Varroa* und ohne Zuckerfütterung überleben und gesund sind. Dies zeigt, dass die Art *Apis mellifera* genauso wie die Schwesterart *Apis cerana* das Potenzial hat, varroaresistent oder -tolerant zu werden, wenn man sie denn lässt. «Varroatolerant» bedeutet, dass ein Volk trotz hoher Befallsraten gesund bleibt, weil es die Schäden durch den Parasit zu begrenzen versteht; «varroaresistent», dass ein Volk die Befallsraten der *Varroa* massiv senkt, um zu überleben. Da die meisten Unterarten in ihrer ursprünglichen Heimat ausgestorben sind, handelt es sich bei den wild lebenden Honigbienen fast durchweg um verwilderte Honigbienen, die aus Imkerhand entflohen sind und in Wäldern eine neue Heimat gefunden haben oder um Völker aus offengelassenen, nicht mehr von Imkern betreuten Bienenständen. Sie unterlagen der natürlichen Selektion und haben nach anfänglichen hohen Verlusten ein Gleichgewicht in Form von stabilen Populationen aufgebaut. Alle Forscher kamen zu den gleichen Ergebnissen: Die Völker waren dem Zugriff der Imker und deren Imkerpraktiken entzogen und deshalb im Zuge der Selektion gezwungen, verschiedene Formen der Anpassung zu entwickeln bzw. zu nutzen, die es ihnen ermöglichten, mit den Parasiten ein Gleichgewicht zu finden. Sie fanden heraus, dass beide Gruppen, Wirt und Parasiten, jeweils eigene, ihnen innewohnende Fähigkeiten in Gang setzten, um ihr gemeinsames Überleben zu sichern. Viren und *Varroa* waren in der Lage, weniger ansteckend zu werden; Voraussetzung dafür ist aber der vertikale Übertragungsweg im Zuge des Schwarmaktes innerhalb der Honigbienenpopulation, also die Verbreitung der Erreger zwischen zwei Generationen. Gleichzeitig taten die Honigbienen auf der Ebene der Einzelbiene wie auf der des Kollektivs alles, um die Parasitenlast entweder zu verringern oder mit einer höheren Anzahl der Parasiten zurechtzukommen. Diese Bemühungen führten zu vererbbaren Eigenschaften auf Seiten der Honigbienen, Veränderungen der Populationsdynamik der *Varroa* sowie einer Veränderung des Ansteckungsgrades der Viren. (Fries et al., 2006) (Locke, 2015) (Danka et al., 1995) (Rinderer et al., 2001) (LeConte et al., 2007) (Seeley, 2007)

Ein Experiment auf Gotland zeigte, dass eine Population aus vorher bewirtschafteten Honigbienen, die ab 1999 nicht mehr behandelt wurden, innerhalb von sechs Jahren eine Varroaresistenz aufgebaut hatte. Allerdings um den Preis von über 80 % Verlusten. (Fries et al., 2006) In einem späteren Forschungsprojekt konnten Forscherinnen und Forscher nachweisen, dass das entscheidende Kriterium für die Varroaresistenz nicht das Grooming und das VSH-Verhalten, sondern die massive Unterdrückung der Milbenfortpflanzung war. Die resistenten Völker:

> «wiesen im Durchschnitt fast den doppelten Anteil unfruchtbarer Milben, mehr als das Doppelte des Anteils toter Nachkommen, eine signifikant reduzierte Fruchtbarkeit und eine Gesamtreproduktionserfolgsrate von weniger als 50 % auf, verglichen mit über 75 % in Kontrollkolonien. Die verzögerte Eiablage durch die Muttermilben war proportional die häufigste Ursache für Reproduktionsversagen, wobei tote Nachkommen die zweithäufigste Ursache waren. Die verminderte Fruchtbarkeit ist zusammen mit der deutlich geringeren Fähigkeit, lebensfähige weibliche Nachkommen zu zeugen, eine wichtige Erklärung für die geringen Milbenbefallsraten in der überlebenden Population.» (Locke et al., 2011)

Eine zweiter Befund waren kleinere Völker mit weniger Bienen und Brut. Interessant war die Beobachtung, dass bei beiden Gruppen bis Juli die Milbenbefallsrate gleich war; Ende September, also zwei Monate später, war die Milbenpopulation in den resistenten Völkern im Vergleich zu den anfälligen hingegen signifikant niedriger. Das zeigt, dass innerhalb von zwei Monaten die Fortpflanzungsrate der Varroamilbe durch die Bienen entscheidend reduziert werden kann.

In einem Projekt in Holland nahm die Varroabelastung in den anfälligen Völkern zwischen Winter und dem Sommer auf das zehnfache zu, während es in den resistenten Völkern nur um den Faktor 0,5–2 zunahm. (Panziera et al., 2017) Könnte diese Erkenntnis zur Lösung des Rätsels beitragen, dass die Varroalast auch nach einer Behandlung häufig explodiert? Ist diese Explosion ausschließlich durch die Fortpflanzungsfähigkeit der Varroamilbe zu erklären und nicht durch Reinvasion von nicht behandelten Völkern? Innerhalb von zehn Jahren stellte sich in nicht mehr behandelten Honigbienenvölkern auf natürliche Weise eine Varroaresistenz ein. (Panziera et al., 2017)

Prof. Seeley konnte zeigen, dass eine verwilderte Honigbienenpopulation, die er schon 1978 vor Ankunft der Varroamilbe in Nordamerika in den Wäldern des 17 km^2 großen Arnot-Forest dokumentiert hatte, auch den Befall mit der Varroamilbe, die 1987 eintraf, gut überstand und bis heute gesund dort lebt. (Seeley, 2007) Die Honigbienenpopulation, die aus ungefähr 18 Völkern besteht, brach bei Eintreffen der Varroamilbe stark ein, erholte sich aber innerhalb von einigen Jahren und hat heute die gleiche Populationsstärke wieder erreicht. Eine neuere Untersuchung gibt uns einen Einblick in die heutige Dynamik der Völker:

«Die meisten Bienenvölker (97 %) überleben den Sommer, aber nur 23 % der Gründer-(Erstjahres-)Völker und 84 % der etablierten Bienenvölker überleben den Winter. Etablierte Kolonien haben eine mittlere Lebensdauer von 5-6 Jahren und die meisten (87 %) haben jeden Sommer einen Königinnenwechsel (wahrscheinlich durch Schwärmen).» (Seeley, 2017)

Unter etablierten Völkern versteht Prof. Seeley Völker, die einen Winter oder mehr überlebt haben. Bis hinunter auf die genetische Ebene kann man die Antwort der Honigbienen auf diese neue Herausforderung nachverfolgen, die nicht nur im häufigeren Schwärmen und kleineren Völkern besteht, sondern auch die bekannten Resistenzmechanismen Hygieneverhalten und varroasensitives Verhalten hervorgebracht zu haben scheint. (Mikheyev et al., 2015) Offenbar existiert diese Population schon seit 1978 bis heute weitgehend unabhängig von den sie umgebenden Imkerbienenvölkern, was genetische Untersuchungen beweisen und was nahelegt, dass diese Population die Resistenz aus sich heraus entwickelt hat. (Seeley et al., 2015) Die Population in den Wäldern rund um den Arnot-Forest ist aber wohl größer und umfasst bis zu 200 wild lebende Völker, die letztlich für die Stabilität der Resistenz sorgen könnten. Könnte es sein, dass unter bestimmten Bedingungen wild lebende Völker so vitale Königinnen hervorbringen, dass diese von Imkerdrohnen nicht befruchtet werden, weil diese nicht schnell, hoch und weit genug fliegen können?

Etwa um 1860 brachten Siedler die Westliche Honigbiene in die Gegend rund um Primorski in der russischen Region Ussurien, in der die Östliche Honigbiene *Apis cerana* und auf ihr der Parasit *Varroa destructor* lebten. Dieser sprang auf den neuen Wirt *Apis mellifera* über und löste dadurch ein wichtiges Gesetz der Natur aus, die natürliche Selektion und das Ringen von Wirt und Parasit um Leben und Tod. Da man davon ausging, dass die Westliche Honigbiene dort zwischen 45 und 100 Jahre dem Kontakt mit der Varroamilbe ausgesetzt war, bedeutete dies, dass die natürliche Selektion und damit die Weisheit der Natur dort die beste und längste Chance bekommen hatte, varroaresistente Honigbienen hervorzubringen. Ein amerikanisches Forscherteam wollte diese Hypothese überprüfen und begann 1994 mit seinen Forschungen. Die Imker in der Region Primorski betrieben intensive Bienenhaltung in Langstroth-Magazinen. Sie behandelten die Bienen gegen die Varroamilbe, die seit den 1960er- und 1970er-Jahren zum Problem wurde, mit Oxalsäure oder Amitraz und schnitten die Drohnenbrut heraus. Die Biene war dunkel und sehr schwarmfreudig, vermutlich ein Erbe der Kärntner und der Kaukasischen Biene. Die Forscher stellten Völker aus verschiedenen Imkereien

■ Abb. 64: Verwilderte Honigbienen in einer ehemaligen Schwarzspechthöhle © Schwarz 2020

an einem Platz zusammen, ermittelten den Milbenbefall und stellten dann die Behandlungen ein. Im Jahr darauf kontrollierten sie die Völker und stellten fest, dass die Völker im Vergleich zu den amerikanischen Bienenvölkern insgesamt nur sehr wenige Milben aufwiesen und die durchschnittliche Befallsrate der Brut im Sommer nur zwischen 0–5 % lag, egal wie viele Milben auf den Bienen lebten. (Danka et al., 1995) Es fanden sich in der Geschichte keine Hinweise darauf, dass die Imker in früheren Zeiten ihre Bienen auf Varroaresistenz selektierten (Wahlzucht), weshalb die Forscher die natürliche Auslese als wahrscheinlichste Ursache für die erhöhte Resistenz ansahen. Da es in diesen früheren Zeiten noch keine beweglichen Rahmenbeuten gab, konnten die Imker ihre Bienenhaltung nur mit aus der Natur entnommenen Bienen begründen, also nur überlebende Bienenvölker aufteilen oder Schwärme fangen. Nur die Völker überlebten, die zusammen mit der Varroamilbe ein Gleichgewicht gefunden hatten, das es Wirt und Parasit ermöglichte, zu überleben. (Rinderer et al., 2001) Warum nach Aussage der dortigen Imker allerdings das Varroaproblem in den 1960er- und 1970er-Jahren auftauchte und sie dazu veranlasste, ihre Völker zu behandeln, wurde nicht erforscht. Ein Forschungsteam nahm Königinnen solcher Völker 1997 mit nach Amerika und konnte nachweisen, dass die Resistenz gegen die Varroamilbe und übrigens auch gegen die Tracheenmilbe durch ein Zusammenspiel verschiedener Resistenzmechanismen erreicht und von Mutter auf Tochter vererbt wurde. Allerdings zeigten nicht alle Königinnen, die in Primorski resistent waren, auch in Amerika diese Fähigkeit. (Rinderer et al., 2001) Interessant ist, dass diese Forschergruppe in resistenten Völkern die Chance sah, wieder frei lebende Honigbienenpopulationen aufzubauen.

Fassen wir zusammen: Wild lebende Honigbienenvölker, seien es in der Natur in Baumhöhlen oder auf aufgelassenen Imkerständen in Kästen lebende, können innerhalb weniger Jahre bis Jahrzehnte gegen die Varroamilbe resistent oder tolerant werden, wenn sie der natürlichen Selektion ausgesetzt sind. Forschungen zu wild lebenden Honigbienen und ihre Resistenz gegen Amerikanische Faulbrut, *Nosema* und das Flügeldeformationsvirus weisen übrigens in die gleiche Richtung. Wild lebende Völker haben auch gegen diese Krankheiten Resistenzen aufgebaut und leben gesund in den Wäldern und Höhlen. (Genersch, 2010) (Rangel et al., 2016)

Welche Strategien waren im Kampf gegen die Varroamilbe erfolgreich?

Als erfolgreich erwiesen sich alle Strategien, die nicht den Kampf gegen die Varroamilbe in den Mittelpunkt stellten, sondern den Honigbienen die Gelegenheit gaben, die ihnen innewohnenden Mechanismen zu aktiveren und aus sich heraus ein Gleichgewicht mit den Erregern zu finden. Dies sind die Strategien 3 und 4 mit den Zuchtbemühungen auf Varroaresistenz sowie die Strategie 7 (natürliche Selektion) oder eine Kombination aus den dreien. Insgesamt betrachtet sieht die Forschung allein in der Umsetzung der Strategie 7 die erfolgreichste und nachhaltigste: «Die einzigen dokumentierten nachhaltigen Toleranzprozesse gegenüber der *Varroa destructor*-Milbe bei europäischen Honigbienen stammen von Völkern, die nicht vom Menschen selektiert wurden, sondern die dem natürlichen Selektionsprozess ausgesetzt waren.» (Locke et al., 2011)

Dies soll jedoch nicht heißen, dass im Bereich der Bienenhaltung keine Erfolge möglich sind; die regionalen Erfolge der Strategien 3 und 4 beweisen das. Ich schlage daher eine zweigleisige Strategie vor: Bienenhaltung mit der Umsetzung von Strategie 3 «Resistenzbildung durch natürliche Selektion am Bienenstand» in isolierten Gebieten wie Inseln, Tälern, weitläufigen Waldflächen und Bienenhaltung auf der Grundlage der Strategie 4 mit Wahlzucht auf gesunde Honigbienen nach der Methode der AGT (Schadschwellenanalyse) an den Imkerständen in dicht besiedelten Räumen – verbunden mit Imkerpraktiken, die die Gesundheit der Honigbienen fördern. Je mehr resistente und gesunde Drohnen auf den Drohnensammelplätzen die Königinnen befruchten, desto schneller und nachhaltiger werden wir resistente und gesunde Honigbienenvölker erhalten und die Behandlung beenden können. Ein wesentlicher Faktor für dieses Ziel sind resistente wild lebende Honigbienen, deren Drohnen die Imkerköniginnen mit wertvollen Resistenzgenen stärken werden. Diese Aussage wird übrigens von den walisischen und schwedischen Imkern, die diese Strategien kombiniert nutzen, geteilt. Alle sehen in dem Vorhandensein wild lebender Honigbienenvölker in der Nähe ihrer Bienenstände einen wichtigen Faktor für die Resistenzbildung ihrer Völker.

TEIL V

Die Kraft der Natur – Das Geheimnis der natürlichen Selektion

Die Bienenwissenschaft forscht weltweit seit den 1980er-Jahren vermehrt zu wild lebenden Honigbienen und deren Strategien gesund zu bleiben. Die wichtigsten Ergebnisse möchte ich in diesem Teil vorstellen. Letztlich beruht diese Strategie auf der Kraft der Natur, die über die natürliche Selektion alle Wesen dazu zwingt, ihr Bestes aus sich herauszuholen und Mechanismen zu entfalten, die die Gesundheit aller Mitspieler gewährleisten. Alle Bienenvölker, die nicht gesund sind und sich nicht verteidigen können, sterben. Alle Völker, die ihr gesamtes ihnen grundsätzlich zur Verfügung stehendes Arsenal zur Aufrechterhaltung ihrer Gesundheit aktivieren können, überleben. Das gleiche Prinzip gilt für alle Erreger, die potenziell Krankheiten auslösen können. Die Erreger, die sich nicht darum bemühen, ihrem Wirt nicht zu schaden, sterben zusammen mit dem Wirt, wohingegen die Erreger, die sich darum bemühen, die Vitalität ihres Wirtes nicht zu schädigen, zusammen mit ihrem Wirt überleben. Eingebunden in eine gesunde Umwelt kann die Natur all ihre Fähigkeiten entfalten.

15
Die Gründe für die nachhaltig erfolgreichste Strategie, d. h. die «Strategie der Natur»

Das Geheimnis der natürlichen Selektion beruht nicht auf einem simplen «Friss oder stirb» oder dem «Überleben des Stärkeren». So ist es nicht. Es beruht auf einem lebendigen kreativen Prozess des sich Anpassens und Einschwingens auf die gegebenen Bedingungen, auf dem Zusammenspiel aller beteiligten Lebewesen und Kräfte. Das Geheimnis des friedlichen Zusammenlebens von Wirt und Parasit liegt letztendlich darin, dass der Parasit seine Entwicklung an die natürliche biologische Entwicklung seines Wirtes anpasst. Das hat schon Morgenthaler um 1940 für das fein ineinander verzahnte Wechselspiel von Honigbiene und *Nosema apis* dargestellt, worauf sich Steche 1961 bezieht:

> «Gerade durch die jahreszeitlich unterschiedliche Strukturierung des Bienenvolkes hat sich erst eine Möglichkeit herausbilden können, die es dem Parasiten gestattet, sich zu vermehren, ohne das Wirtsvolk dadurch zu vernichten, indem er sich nur dann, wenn das Bienenvolk in seiner maximalen Entwicklung steht, vermehrt, und zwar auf Kosten einer Vielzahl, aber eben zur Verfügung stehenden Einzelbienen. Sinkt die Vermehrungsquote des Bienenvolkes dann jedoch wieder ab, so fällt, und zwar im allgemeinen in einem noch steileren Winkel, auch die Vermehrungsrate des Parasiten.» (Steche, 1961)

Für das Paar Östliche Honigbiene und *Varroa destruktor* gilt genau das gleiche. Die Entwicklung der Populations- und Fortpflanzungsdynamik der Varroamilbe hat sich exakt an die der *Apis cerana* angepasst.

Nur wenn dieses harmonisch schwingende Ganze aus seiner Harmonie gerissen wird, kann der Parasit ein Volk töten. Im Fall des Nosemaparasiten gerät dieses Gleichgewicht ins Kippen, wenn durch irgendein plötzliches, unerwartetes Ereignis weniger Brut als Ammenbienen im Volk vorhanden sind. Die Bienen können ihr durch die Futtersaftproduktion aufgebrauchtes Eiweiß weniger Larven weitergeben als geplant, was dazu führt, dass der Eiweißspiegel in den Ammenbienen ansteigt. Jetzt schlägt die Stunde des Nosemaparasiten, der genau diesen höheren Eiweißspiegel benötigt, damit sich aus der Spore der lebendige Parasit entwickeln kann. Läuft dieser Prozess weiter, überschwemmen so viele Parasiten die Honigbienen, dass das Volk dies nicht mehr mit neu schlüpfenden Bienen auffangen kann und zusammenbricht.

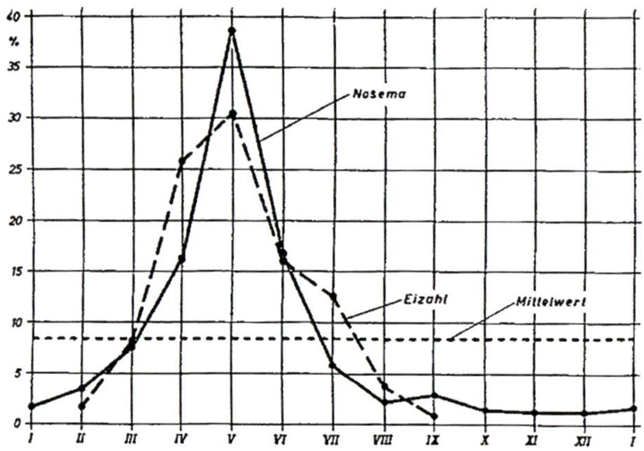

Abb. 1: Bruteinschlag und Parasitenentwicklung im Ablauf eines Jahres.
Nach O. MORGENTHALER.

Abb. 65: Bruteinschlag und Parasitenentwicklung im Ablauf eines Jahres. Nach O. Morgenthaler. In: (Steche, 1961)

Genau dieses Wechselspiel haben die Primorski-Bienen mit der Varroamilbe erreicht: Das Wachstum der Milbenpopulationen war insgesamt stark begrenzt. Die Anzahl der Milben stieg von Februar bis März leicht, und von März bis April auf den höchsten Wert an, um dann zurückzugehen. Nach Juli nahm die Anzahl der Milben ab, von ca. 4000 im Juli auf 400 im November, und das, obwohl diese Völker mehr Drohnenbrut erzeugt hatten als die amerikanischen Völker. Interessanterweise fanden sich in den Primorski-Völkern mehr Milben auf den erwachsenen Bienen, sodass sie auch leichter zerbissen werden konnten, was auf ein ausgeprägtes Grooming-Verhalten hinwies. Die Milben konnten sowohl in den Arbeiterinnenzellen als auch in den Drohnenzellen weniger Nachkommen erzeugen als in den Vergleichsvölkern, was auf geringere Reproduktionsraten der Varroamilbe verweist.

Rinderer et al. haben die verschiedenen Mechanismen der Honigbienen, die Anzahl der Varroamilben niedrig zu halten, an den Primorski-Bienen ausführlich erforscht und dokumentiert, wenn sie auch einräumen, dass Wirt und Parasit noch weitere Mechanismen einsetzen könnten, die sie noch nicht erkannt haben. Auf jeden Fall scheint es sich um eine «Konstellation von Merkmalen und Genen» zu handeln, die der Gesamtresistenz zugrunde liegen. (Rinderer et al., 2001) Zu den gleichen Ergebnissen kommen viele Forscherteams auf der ganzen Welt. Es scheint, als ob jede Population sich aus diesen Möglichkeiten je verschiedene heraussucht, um zu überleben. Bei manchen haben weder das Hygieneverhalten noch das Putzverhalten den größten Einfluss auf die Resistenz oder Toleranz, sondern andere Mechanismen. Als entscheidendes Merkmal sehen die Forscherinnen und Forscher die Verminderung der Milbenlast, die die Honigbienen durch eine Verminderung des Fortpflanzungserfolges erzielen. (Fries et al., 2006) (Behrens et al., 2011) (LeConte et al., 2007) (Locke et al., 2011) (Locke et al., 2014). Alle Bienenvölker, die die Milbenlast signifikant vermindern können, vermindern dadurch gleichzeitig die Virenlast, da viele Viren seit Ankunft der *Varroa* über den Stich derselben in die «Blutbahn» der Honigbienen gelangen und dadurch ansteckender sind. Aber nicht nur die Mechanismen sind entscheidend, sondern die Umweltbedingungen, unter denen Honigbiene und Erreger ihre Mechanismen zur Anwendung bringen können. Zu den Umweltbedingungen zählen Größe der Baumhöhle, Dämmung der Bienenwohnung, gesunde Ernährung und wegfallender Stress durch die Eingriffe des Imkers. Im Folgenden wollen wir uns einige dieser Mechanismen und Umweltbedingungen genauer ansehen, aus denen wir auch einige unserer nachhaltigen Imkerpraktiken ableiten werden.

Abstände der wild lebenden Honigbienen voneinander

Honigbienen brauchen natürliche Baum-, Erd- oder Felshöhlen, in denen sie leben können. Diese sind in der Natur sehr begrenzt vorhanden. In Forsten, die als Altersklassenwald bewirtschaftet werden, finden wir so gut wie keine Baumhöhlen. In Wäldern, in denen alte und kranke Bäume stehen bleiben dürfen, finden wir häufiger Baumhöhlen. Da sich viele höhlenbewohnende Tiere um diese seltenen Wohnungen streiten, ist die Chance hoch, dass die Honigbienenvölker weit voneinander entfernt leben. Das ist auch gut so, da auf diese Weise die Verbreitung der Erreger nur über den Schwarmakt vonstattengehen kann. Wie wir jetzt schon wissen, nennt sich diese Verbreitungsart von Mutter auf Tochter «vertikale Transmission». Diese führt zur Selektion der Erreger auf eine geringe Ansteckung, also auf harmlose Erreger. Im unter Imkerinnen und Imkern berühmten Arnot-Forest hat Prof. Seeley eine Besiedelung von einem wild lebendem Honigbienenvolk auf 1 km^2 ermittelt. In Deutschland müssen wir noch viel weiter gehen, um ein wild lebendes Honigbienenvolk zu finden. Ein deutsches Forscherduo hat nur 0,1 Honigbienenvölker auf 1 km^2 in ausgewählten Wald- (oder besser: Forstgebieten) gefunden. (Pohl et al., 2018) Das heißt nicht, dass sie nicht auch nur 300 m voneinander entfernt und zugleich gesund leben können, wie uns Menold 1951 berichtet hat: «Plötzlich blieb er vor einer alten Eiche stehen und deutete mit dem Stock hinauf. Ich folgte der Blickrichtung und

und sah nun in etwa 15 Metern Höhe in der Mitte der Baumkrone ein starkes Volk fliegen. Nun erklärte mir der Forstwart noch, daß er im zeitigen Frühjahr in etwa 300 Meter Entfernung eine Eiche habe fällen lasen, in der ebenfalls ein Volk überwintert hatte.» (Menold, 1951) In drei Naturschutzgebieten Südafrikas liegt die Dichte der varroaresistenten wilden Honigbienen bei durchschnittlich 15 Kolonien pro Quadratkilometer (Moritz et al., 2007) und dies könnte in Europa sicherlich auch so sein, ohne dass die Honigbienen krank werden. Seeley & Smith (2015) haben gezeigt, dass sich der Verflug zwischen zwei Imkervölkern, die 20–30 m voneinander entfernt stehen, um 80 % reduziert und bei 70 m Abstand auf 0 % heruntergeht.

Erreger werden durch den Schwarmakt auf Harmlosigkeit selektiert

Eine der effektivsten Strategien der Resistenzbildung ist die sogenannte vertikale Transmission, die Übertragung der Erreger zwischen zwei Generationen. Die Erreger, die für ihre Vermehrung und ihr Überleben auf einen Wirt angewiesen sind, tun gut daran, ihren Wirt am Leben zu erhalten. Nur wenn sich der Wirt fortpflanzt, also gesund bleibt und für Nachkommen sorgen kann, kann sich auch der Erreger weiterverbreiten. Die Erreger werden also nur dann überleben, wenn

Abb. 66: Nachschwarm in einem Feldahorn. © Mittl 2017

sie weniger ansteckend sind oder werden und die Vitalität ihres Wirts nicht irreparabel schädigen. Schädigen sie diese, bemühen sich also nicht darum, harmlos zu sein, sterben sie mitsamt dem Wirt. Nur nebenbei bemerkt: Dies gilt auch für den Erreger der Amerikanischen Faulbrut. (Genersch, 2010) Diese natürliche Selektion führt innerhalb sehr kurzer Zeit dazu, dass nur Völker überleben, deren Parasiten wenig ansteckend sind, also eine wenig ansteckende Form entwickelt haben. Dieser Mechanismus ist auch ein Grund dafür, dass es zwar infizierte Völker gibt, diese aber stark bleiben und keine klinischen Symptome entwickeln.

Harmlose Stämme eines Virus unterdrücken ansteckende Stämme des gleichen Virus

Ein englisches Forscherteam hat in varroaresistenten Bienenvölkern in England einen nicht tödlichen Stamm des Flügeldeformationsvirus (DWV) nachgewiesen und diesen «Typ B» genannt. Dieser Typ B ist grundsätzlich in der Lage, den tödlichen Stamm Typ A, der im selben Volk vorkommt, sozusagen auszuschalten. Sie vermuten, dass der Mechanismus der sogenannten «Superinfection Exclusion» (SIE) hier greift und dafür sorgt, dass die Völker trotz einer hohen Viruslast überleben können. Daher gehen sie davon aus, dass die Koevolution des Systems Honigbiene/*Varroa*/Virus zu einem stabilen Gleichgewicht geführt hat, in dem sowohl die *Varroa* als auch ein avirulenter Typ B-Stamm des Flügeldeformationsvirus die Honigbiene und damit auch das ganze Volk vor dem tödlichen A-Stamm schützen. (Mordecai et al., 2015)

Honigbienen können gegenüber Viren tolerant werden

Die Forschung geht davon aus, dass viele Völker nicht vor allem wegen der Varroamilbe sterben, sondern wegen der Viren, die die Milbe überträgt. Viren sind in Honigbienenvölkern weit verbreitet, richten aber in der Regel keinen Schaden an. Erst wenn sich die *Varroa* extrem vermehrt und damit auch die Virenlast ansteigt, welche durch den Stich der *Varroa* direkt in das «Bienenblut» und den Fettkörper injiziert wird, können Völker klinische Symptome durch Viren entwickeln und zusammenbrechen. Daher wurde untersucht, ob das bessere Überleben von nachgewiesenermaßen resistenten Honigbienen auf Gotland unter anderem auch auf einer Resistenz gegenüber Viren beruhen könnte. Die Hypothese wurde aufgrund der Beobachtung aufgestellt, dass die Milbenlast auch in den resistenten Völkern relativ hoch ist. Es zeigte sich, dass die Virenlast des Flügeldeformationsvirus in der resistenten wie in der anfälligen Population in etwa gleich hoch war, aber nur die anfälligen Völker den Winter nicht überlebten. Die resistenten Völker hatten also keine Resistenz, aber wohl eine Toleranz gegenüber diesem Virus entwickelt, was bedeutet, dass sie nicht dafür sorgen konnten, die Viruslast zu vermindern, sondern die Infektion besser zu überleben. Gleichzeitig sank die Viruslast des Sackbrutvirus wie auch des Schwarze Königin-Zellvirus in den resistenten Völkern signifikant ab, was auch für das Überleben der Völker verantwortlich sein könnte. (Locke et al., 2014)

Das Putzverhalten der Honigbienen – Grooming

Guzman-Novoa et al. untersuchten die Fähigkeit der Westlichen Honigbiene *(Apis mellifera)*, mittels eines ausgiebigen Putzverhaltens die Befallszahlen der *Varroa* zu begrenzen. Dieses Verhalten wird «Grooming» genannt. Sie stellten fest, dass Honigbienen aus «resistenten» Kolonien niedrigere Milbenpopulationsraten (bis zu 15-fach) und höhere Prozentsätze geschädigter Milben (bis zu 9-fach) als Honigbienen aus den «anfälligen» Genotypen aufweisen.

«Die Ergebnisse dieser Studie legen nahe, dass das Pflegeverhalten und die Intensität, mit der die Bienen es durchführen, eine wichtige Komponente in der Resistenz einiger Honigbienen-Genotypen gegenüber dem Wachstum von Varroamilbenpopulationen ist.» (Guzman-Novoa et al., 2012). Es ist sehr bedauerlich, dass diese Fähigkeit der Honigbienen, die schon Ruttner & Hänel 1992 entdeckt und dokumentiert hatten, nicht genutzt wurde, um die Honigbienenvölker auf dieses Merkmal hin zu selektieren. Die beiden Forscher zeigten bei Völkern, die eine langsame Entwicklungsrate von *Varroa* aufwiesen, dass der Milbentotenfall auf der Windel dem Sechsfachen von Völkern entsprach, die nicht selektiert waren und die ein anderer Forscher untersucht hatte. Als Beispiel mag ein Volk dienen: Der Milbentotenfall vom 1.9.–10.10. betrug 1640 Milben. 40 % davon waren beschädigt. (Ruttner et al., 1992)

Neuere Studien, die gegenüber *Varroa* resistente und anfällige Bienenvölker verglichen, konnten zeigen, dass beide Gruppen vergleichbar viele Milben durch das Putzverhalten entfernen und auch vergleichbar viele Milben zerbeißen, was darauf hinweist, das andere Mechanismen entscheidend für die Resistenz sind. Das heißt aber nicht, dass nicht einige Völker durch diese Fähigkeit resistent

Abb. 67 (rechts): Dieser Varroamilbe wurde ein Teil eines Beinchens abgebissen. Geschädigte Milben gelten als Hinweis auf das Grooming-Verhalten. © Sachs 2017

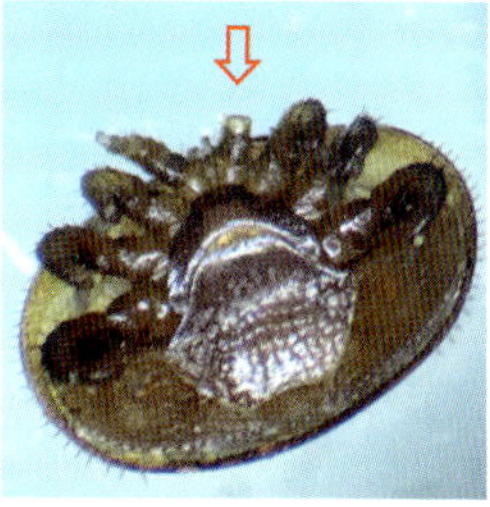

Abb. 68 (unten): Eine junge Honigbiene schlüpft zusammen mit einer jungen Varroamilbe. Die Honigbienen eilen herbei und versuchen die Varroamilbe zu entfernen. Dieses Verhalten, sich selbst und sich gegenseitig von Erregern zu befreien, wird «Grooming» genannt. © Sachs 2019

werden können. Es deutet auch viel darauf hin, dass der Anteil geschädigter Milben kein zuverlässiger Indikator für das Ausmaß einer erfolgreichen Pflegetätigkeit darstellt. (van Alphen et al., 2020) Der Erfolg des Putzverhaltens hängt auch von Umweltbedingungen, speziell von Temperatur und Luftfeuchte, ab. So zeigte eine Studie, dass der Erfolg des Groomings zur Entfernung von Milben bei höherer Temperatur und einer niedrigen Luftfeuchtigkeit im Stock am höchsten ist. (Currie et al., 2008) Eine andere Studie zeigte, dass Honigbienen der Unterart Dunkle Biene *(Apis mellifera mellifera)* im Vergleich zu anderen Unterarten die Varroamilbe am wenigsten auf ihrem Körper duldeten und sehr viel Zeit darauf verwendeten, diese von ihrem eigenen Körper zu entfernen. (Bak et al., 2015)

«Letztlich ist der Anteil geschädigter Milben kein zuverlässiger Indikator für das Ausmass der erfolgreichen Pflege», schreiben van Alphen & Fernhout in ihrem Review-Artikel, da Milben auch angebissen werden, wenn sie schon tot aus den Zellen geholt oder beim VSH-Verhalten ausgeräumt werden. (van Alphen et al., 2020)

Das Hygieneverhalten der Honigbienen

Honigbienen sind in der Lage, kranke Brut zu erkennen und auszuräumen. Dieses Verhalten hat zu ihrem Überleben über die Jahrmillionen beigetragen und kann den Milbenfall reduzieren und zur Resistenz beitragen, wie Kefuss bewiesen hat. (Kefuss et al., 1996). Gleichwohl konnten Studien nachweisen, dass in allen vier in Europa bekannten und untersuchten varroaresistenten wild lebenden Honigbienenvölkern weder das Pflegeverhalten noch das Hygieneverhalten die Resistenz erklären kann, die diese Populationen innerhalb weniger Jahre erreicht hatten, nachdem die Behandlung gegen die *Varroa* eingestellt worden war. (Oddie et al., 2018)

Die Varroasensitive Hygiene (VSH)

Neben dem normalen Hygieneverhalten, das die Honigbienen zur Befreiung von allen möglichen Krankheitserregern einsetzen, haben die Honigbienen ein speziell auf die Entfernung der *Varroa* aus befallenen Brutzellen gerichtetes Verhalten zur Verfügung, welches Varroasensitive Hygiene (VSH) genannt wird. Sie sind in der Lage, wahrscheinlich über Duftsignale stark mit *Varroa* befallene Zellen zu erkennen und diese auszuräumen. Die durch die *Varroa* geschädigte Brut ist in ihrer Entwicklung verzögert und geschädigt, was sich über die Konzentration bestimmter Duftstoffe nachweisen lässt. Auf diese Weise ist die Brut in der Lage, den Bienen einen hohen Befallsgrad zu signalisieren. Wenn dieses Verhalten sehr gut ausgeprägt ist, räumen Honigbienen gezielt die Zellen aus, in denen sich die meisten fortpflanzungsfähigen Varroaweibchen sowie die meisten Nachkommen befinden; die Nachkommen sind dann zum großen Teil unfruchtbar. (Harris, 2007) (Mondet et al., 2016) (Panziera et al., 2017) Die resistenten Völker in Avignon/Frankreich haben wahrscheinlich mithilfe dieser Fähigkeit die Milbenlast um 30 % reduziert. (Locke et al., 2011) Dieses Verhalten wird aber nicht von allen Völkern beherrscht und muss aktiviert werden.

Eine Studie zeigt, dass Arbeiterinnen auch in der Lage sind, gezielt Brut zu entfernen, die mit einem aggressiven Stamm des Flügeldeformationsvirus (DWV) infiziert ist; sie erkennen die durch das Virus stark geschädigte Brut offenbar an einem bestimmten Geruch. (Schöning et al., 2012) Wenn dieses Verhalten sehr ausgeprägt ist, kann es das ganze Volk gegen das Virus resistent werden lassen und dafür sorgen, es über die Generationen gesehen auf unschädliche Viren zu selektieren.

Die Brut kann die Fortpflanzung der *Varroa* unterdrücken

Ich möchte an dieser Stelle kurz auf das Fortpflanzungsgeschehen der Varroamilbe eingehen: Kurz vor der Verdeckelung einer Brutzelle wandert eine Muttermilbe in diese Zelle ein. Innerhalb von 5 Std. nach der Verdeckelung der Brutzelle nimmt die Muttermilbe eine erste Mahlzeit zu sich, indem sie Gewebe aus dem Fettkörper der Larve verzehrt. (Ramsey et al., 2019) Wenige Stunden danach muss die Entwicklung einer befruchtungsfähigen Eizelle im Varroaweibchen ausgelöst werden. Wenn die Aktivierung der Fortpflanzung zu spät oder gar nicht beginnt, kann die Milbe keine Nachkommen erzeugen. Die Bienenlarve ist in der Lage, diese Eibildung zu aktivieren bzw. zu unterdrücken. «Nur die Larven innerhalb von 18 Stunden (Arbeiterinnen) bzw. 36 Stunden (Drohnen) nach der Zellbedeckung waren in der Lage, diese Oogenese der Milbe zu stimulieren.» (Frey et al., 2013) Die Larven liefern also Signalstoffe, die von der Larvenhaut und/oder der Hämolymphe bzw. dem Fettkörpergewebe gebildet werden, die die Fortpflanzung der *Varroa* aktivieren. Ist dieses Signal zu schwach oder wird es nicht erkannt, wird die Eibildung unterdrückt.

> «Wenn Varroaweibchen, die gerade mit der Eibildung begonnen haben, in Brutzellen mit Wirtslarven eines älteren Stadiums übertragen werden, stoppten zwei Drittel dieser Milben ihre Oogenese. Dies bestätigt das Vorhandensein eines zusätzlichen Signals in den Wirtslarven, das es den sich reproduzierenden Milben ermöglicht, ihren eigenen Reproduktionszyklus an die ontogenetische Entwicklung des Wirts anzupassen. Aus adaptiver Sicht ermöglicht diese Art eines Stoppsignals der weiblichen Milbe, Ressourcen für einen nächsten Reproduktionszyklus zu sparen, wenn die eigene Eientwicklung nicht ausreichend mit der Entwicklung des Wirts synchronisiert ist.» (Frey et al., 2013)

Wird die Fortpflanzung aber eingeleitet, legt die Muttermilbe 60 Stunden nach Verdeckelung der Zelle ein männliches unbefruchtetes Ei und danach im Abstand von 30 Stunden bis zu fünf befruchtete weibliche Eier. Die männliche Milbe paart sich mit mindestens einer oder mehr der weiblichen Schwestermilben. Schlüpft die Biene, stirbt das Männchen und alle gepaarten Tochtermilben (in der Regel bis zu drei) verteilen sich zusammen mit ihrer Mutter auf den erwachsenen Bienen oder schlüpfen in eine Zelle, um sich weiter zu vermehren. Die Muttermilbe kann dieses Vorgehen bis zu achtmal durchführen! Legt die Muttermilbe keine Eier oder nur ein Ei, also keine weiblichen Nachkommen, sondern nur ein männliches

Ei, oder sterben ihre Nachkommen noch in der Zelle oder sie hat zwar weibliche Nachkommen, aber das Männchen stirbt, bevor es die Schwestern begatten kann, so ist ihre Fortpflanzung gescheitert. Beginnt die Muttermilbe zu spät mit der Eiablage, kann sie zwar einige Nachkommen haben, die aber nicht alle begattet sein werden, sobald die Biene schlüpft. (Rosenkranz et al., 2010) Es gibt auch Hinweise darauf, dass die Honigbienenbrut während des Puppenstadiums in der Lage ist, einen entscheidenden Beitrag zur Varroaresistenz zu leisten, indem sie die Fortpflanzung der *Varroa* in den Brutzellen empfindlich stört. Dieses Verhalten ist ebenfalls vererblich. (Behrens et al., 2011) Dieses Verhalten der Brut könnte in der resistenten Population auf Gotland/Schweden der Hauptmechanismus zur Unterdrückung der Milbenlast um etwa 30 % sein. (Locke et al., 2012)

Resistente Honigbienen öffnen und schließen verdeckelte Brutzellen – «Recapping»

In allen vier in Europa bekannten und untersuchten varroaresistenten und nicht (mehr) bewirtschafteten Honigbienenvölkern erklärt weder das Pflegeverhalten noch das Hygieneverhalten die Resistenz, die diese Populationen innerhalb von mindestens 17 oder auch weniger Jahren erreicht hatten, nachdem die Behandlung gegen die *Varroa* eingestellt worden war. (Oddie et al., 2018) Alle vier Populationen hatten unter dem Druck der natürlichen Selektion die Fähigkeit entwickelt, die Zahl der Milbenweibchen, die sich überhaupt nicht fortpflanzen, im Vergleich zu anfälligen Populationen massiv zu steigern und dadurch die Fortpflanzung der Milben um bis zu 30 % zu reduzieren. Forscherinnen und Forscher konnten zeigen, dass die Honigbienen ein ganz bestimmtes Verhalten zeigten, das «Recapping» genannt wird: Die resistenten Honigbienen öffneten ganz gezielt milbenbefallene verdeckelte Zellen, ohne den Zelldeckel ganz zu entfernen, knabberten ein Loch in den Seidenkokon der Larve und verschlossen dieses nach einer gewissen Zeit wieder mit Wachs, ohne die Brut zu entfernen. Die anfälligen Bienenpopulationen übten dieses Verhalten auch aus, aber signifikant seltener und weniger gezielt. Mit geübtem Blick können wir Menschen die Anzeichen auf und unter dem Zelldeckel auch erkennen, die dieses Verhalten hinterlässt. Das Loch im Seidenkokon, das mit Wachs wieder verschlossen wird, ist als dunkler, matter Fleck auf der Unterseite des Zelldeckels erkennbar, der sich von der ansonsten glänzenden Seide unterscheidet. (Oddie et al., 2018) Doch warum tun die Honigbienen das und wie wirkt es sich auf den Fortpflanzungserfolg der Varroamilbe aus?

Regulation von Temperatur und Luftfeuchtigkeit hemmen den Fortpflanzungserfolg der *Varroa*

Die Frage, inwieweit Temperatur und Luftfeuchte auf die Varroakrankheit Einfluss haben, beschäftigt mich schon länger. (Mittl, 2017) Daher möchte ich mich an dieser Stelle etwas ausführlicher mit dem Einfluss von Temperatur und relativer Luftfeuchtigkeit (rF) auf das Wachstum der Milbenpopulationen befassen, da dies auch zeigt, wie wichtig die Auswahl der richtigen Bienenwohnung ist (wenn auch dieses komplexe Thema einem weiteren Buch vorbehalten bleiben muss). Ich gehe davon aus, dass mithilfe des Recapping ganz gezielt die Temperatur und die relative Luftfeuchtigkeit reguliert werden kann. Zwei Forscherteams haben schon um 1990 nachgewiesen, dass die Varroamilbe sehr empfindlich auf Temperatur und Luftfeuchtigkeit reagiert. (LeConte et al., 1990) (Kraus et al., 1997) Doch in welcher Form sie auf Zellebene diese Parameter regulierten, war noch nicht erforscht worden. Vielleicht genau durch das Recapping. Die Forschungsergebnisse zeigen ganz eindeutig eine signifikante Korrelation zwischen (Umgebungs-) Temperatur, Luftfeuchtigkeit und *Varroa*-Entwicklung. (Kraus et al., 1997) (Harris et al., 2003) (Le Conte et al., 1990) Harris et al. (2003) belegten, dass die Wachstumsraten der *Varroa* signifikant während der Jahre schwanken und konnten zeigen, dass in trockenen und heißen Sommern die Vermehrungsrate drastisch sank, was belegt, dass die Umgebungstemperatur einen großen Einfluss hat. (Harris et al., 2003) Könnte es sein, dass auch die Temperatur und die Luftfeuchtigkeit innerhalb des Brutnests und innerhalb der Brutzelle die Varroamilbe beeinflussen?

Le Conte et al. haben sich genau mit diesem Einfluss der Temperatur und der Luftfeuchtigkeit auf die Fortpflanzungsfähigkeit der *Varroa* beschäftigt. Zuerst zur Temperatur. Varroaweibchen sind in der Lage, einen Temperaturwechsel von 1,2° C zu ermitteln. Das deutet darauf hin, dass die Temperatur eine wesentliche Rolle für die Milben spielt. Die optimale Temperatur für die Entwicklung der Varroamilben liegt zwischen 32,5°–33,4° C, was gut mit der Bruttemperatur von *Apis mellifera* korrespondiert, die im Bereich zwischen 31°–36° C liegt (Levin et al., 1990), und noch exakter formuliert der Temperatur der Drohnenbrut entspricht, die im Randbereich des Brutbereichs liegt. Die Reproduktionsrate der weiblichen Varroamilben ist bei Temperaturen über 36° C signifikant vermindert und bei über 38° C unmöglich, weil die Milben zu sterben beginnen, ohne sich fortzupflanzen. Unter 28° C ist es für eine Fortpflanzung zu kalt. (Kraus et al., 1998) Temperatursprünge sind für die Entwicklung der Milben ungünstig. Honigbienen, auch *Apis mellifera*, sind in der Lage, ihre Temperatur kurzfristig und schnell zu steigern, z. B.

fünfmal auf 41° C innerhalb von 5 Tagen. Kurzzeitige Temperaturerhöhungen auf 41° C reduzierte die Fruchtbarkeit der Varroweibchen um 75 %, bei einer Erhöhung auf 42° C sogar um 100 %. (Le Conte et al., 1990)

Und jetzt zur Luftfeuchtigkeit. Kraus & Velthuis (1997) führen aus, dass das Populationswachstum der *Varroa* in mediterranem Klima höher ist als in kalten und gemäßigten Klimazonen, da den Honigbienen dort mehrere Brutzyklen pro Jahr möglich sind, was mit einer vermehrten *Varroa*-Entwicklung einhergeht. Überraschenderweise ist das Populationswachstum in tropischen Gebieten, wo es noch wärmer ist, aber gering und die Brutnest-Temperatur die gleiche wie in gemäßigten Klimazonen. Die beiden Faktoren können also die niedrige Reproduktion der Milben nicht erklären. Das tropische Klima weist aber eine höhere Luftfeuchtigkeit auf. Könnte hier ein Zusammenhang bestehen? Ihre Studie zeigte folgende interessante hoch signifikante Ergebnisse:

rF von 59 %–68 %:	53 % der Milben produzieren Nachkommen
rF von 79 %–85 %:	2 % der Milben produzieren Nachkommen

und legen nahe, dass die Weibchen der *Varroa* sehr sensitiv auf eine hohe relative Luftfeuchtigkeit (rF) reagieren und bei einer rF von über 85 % nahezu nie zur Reproduktion in der Lage sind. (Kraus et al., 1997)

In der Regel schwankt die rF im Brutnestbereich zwischen 40–70 %. (Wohlgemuth, 1957) Die Daten von Le Conte et al. und Kraus et al. zeigen, dass die Reproduktionsrate der *Varroa* mindestens ab 40 % rF bis 70 % rF ansteigt, im Bereich zwischen 70 % und 79 % kippt und ca. bei einer rF von 79 % dramatisch absinkt. Bei einer relativen Luftfeuchtigkeit von über 80 % findet praktisch keine Reproduktion mehr statt. (Le Conte et al., 1990)(Kraus et al., 1997)

Bei 70 % rF finden sich zudem mehr Protonymphen und Deutonymphen pro fruchtbarem Weibchen als bei 40 % rF. Wenn die Honigbienen jetzt in der Lage wären, Temperatur und Luftfeuchtigkeit aktiv zu regulieren, könnten sie damit die Fortpflanzung der *Varroa* aktiv regulieren. Dass sie die Temperatur aktiv steuern können, also die Fähigkeit der Thermoregulation besitzen, zeigen viele Studien. (Stabentheiner, 2005) (Stabentheiner et al., 2010) (Stabentheiner et al., 2003) Da Temperatur und relative Luftfeuchtigkeit miteinander zusammenhängen, besitzen die Honigbienen gleichzeitig die Fähigkeit zur aktiven Regulation der relativen Luftfeuchte. Die Thermoregulation ist bei den Honigbienenvölkern unterschiedlich ausgeprägt. Dies und die Vorlieben der *Varroa* für bestimmte Temperaturen führen Le Conte et al. zu dem Schluss, dass die Fähigkeit der Regulation der Bruttemperatur durch die Bienen und die Fähigkeit, gelegentliche Temperatur-Peaks zu erzeugen, nützliche Kriterien für die Selektion von varroaresistenten Honigbienen sein könnten. (Le Conte et al., 1990) Schweizer (2015) bestätigte im Rahmen seiner Bachelorarbeit eines der obigen Ergebnisse zur Korrelation Luftfeuchtigkeit und Varroareproduktion: «Die statistische Analyse zeigt im Vergleich zwischen den einzelnen Völkern einen standortunabhängigen, signifikanten Zusammenhang zwischen dem Anstieg der Varroapopulation und der Luftfeuchtigkeit: je höher die Luftfeuchtigkeit, desto stärker die Varroaentwicklung». (Schweizer, 2015)

Könnte es nicht sein, dass das Phänomen des «Recapping», also das Öffnen der verdeckelten Brutzelle für eine bestimmte Zeit und das Wiederverschließen ohne eine Entnahme der Larve oder Puppe, ein Verhalten darstellt, das der aktiven Regulation der Temperatur und relativen Luftfeuchtigkeit innerhalb der Brutzelle dient – mit dem Ziel, die Fortpflanzung der Varroamilbe zu reduzieren?

Helfen kleinere Zellen gegen die Varroamilbe?

Die Hypothese, wonach die Brut in kleineren Zellen eine kürzere Entwicklungszeit hat, was wiederum den Fortpflanzungserfolg der Varroamilbe verringern könnte, wird durch die experimentellen Ergebnisse nicht gestützt. Es zeichnet sich aber ab, dass ein Zusammenhang zwischen kleineren Zellen und dem varroasensitiven Hygieneverhalten bestehen könnte. Die chemischen Signale, die die Arbeiterinnen erhalten und an denen sie von *Varroa* befallene Brut erkennen können, werden wegen der kleineren Zellen besser weitergeleitet, was dazu führt, dass die Ausräumrate erhöht und damit die Unterbrechung der Varroafortpflanzung gewährleistet ist. (Singer et al., 2019)

Hilft eine kürzere Verdeckelungszeit, um die *Varroa* in ihrer Fortpflanzung zu hemmen?

Afrikanische Unterarten der Westlichen Honigbiene nutzen neben anderen Mechanismen den der verkürzten Entwicklung der Brut innerhalb der Zelle, was der Varroamilbe weniger Zeit zur Vermehrung lässt. Können das unsere Unterarten auch? Diese Frage beantwortete ein Forscherteam anhand einer resistenten Honigbienenpopulation in Norwegen, einem Buckfast-Bestand, der in der Lage ist, die Milbenvermehrung um 30 % zu verringern. Die Studie zeigte, dass etwa

10 % der Brut von resistenten Völkern schneller schlüpfte und zwar 1–16 Stunden eher als die Brut aus anfälligen *Carnica*-Völkern. Ob dieser Mechanismus genetisch bedingt und schon angelegt ist oder sich erst als Anpassungsstrategie an den Varroadruck entwickelt hat, können die Forscher nicht sicher sagen. Es kann auch sein, dass dieser Mechanismus in wärmeren klimatischen Bedingungen nicht ausreicht, um die Fortpflanzung der Varroamilben zu hemmen. (Oddie et al., 2018) Klar ist, dass dieser Mechanismus einer von vielen möglichen ist, den die Honigbienen nutzen können, wenn sie dazu in der Lage sind, was von vielen Umweltfaktoren abhängig ist, wie wir schon besprochen haben.

Aktivierung der Selbstheilungskräfte durch den Schwarmakt

Ritter beschreibt ausführlich die Selbstheilungskräfte der Honigbienen, die durch den Schwarmakt aktiviert werden. Das Futter im Honigmagen wird während des Fluges und des Ausharrens in der Schwarmtraube verbraucht, Erreger damit außerhalb der Bienenwohnung ausgeschieden. Die möglicherweise im Haarkleid mitgeführten Sporen von Erregern gehen dabei ebenfalls verloren. Die Hitze innerhalb der Schwarmtraube kann Erreger töten und beim Bau der Waben können Viren, Sporen und Bakterien sicher in das Wachs eingeschlossen werden. Die Imker machen sich diese Mechanismen zunutze, wenn sie mithilfe eines

Abb. 69 a und b: In der Natur wird der Schwarmakt nicht durch den Imker unterbrochen. Die junge Königin kann sich entwickeln und aus der Weiselzelle ausschlüpfen, um ein neues Volk zu begründen. Vorher muss sie sich ausruhen und trocknen. © Bollen 2015

Kunstschwarmes die Amerikanische Faulbrut sanieren. Die Vermehrung der Varroamilbe und anderer Erreger wird durch den Schwarmakt eingeschränkt, da es im zurückgebliebenen Volk wie auch im neuen Volk zur vorübergehenden Unterbrechung der Brutaufzucht kommt. (Ritter, April 2016)

Verkleinerung des Bienenvolkes durch Nutzung kleinerer Baumhöhlen

Eine der Anpassungen der Honigbienen an die Varroamilbe stellt die Verkleinerung des Bienenvolkes dar. Sogenannte Hünglervölker haben schon zu allen Zeiten diese Strategie gewählt, um ungünstige Umweltbedingungen und hohe Erregerlasten gut zu bewältigen. Sie halten das Volk klein, indem die Königin weniger Eier legt, im Herbst früher aus der Brut geht und im Frühjahr später mit der Brut beginnt. Dies führt automatisch zu geringerer Bienenmasse und weniger Brut, was es der *Varroa* erschwert, viele Nachkommen zu produzieren. Andere Völker schwärmen häufiger, um dieses Ziel zu erreichen.

Wild lebende Honigbienen treffen in der Natur in der Regel auf Baumhöhlen, die im Durchschnitt zwischen 10 und 60 Liter Volumen aufweisen. (Mittl, 2019) Dort sind sie gezwungen, häufiger zu schwärmen. Der Mechanismus, das Volk zu verkleinern, wurde weltumspannend nachgewiesen und zwar in Schweden, den USA und Brasilien. (Locke, 2015) Loftus et al. verglichen Völker in 42 Liter-Beuten und Völker in bis zu der in der Bienenhaltung üblichen 168 Liter-Beuten auf ihre Gesundheit und die Infektion mit dem Flügeldeformationsvirus (DWV); die ersten wurden weder behandelt noch beimkert, die zweite Gruppe wurde behandelt, die Schwarmzellen ausgebrochen und insgesamt intensiv beimkert. Der Versuch brachte ein beeindruckendes Ergebnis:

> «Es scheint klar zu sein, dass die Bienenvölker, die in den großen Bienenstöcken lebten, anfälliger für *Varroa* waren als die Bienenvölker in den kleinen Bienenstöcken; die höheren Varroabefallsraten beeinträchtigten ihre Gesundheit und ihr Überleben, so dass am Ende nur noch 2 von 12 Bienenvölkern der großen Bienenstöcke am Leben waren. Im Gegensatz dazu hatten die Bienenvölker mit kleinen Bienenstöcken relativ niedrige Varroabefallsraten, zeigten keine Symptome hoher DWV-Infektionen und überlebten besser, da 8 von 12 Bienenvölker am Ende der Studie noch am Leben waren.» (Loftus et al., 2016)

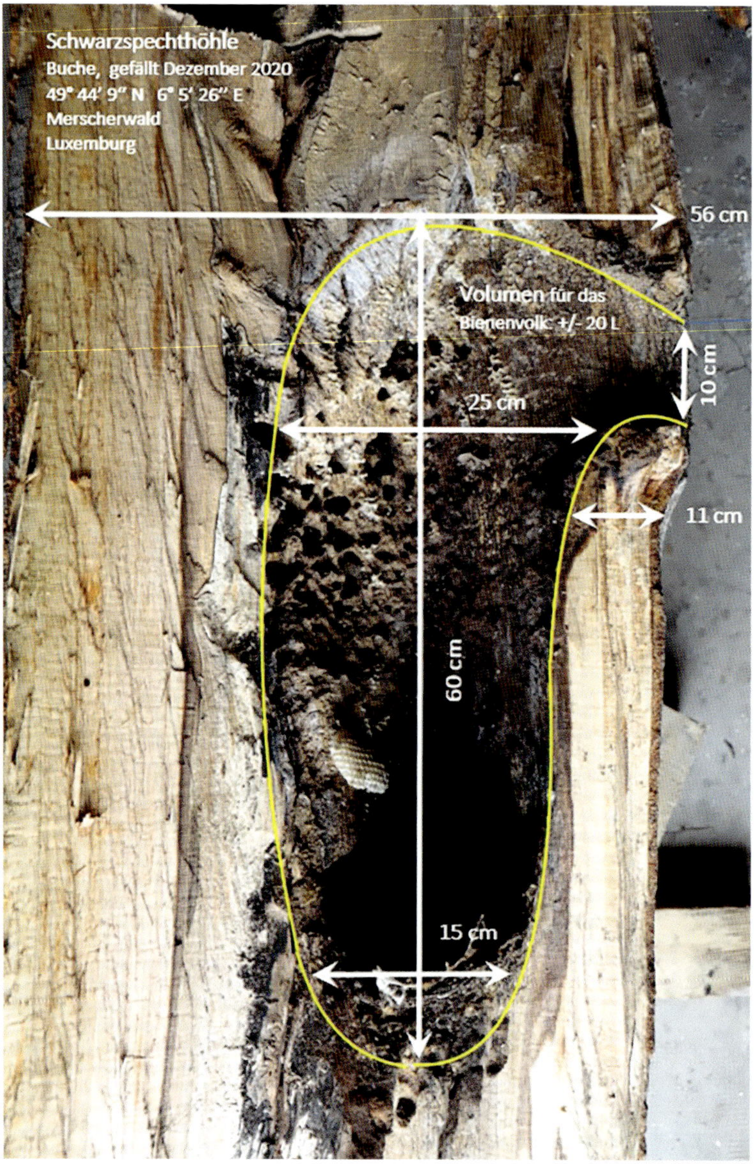

Abb. 70: Spechthöhlen können ideale Bienenwohnungen für verwilderte Honigbienen darstellen. Das kleine Volumen von oft nur 20 Litern zwingt sie zu häufigerem Schwärmen oder zu stiller Umweiselung, dem Austausch einer alten oder kranken Königin durch die Nachzucht einer jungen Königin. In diesem Fall zogen Honigbienen in eine alte ungenutzte Schwarzspechthöhle ein, die bis zur Unterkante des Einflugloches ein Volumen von 13 Litern aufwies. © Zewen 2020

Die Wirkung der Pollen auf die Gesundheit der Honigbienen

In ihrem Review-Artikel gehen Brodschneider & Crailsheim ausführlich auf die Notwendigkeit des Vorhandenseins von Pollen für die Gesundheit der Bienen ein und fassen die Ergebnisse vieler Studien zusammen, die ich an dieser Stelle anführen möchte: Die Gesundheit von Honigbienenvölkern ist nicht nur durch die Abwesenheit von Krankheiten definiert, sondern auch durch die Anwesenheit von vielen gut ernährten Einzelbienen, welche in der Lage sind, Nachkommen zu produzieren und Stressfaktoren wie Parasiten, Infektionen, Insektiziden und Perioden von Futtermangel zu widerstehen. Pollen stellt die Hauptquelle von Proteinen, Aminosäuren, Fetten, Stärke, Sterolen (Membranlipide, z. B. Cholesterin), Vitaminen und Mineralien dar und ist daher ein Hauptfaktor für die Langlebigkeit der einzelnen Bienen. Auf der Ebene des Bienenvolkes ist Pollen ebenfalls wichtig, da er die Produktion des Gelée Royals durch die jungen Arbeiterinnen ermöglicht, mit dem Larven, Königin, Drohnen und ältere Arbeiterinnen gefüttert werden. Fehlt der Pollen, bricht die Brutaufzucht ein. Die Winterbienen können ebenfalls nur durch hohe Mengen an in ihnen enthaltenen Proteinen (v. a. Vitellogenin) in der Haemolymphe so lange leben. Ein Mangel von Protein in der Larval- und Adultnahrung führt zur reduzierten Entwicklung der Brutfuttersaftdrüsen und Ovarien sowie einer kürzeren Lebensdauer. Proteinmangel während der Larvalentwicklung führt darüber hinaus zu beeinträchtigter Thoraxentwicklung, Flugleistung und zu Verhaltensänderungen.

Abb. 71: Die Honigbienen tragen den lebensnotwendigen Pollen in ihr Volk ein. © Sachs 2019

Die Bienen mixen den frischen Pollen mit Nektar, Honig und Drüsensekreten, um haltbaren Pollen, das sogenannte Bienenbrot, herzustellen, welches im Vergleich zu frischem Pollen einen niedrigeren pH-Wert und weniger Stärke aufweist. Der Nährwert des Bienenbrotes ist höher als der des frischen Pollens; die Unterschiede in der Qualität des Bienenbrotes hängen ab von dem Set der Mikroorganismen, die mit dem jeweiligen Bienenvolk vergesellschaftet sind. Unter anderem wird vermutet, dass Milchsäurebakterien im Honigmagen der Bienen, die an der Fermentation der Pollen beteiligt sind, durch die Produktion von Vitaminen den Qualitätsunterschied mit bedingen. Gerade im Frühling, wenn nur wenig Pollen und der auch nur von wenigen verschiedenen Pflanzenarten zur Verfügung steht, wird das Bienenbrot zur Brutaufzucht benötigt. Von der Fütterung von Pollen aus anderen Völkern wird wegen des Risikos der Übertragung von Krankheitskeimen dringend abgeraten. (Brodschneider et al., 2010)

Di Pasquale et al. haben sich ausführlich mit der Frage beschäftigt, ob die Faktoren «Qualität von Pollen verschiedener Pflanzenarten» und«Diversität von Pollen» (Bienenbrot aus verschiedenen Pollen-«Arten») Einfluss auf die Gesundheit der Honigbienen haben. Aus der bisherigen Forschung war schon bekannt, dass die Pollenverfügbarkeit eng zusammenhängt mit den Parametern Stoffwechsel, Immunsystem und Entgiftung (Unschädlichmachen von Pestiziden) der Honigbienen und dass Pollen verschiedener Pflanzenarten unterschiedliche Prozent-Anteile von Proteinen, Fetten, Zuckern, Aminosäuren und Antioxidanzien enthalten (= Qualität). Sie ersonnen ein interessantes Experiment und kamen zu sehr spannenden Forschungsergebnissen: Pollen unterschiedlicher Pflanzenarten haben signifikante Effekte auf die Physiologie der Ammenbienen. Wenn diese mit dem proteinreichsten Pollen der Gattung *Rubus* (u. a. Brombeere, Himbeere) gefüttert werden, sind ihre Futtersaftdrüsen am meisten entwickelt und der Level an Vitellogenin und Transferrin am höchsten. Die Qualität des Pollens beeinflusst die Robustheit der Bienen gegenüber Krankheitserregern. Die Forscher infizierten Bienen mit dem *Nosema ceranae*-Erreger. Je nach Pollen-«Art» stellten sie eine signifikant unterschiedliche Überlebensrate der infizierten Bienen fest. Auch hier zeigten Pollen der Gattung *Rubus* den höchsten gesundheitlich positiven Effekt. Dies deutet darauf hin, dass die Qualität des Pollens die Fähigkeit der Bienen beeinflusst, einen externen Stress wie das Vorhandensein von Krankheitserregern besser zu bewältigen. Ein Mix von verschiedenen Pollen-«Arten» konnte nicht eindeutig als gesundheitsfördernder im Vergleich zu hochwertigen «Einzel»-Pollen nachgewiesen werden. Insgesamt jedoch treffen die Forscher die Aussage, dass, wenn Bienen infiziert sind, die Verfügbarkeit verschiedener Pol-

Abb. 72: Honigbiene sammelt Pollen verschiedener Wildpflanzen wie der Wildrose. © Schwarz 2019

lenquellen insgesamt eine Nichtverfügbarkeit einzelner hochwertigster Pollen wie z. B. von *Rubus* ausgleichen können, um die Krankheit zu bekämpfen. (Di Pasquale et al., 2013)

DeGrandi-Hoffmann et al. (2010) haben den Zusammenhang «Protein aus Pollen» und «Aktivität des Immunsystems» beleuchtet, allerdings nur unter künstlichen Bedingungen. Ihre Versuchsbienen lebten in kleinen Käfigen, ohne Brut und ohne Volks-Zusammenhang. Von daher muss das Ergebnis noch innerhalb eines ganzen Volkes überprüft werden, weist aber dennoch in eine interessante Richtung: Die Fütterung von Pollen scheint den Titer (also die Menge) des Flügeldeformationsvirus (DWV) zu beeinflussen. Die DWV-Konzentrationen in den Bienen, die mit Pollen oder Pollen-Ersatzstoffen gefüttert werden, sinken signifikant und dramatisch im Laufe ihrer Lebenszeit im Vergleich zu den Kontroll-Bienen ohne Pollenfütterung. Dies spricht dafür, dass Proteine in Bezug auf die Aktivierung des Immunsystems eine spezifische Rolle spielen. In dem Artikel des Forschungsteams wird auch auf die Ergebnisse anderer Forschungen hingewiesen, wonach neben der Varroamilbe auch die Toxizität von Pestiziden durch das Vorhandensein eines guten Pollenvorrats bzw. einer Pollenfütterung reduziert werden können. (DeGrandi-Hoffman et al., 2010) Ausgeräumte Landschaften ohne reichhaltiges Blütenangebot verschiedenster Pflanzen schwächen also nachweislich das Immunsystem der Honigbienen.

Bezugnehmend auf oben aufgeführte Forschungen kann die Praxis mancher Imker, im zeitigen Frühjahr Pollenwaben zu entnehmen (v. a. bei Zander-Waben), um mehr Platz für Brut zu schaffen, als nicht zielführend angesehen werden.

Nektar und Honig als Drive-In-Apotheke

Die Gensequenzierung der Honigbiene (Honeybee Genome Sequencing Consortium, 2006) zeigte, dass die Honigbiene im Vergleich zu anderen Insekten ein kleineres Genset für Immunreaktionen aufweist. Man schloss daraus, dass die Honigbienen andere Mechanismen zum Schutz gegen Krankheitserreger ausgebildet haben mussten und fand inzwischen solche Mechanismen auf der Ebene der Einzelbiene (individuelle Immunität) wie auch auf der Ebene des Bienenvolkes (soziale Immunität). Dazu gehören das hygienische Verhalten (Rothenbuhler, 1964) (z. B. Ausräumen von kranker Brut), das Sammeln von Propolis (Simone et al., 2009), das Auskleiden der Bienenhöhle samt Waben mit Propolis (Seeley et al., 1976) und auch das Sammeln von Nektar verschiedener Pflanzen. Seeley et al. (1990) wiesen darauf hin, dass Bienenvölker unterschiedlich effektiv und profitabel verschiedene Nektarquellen finden und nutzen, ein Prozess der natürlichen Selektion, der Völker begünstigt, die bestimmte Pflanzen häufiger aufsuchen und ihre Sammler-Kolleginnen mehr für bestimmte Quellen begeistern. (Seeley et al., 1991)

Absolut faszinierend ist ein Verhalten, das Erler et al. erforscht haben. Ausgehend von der Erkenntnis, dass Honig schon seit alters her zur Wundbehandlung eingesetzt wird, überprüften sie die Hypothese, nach der der Honig auch für die Bienen selbst eine Hausapotheke zur Bekämpfung von Viren, Bakterien, Pilzen und anderen Pathogenen darstellen könnte. Sie verglichen verschiedene Honige (aus einer Pflanze bzw. aus verschiedenen Pflanzen gewonnen) auf die Fähigkeit, das Wachstum der Bakterien der Amerikanischen (AFB) sowie der Europäischen (EFB) Faulbrut zu verhindern. In Laborversuchen konnten sie nachweisen, dass weder die im Honig vorhandenen Zucker noch das Wasserstoffperoxid für die antibiotischen Effekte verantwortlich sind, sondern verschiedene andere Stoffe, die Molan, 1992 und Vásquez et al., 2012 im Honig nachgewiesen hatten; so z. B. aromatische Säuren, Polyphenole und Flavonoide sowie verschiedene Milchsäurebakterien-Stämme. Sie zeigten, dass verschiedene Pflanzen ganz verschiedene antibakterielle Substanzen zur Verfügung stellen. Die Robinie z. B. zeigt einen starken und hochsignifikanten Unterdrückungseffekt gegen AFB, die Sonnenblume unterdrückte hingegen EFB am besten. Honig, der aus vielen Pflanzen gesammelt wurde, verhinderte aber nahezu vollständig das Wachstum aller AFB- und EFB-Stämme.

Im Laufe eines Jahres sammeln die Honigbienen verschiedenste Nektare und verstauen diese als Honig im Honigkranz. Auf diese Weise steht ihnen eine große Bandbreite von unterschiedlichsten «Arzneien» für die Aufrechterhaltung ihrer

■ Abb. 73: Der Nektar der Sonnenblume kann den Ausbruch von Europäischer Faulbrut verhindern. © Schwarz 2016

Gesundheit zur Verfügung, die sie wahrscheinlich je nach Krankheitskeimen zur Fütterung aussuchen. Erler et al. leiten aus dieser Erkenntnis praktische Konsequenzen für die Imkermethoden ab:

- Imker sollten sich der Tatsache bewusst sein, dass die Produktion von Sortenhonigen möglicherweise negative Auswirkungen auf die Bienengesundheit hat.
- Die Zuckerfütterung als Futterquelle für den Winter kann die Anfälligkeit des Volkes, von Krankheitskeimen angesteckt zu werden, verstärken. (Erler et al., 2014)

Gherman et al. konnten nachweisen, dass Honig auch gegen *Nosema ceranae* wirkt. Sie infizierten Ammenbienen mit diesem Erreger und beobachteten, dass die Bienen gezielt Honige mit einer höheren antibiotischen Aktivität als Futter auswählten; der Erfolg zeigte sich in einer Verringerung der Pilzinfektion nach Aufnahme des Honigs. (Gherman et al., 2014)

Die Bienen sammeln also nicht nur unterschiedlich viel und verschiedenste Nektare und Pollen je nach Volk, sondern wählen auch je nach Volk unterschiedlich antibiotisch wirksame Nektare und Pollen aus. Diese Fähigkeiten der Selbstmedikation sorgen über die natürliche Selektion für die Vererbung dieser Eigenschaften. Die «gute imkerliche Praxis», den Bienen ihren Wintervorrat an Honig und im Frühjahr «überflüssigen» Pollen zu entnehmen und den Honig gegen Zuckerwasser oder sauren Invertzucker zu ersetzen, muss daher im Sinne der Bienengesundheit dringend überdacht werden.

> Der Heideimker Lehzen plädierte bereits 1880 für mehr Honigfütterung: «Fragen wir nun: Womit füttert man die Bienen spekulativ? Die Antworten werden verschieden lauten. Bei den hannoverschen Imkern aber heißt es ohne Ausnahme: Mit reinem Honig. Ich betone dies: mit reinem Honig! (...) Die erste Regel für einen Imker ist deshalb: Sorge dafür, daß Du auf mehrere Jahre Futterhonig in Vorrat hast!» (Lehzen, 1880)

Welches Winterfutter ist also das beste? Jedes Kilo Honig, das den Bienen belassen wird, dient in hohem Maße ihrer Gesundheit und stellt ohne Frage das beste Winterfutter dar. Die Wiederbelebung der Futtertonne, wie sie Herr Lehzen beschreibt, wäre ein riesiger Gewinn. Eine gute Alternative wäre der enzymbasierte Invertzuckersirup. Die drittbeste Variante nach oben genannter Studie stellt der einfache Zuckersirup dar, der aber nur in Ausnahmefällen gegeben werden sollte. Viele ImkerInnen scheuen den großen Aufwand, (Bio-)-Zucker wieder selbst anzurühren. Eine Erleichterung verspricht der «Winterfutterautomat» von Herrn Spiegel, den er vor etwa 40 Jahren einem «alten Hasen» abgeguckt hat. Die Zuckerfutterlösung in dieser Tonne ist bequem haltbar. Herr Spiegel hat den Automaten weiterentwickelt und dankenswerterweise im *Imkerfreund* 07.2014 die Bauanleitung des «Winterfutterautomaten» veröffentlicht. Ich habe zusammen mit Herrn Spiegel einen Workshop zum Bau dieses Futterautomaten veranstaltet. Das Video dazu finden Sie auf meinem YouTube-Kanal bienen-dialoge.

Der Einsatz von Propolis gegen alle möglichen Krankheitserreger, sogar gegen *Varroa*

In den letzten Jahren rückte das Pflanzenharz, das, vermischt mit Wachs, als Propolis bezeichnet wird, in Hinblick auf seine antimikrobielle (antibakteriell, antifungizid, antiviral) Wirkung in das Blickfeld der Bienenforschung. Das Sammeln des Harzes durch die Bienen könnte Ausdruck der sozialen Immunität sein, ein Verhalten, das der Krankheitsresistenz des Bienenvolkes dient. (Simone et al., 2009)

Abb. 74: Wild lebende Honigbienen überziehen die gesamte Innenwand der Baumhöhle mit einer mehr oder weniger dicken Schicht aus Propolis. Man sieht deutlich, dass das Holz unter der Propolisschicht trocken ist. © Seeley 2018

Honigbienenvölker leben in freier Wildbahn häufig in Baumhöhlen. Die Bienen kleiden im Gegensatz zu Völkern in Bienenbeuten das gesamte Innere der Höhle und häufig auch den Nesteingang mit einer 0,3–0,5 mm dicken Propolisschicht aus. (Seeley et al., 1976) Diese Schicht ist wasserabweisend, schützt vor der Verrottung der Wände, wird zur Verkittung von Ritzen und Spalten verwendet, verhilft zu einer stabilen Temperatur und Luftfeuchtigkeit durch Kondensation und zur Reduzierung der Mikrobenlast.

Zusätzlich zeigen mehrere Studien, dass Propolis indirekte und direkte Auswirkungen auf das Immunsystem, die Krankheitskeime und Parasiten der Honigbienen hat. (Simone-Finstrom et al., 2017)

Simone-Finstrom et al. haben die Ergebnisse dieser Studien zusammengefasst: Bienen, die in eine Box mit Propolisauskleidung gegeben wurden, wiesen nach einer Woche weniger Bakterien in und auf dem Körper aus und hatten ein «ruhigeres» Immunsystem verglichen mit Bienen, die in einer Box ohne Propolisauskleidung lebten. Das Propolis tötete Mikroben ab, sodass das Immunsystem der Bienen nicht so hochfahren musste, d. h. weniger antimikrobielle Peptide und Fresszellen bilden musste, die die Mikroben töten, was dazu führt, dass die Produktivität des Volkes höher ist als bei Völkern, die ihre Energie für hohe Immunantworten nutzen müssen. Völker, die mit Kalkbrut künstlich infiziert wurden, sammelten mehr Propolis als nicht infizierte Völker. Völker, deren Beutenwände mit Propolis ausgekleidet waren, hatten eine geringere Kalkbrut-Infektion als solche ohne Auskleidung. Bienen aus Völkern mit Propolisauskleidung wiesen signifikant höhere Werte des Blutspeicherproteins Vitellogenin auf, ein Indikator von gut genährten Bienen. Propolis unterdrückt das Immunsystem nicht, sondern fördert es. In Anwesenheit von klinischen Symptomen der Amerikanischen Faulbrut produzieren Bienen mit Propolisauskleidung signifikant höhere Mengen von antimikrobiellen Peptiden (Immunantwort) als Bienen ohne Propolisauskleidung. In einer Studie starben 100 % aller Varroamilben, als sie mit 10 %igem Propolisextrakt in Kontakt kamen. Varroamilben, die mit 0,5 %igem Propolisextrakt in Kontakt kamen, zeigten Betäubungsanzeichen, die zu reduzierter Hitzeproduktion und reduzierten Stoffwechselraten führten. Subletale Effekte durch niedrige Propoliskonzentrationen schwächen die Mobilität der Varroamilbe und verringern ihre Fähigkeit, auf Stressfaktoren in der Umgebung (z. B. hohe Temperaturen, die aktiv von Bienen erzeugt werden) angemessen zu reagieren. Propolis von varroaresistenten Völkern weist eine deutlich andere chemische Zusammensetzung auf als Propolis von Völkern mit hohen Milbenzahlen. Bezüglich der Virenreduktion durch Propolis gibt es zwei divergierende Studien; die eine fand keinen Unterschied in der Virenbelastung mit und ohne Propolis in den Völkern, die andere von 2017 kam zu anderen Ergebnissen: Ist viel Propolis im Stock, stieg die Virenbelastung des Flügeldeformationsvirus (DWV) nicht an, im Gegensatz zu Völkern ohne Propolis. Auch sammelten die Bienen mehr Propolis nach der Infektion mit DWV. Für das Sackbrut-Virus konnte kein Effekt durch Propolis nachgewiesen werden. (Simone-Finstrom et al., 2017)

Abb. 75: Propolis ist ein einzigartiges Heilmittel für die Honigbienen und auch für uns Menschen. Je nachdem, für welche Zwecke es verwendet wird, mischen die Honigbienen unterschiedliche Anteile von Wachs darunter. Propolis an den Beutenwänden verringert nachweislich die Last der Krankheitserreger. © Sachs 2017

Wilson et al. konnten nachweisen, dass Honigbienen ganz gezielt Harze bestimmter Baumarten sammelten (v. a. *Populus* ssp., aber nicht von Hybrid-Pappeln), die sich auch in ihrer antimikrobiellen Wirkung, z. B. gegen *Paenibacillus larvae* (AFB), stark voneinander unterscheiden. Sie schließen aus ihren Daten zudem, dass die Bienen vielleicht sogar je nach Krankheitserreger unterschiedlich wirksames Harz sammeln könnten. (Wilson et al., 2013)

Das Zuchtziel «geringe Propolisverwendung» mag für Erwerbsimkereien nachvollziehbar sein, zum Nutzen der Bienengesundheit ist es nicht. Die Forschergruppe um Simone-Finstrom empfiehlt, Beuten zu verwenden, die rauhes Holz auf der Innenseite aufweisen (bzw. die Innenseite mit einer Stahlbürste aufzurauen), was die Bienen dazu veranlasst, eine Propolisverkleidung der Wände vorzunehmen. (Simone-Finstrom et al., 2017)

Milchsäurebakterien im Honigmagen der Bienen beeinflussen die Gesundheit

Vásquez et al. aus Schweden haben wild lebende Honigbienenvölker untersucht, die sie in der ganzen Welt gesammelt haben. Dabei fanden sie im Honigmagen all dieser Honigbienen eine recht ähnliche Zusammensetzung von Milchsäurebakterien (LAB), darunter bisher unbekannte Milchsäurebakterien-Stämme, die Bakterien wie das Faulbrut-Bakterium bekämpfen können. Die Forscherinnen und Forscher stellen die Hypothese auf, dass diese Milchsäurebakterien das fehlende Glied zum Verständnis der Honigbienenverluste darstellen könnten. In früheren Zeiten haben die Menschen die größte natürliche Mischung der Welt von gesunden Bakterien in Form von Honig als natürliches Antibiotikum zu heilerischen Zwecken benutzt. Die Milchsäurebakterien im Honigmagen haben offenbar zwei Funktionen: Einerseits wirken ihre Stoffwechselprodukte als Konservierungsmittel und verhindern, dass der Honig von Hefepilzen oder anderen Mikroben befallen wird. Gleichzeitig vertreiben diese Substanzen aber auch Krankheitserreger aus der Bienenkolonie. Wenn es diese Milchsäurebakterien nicht gäbe, würde der Nektar im Honigmagen der Bienen vermutlich innerhalb kürzester Zeit zu gären anfangen. Gleichzeitig könnte der fertig produzierte Honig nicht mehr als natürliches Antibiotikum wirken, in der Folge wären die Bienen und ihre Larven nicht mehr vor Krankheiten geschützt. Milliarden von gesunden Milchsäurebakterien aus 13 verschiedenen Stämmen garantierten Millionen Jahre das Überleben der wild lebenden Honigbienen. Schon frisch geschlüpfte Tiere werden nach wenigen Minuten durch die Arbeiterinnen mit Milchsäurebakterien geimpft. Das zeigt, wie wichtig diese Mikrobenflora für die Immunabwehr der Honigbienen ist. Die Forschergruppe vermutet nun, dass den Zuchttieren der natürliche Schutz durch die Milchsäurebakterien fehlt. Die Ursache könnten die Antibiotika-Gaben (USA) sowie die Fütterung mit synthetischem Zucker (USA/Europa) sein, die zu einer Abwehrschwäche der Honigbienen führen können. (Vásquez et al., 2012) Die LABs werden zudem in Hinblick auf den Einsatz in der Humanmedizin in den Blick genommen. Interessant ist, dass diese spezielle antibiotische Wirkung des Honigs, die durch die LABs verantwortet wird, nur in absolut frischem oder wildem, nicht verdeckeltem Honig nachgewiesen wurde. Die LABs sind nur vorhanden und aktiv bei einem Wassergehalt des Honigs von ca. 23–26 %, und das auch nur für ein paar Wochen, nicht aber in dem Honig, der weniger als 20 % Wasseranteil hat und in den Läden verkauft wird. Nur tiefgefroren können die LABs länger überleben und reaktiviert werden. (Vásquez et al., 2011)

Abb. 76: Gesunde Honigbienen wehren auch Wespen erfolgreich ab. Kranke Honigbienen wiederum fallen der Gesundheitspolizei «Wespe» zum Opfer. © Sachs 2018

Umweltbedingungen, lokale Anpassung und Imkermethoden haben Einfluss auf Vitalität und Gesundheit der Honigbienen – Der Einfluss der Epigenetik

Am besten an die Umweltbedingungen angepasst sind immer die jeweils einheimischen Unterarten, die sehr lange Zeit hatten, sich an Klima, Nahrung und andere Faktoren in ihrer Region anzupassen. Daher ist der weltweite Verlust der einheimischen Unterarten der Westlichen Honigbiene in Verbindung mit der Verkreuzung mit anderen Unterarten eine Katastrophe, der nicht wirklich entgegengesteuert wird.

Wenn eine Unterart in eine andere Region mit anderen Umweltfaktoren gebracht wird, zu denen auch die jeweiligen Imkerpraktiken gezählt werden müssen, brechen Gesundheit, Resistenz oder Vitalität häufig zusammen. Sobald sie allerdings in ihrer neuen Umgebung eine lange Zeit der natürlichen Selektion ausgesetzt war und überlebt hat, erfolgt auch hier eine erneute Anpassung, wenn sie auch nicht vergleichbar ist mit den Ergebnissen der natürlichen Evolution, denen die ursprünglich dort heimischen autochthonen Vorkommen unterlagen. Dies erklärt auch, warum Honigbienen, die an einem Ort varroaresistent sind, dieses Verhalten an einem anderen Ort und unter anderen Bedingungen nicht unbedingt zeigen müssen. (Büchler et al., 2014) Diese Beobachtungen sind schon lange bekannt und zeigen, dass die Genetik einer Art oder Unterart nicht die Hauptursache für Gesundheit und Anpassungsfähigkeit darstellt, sondern im Zusammenspiel mit den Umweltbedingungen gesehen werden muss. In dem noch relativ unbekannten Forschungsgebiet der Epigenetik wird dieses Zusammenwirken von Genen und Umwelt untersucht. Es wird sogar davon ausgegangen, dass Erfahrungen, die gemacht werden, die Gene steuern können. (Lipton et al., 2014) (Lipton, 2018) (Kegel, 2010)

Ein große Studie fasst ihre Ergebnisse wie folgt zusammen:

> «Die Erhaltung der einheimischen europäischen Honigbienen sollte eine dringende Priorität sein, da das Überleben der Honigbienen in ihren natürlichen Lebensräumen letztlich von den einzigartigen Verhaltens- und morphologischen Merkmalen der einheimischen Unterarten bestimmt wird, die wichtige Reservoirs für lokale Anpassungen darstellen (Randi, 2008). Die vorhergesagten klimatischen Veränderungen zusammen mit der wachsenden Nachfrage nach Nahrung und Energieproduktion auf begrenzten landwirtschaftlichen Nutzflächen werden höchstwahrscheinlich in naher Zukunft zu neuen Herausforderungen für die europäischen Honigbienen-

populationen führen. Die Erhaltung der genetischen Vielfalt ist daher eine wesentliche Vorsichtsmaßnahme, um eine höhe genetische Anpassungsfähigkeit der europäischen Honigbienenpopulationen zu erhalten. Darüber hinaus zeigen die Ergebnisse unserer Studie, dass es sich nicht nur um ein ökologisches, sondern auch um ein kommerzielles Problem handelt: Die Nutzung lokaler Honigbienenpopulationen bietet eine höhere Überlebenschance für die Bienenvölker, und die Nutzung unangepasster Bienen führt zu hohen Völkerverlusten, wie kürzlich in vielen Regionen beobachtet wurde. Daher sollten lokale Zuchtaktivitäten im gesamten heimischen Verbreitungsgebiet von *Apis mellifera* gefördert werden.» (Büchler et al., 2014)

Warmhaltigkeit und Größen der natürlichen Bienenwohnungen

Zwei Fledermausforscher haben 2008 Daten zur Temperaturregulation in Baumhöhlen geliefert, die sehr klar aufzeigen, dass die Baumhöhlen unabhängig von ihrer Lage die Außentemperatur so abpuffern, dass die Temperaturschwankungen deutlich geringer ausfallen als außerhalb der Baumhöhle. (Dietz et al., 2008) Das bedeutet, dass die Honigbienen ihre Fähigkeit zur Regulation von Temperatur und Luftfeuchtigkeit dem Wohle der Bienen- und Larvengesundheit widmen können und ihre Energie nicht zum Ausgleich der Temperaturschwankungen verschwenden müssen, was sich auch deutlich in einer geringeren Zehrung von Winterfutter niederschlägt. Diese Pufferwirkung verdanken die Baumhöhlen einer hohen Wärmekapazität des Baumstammes.

Seeley gibt uns in seinem wunderbaren Buch «Bienendemokratie» sowie in einer Studie von 1976 zusammen mit Morse einen detaillierten Überblick über die «Traumwohnung» der Honigbienen: Die Bienen besiedeln verschiedenste Baumarten. Die Hohlräume in den Bäumen sind in der Regel hoch und zylinderförmig. Die Nisthöhlen haben im Durchschnitt einen Durchmesser von 20 und eine Höhe von 150 cm; ihr Volumen beträgt ca. 45 Liter, ein Viertel oder die Hälfte einer Beute, die der Imker dem Volk zur Verfügung stellt. Zwischen 30 Liter und 60 Liter waren am häufigsten besiedelt. Bevor die Waben gebaut werden, kratzen die Bienen das lockere, verfaulte Holz von den Wänden, bis das frische Holz sichtbar wird. Sobald das Wabenwerk vollendet ist, sind alle Wände, die Decke und der Boden des gesamten Innenraumes komplett mit einer Schicht Propolis (0,1–2,3 mm dick) ausgekleidet. Das Propolis dient der Nestverteidigung gegen Bakterien und gegen sich ausbreitendes Pilzmycel sowie der Selbstregulierung des

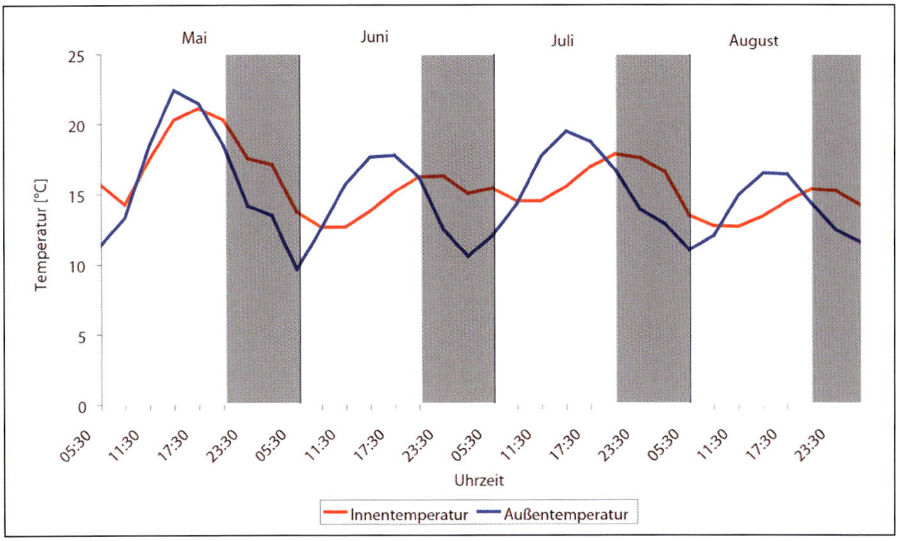

Abb. 77: Messungen in Baumhöhlen belegen eindrucksvoll die Pufferwirkung von Baumhöhlen. © Dietz & Simon. In: (Dietz et al., 2008)

Nestklimas. Die Höhlen sind fast vollständig mit Waben ausgefüllt, die oben und an den Seiten direkt an die Wände angebaut werden. Kleine Durchgänge ermöglichen es den Bienen, von einer auf die nächste Wabe zu wechseln. Die bis zu acht Waben sind meist flach und parallel gebaut, manchmal auch gewellt. In diesem Fall füllen schmale Waben die Räume zwischen den gewellten Waben. Im oberen Abschnitt und seitlich lagern sie Honig und Pollen, darunter ziehen sie die Brut groß. Die Drohnenbrut befindet sich meist an den Rändern der Waben und bildet durchschnittlich 17 % der gesamten Brut. Im Durchschnitt fand Seeley 14 kg Honig eingelagert. Seeley & Morse fanden eine generelle Tendenz zu folgender Aufteilung des Nests: 55 % für Futter, 25 % für Brut und 20 % leere Bereiche. Die meisten Nesteingänge bestanden aus Öffnungen mit einer Gesamtfläche von nur 10–30 cm^2 und lagen im typischen Fall am unteren Ende der Nisthöhle, auf der Südseite des Baumes und durchschnittlich in einer Höhe von 6,50 m. Raue Flächen um den Eingang herum werden von den Bienen geglättet. Die durchschnittliche Größe eines wild lebenden Bienenvolkes ist kleiner als die von Völkern in Imkerhand. (Seeley et al., 1976) (Seeley, 2014)

Abb. 78: Ein Propolisvorhang, mit dem die wild lebenden Honigbienen auch in Wales im August beginnen, das Astloch eines Baumes zu verschließen, schützt das Honigbienenvolk in der Baumhöhle vor der Kälte. Sie belassen nur noch kleine Durchgänge. © Hudson. In: (Hudson et al., 2015)

In Amerika ist es üblich, dass Käufer direkt in den Wäldern die besten Stämme kaufen und selbst fällen, was dazu führt, dass schlechte oder kranke Bäume eher stehen bleiben. Dies könnte erklären, warum Seeley so viele Baumhöhlen mit Honigbienen gefunden hat. Er beschrieb aber hauptsächlich Faulhöhlen. In Europa werden mindestens die Hälfte aller Höhlen in Buchen-Wirtschaftswäldern von Spechten gezimmert; nur in Buchen-Naturwaldreservaten liegt der Anteil der Faulhöhlen bei 80 %. (Zahner, 2001) Die Größen der Spechthöhlen, die die Honigbienen seit Millionen von Jahren besiedelt haben, mögen Anhaltswerte für die ideale Größe von Bienenwohnungen sein. Aus diesem Grund habe ich sie aus der Literatur gewonnen und zusammengestellt:

	Literaturquelle						
	v. Berlepsch (von Berlepsch, 1929)	Frank (Frank, 1997)	Blume (Blume, 1996)	Sikora (Sikora, 2008)	Günther & Hellmann (Günther et al., 1995)	Seeley (Seeley, 2014)	Zander (Zander, 1916)
Meise u. a. (Größe A)	2 L	0,3 L	—	—	—	—	—
Star, Buntspecht, Wendehals (Größe B)	3,5 L	53 L	—	—	Bis 22,6 L	—	—
Grün-/Grauspecht, Wiedehopf (Größe C)	10 L	—	—	—	—	—	—
Schwarzspecht, Hohltaube, Blauracke (Größe D) bzw. Bienenbäume (Seeley) und echtes Zander-Magazin (Zander)	10 L	—	6-32 L	12,6 L	—	Nie unter 12–30 (47) L im Durchschnitt	32 L 1 Brutraum (doppelwandig) + 32 L 1 Honigraum

Größenangaben nach v. Berlepsch – Volumen in Liter (ca. Angaben)

■ Tabelle 7: Volumina verschiedener Baumhöhlen bzw. Volumen der Original-Zanderbeute. (Mittl, 2019)

Die in freier Natur angebotenen, von Spechten gezimmerten Höhlen, in denen Honigbienen grundsätzlich leben können, weisen in Deutschland allesamt ein Volumen zwischen 0,3 L und 53 L auf. Die Schwarzspechthöhlen weisen im Durchschnitt 40 cm, aber auch bis 65 cm Tiefe und etwa 20 cm Durchmesser auf. Diese Zahlen liefern uns eine gute Einschätzung und zeigen, um wie viel größer die heutigen Bienenbeuten sind. Erinnern wir uns auch an die wesentlich geringere Last von Varroamilben und Viren in kleineren Bienenbeuten, in denen die Völker gezwungen sind, häufiger zu schwärmen. (Loftus et al., 2016)

Abb. 79: Schwarzspecht *(Dryocopus martius)* als Höhlenbauer und Vermieter im Wald. © Mittl 2019

Die Natur stellt noch auf eine andere Weise Höhlen zur Verfügung: Wird ein Baum durch einen Astabbruch oder Blitzschlag geschädigt, können bestimmte Pilze in die Wunde eintreten, deren Wirken zu der Bildung von Faulhöhlen führt. Diese können wesentlich größer werden als Spechthöhlen.

Unsere Honigbienen haben Millionen Jahre in Höhlen aller Größe und Form gelebt. Für jeden Schwarm war die richtige Größe geboten. Eine große Faulhöhle für einen großen Schwarm, eine Schwarzspechthöhle für einen durchschnittlichen Schwarm und eine kleine Buntspechthöhle für einen kleinen Nachschwarm. Eines haben die Höhlen gemeinsam: Sie sind Sommer wie Winter gut gedämmt.

Könnte es sein, dass die Fähigkeit der Honigbienen zur Thermoregulation sowie zur Regulation der Luftfeuchtigkeit durch zu große und schlecht gedämmte Behausungen eingeschränkt ist und die Ausbreitung von Krankheiten begünstigt? Kann es sein, dass die Honigbienen ihre Fähigkeit, für kurze Zeit so hoch zu heizen, dass die Varroamilbe oder andere Erreger sterben, nicht richtig einsetzen

■ Abb. 80 a und b: Verwildertes Honigbienenvolk in der Faulhöhle einer Robinie. Flugloch 1 m über dem Boden. © Mittl 2020

können, weil die Beuten häufig zu groß sind? Oder brauchen sie dafür so viel Energie, dass diese ihnen für andere Arbeiten fehlt?

Die Luftfeuchte- und Temperaturverhältnisse in einem natürlichen Honigbienen-Zuhause (natürliche Baumhöhle) sind völlig andere als in unseren für die Imker zweckmäßigen Bienenbeuten. Die Honigbienen müssen deshalb in den handelsüblichen Beuten viel mehr Energie auf die Regulation verwenden, als sie entweder aufbringen oder erübrigen können. Erwiesen ist, dass die Fähigkeit zur Regulation von Luftfeuchte und Temperatur einen erheblichen Einfluss auf die Gesundheit und Vitalität der Honigbienen hat. Daher ist die Erforschung der Auswirkungen verschiedener Beutenarten auf die Gesundheit und Vitalität der Honigbienen dringend notwendig, um den Honigbienen, die sowohl vonseiten der sich ständig dramatisch verschlechternden Umweltbedingungen als auch vonseiten extrem abträglicher Imkermethoden massiv gestresst und daher anfällig sind, die Chance zu geben, zu gesunden und zu erstarken.

Die Honigbiene als Mosaikstein im Ökosystem Wald

Die Rolle der wild lebenden Honigbienen als Mosaikstein im Ökosystem Wald wurde bisher noch nicht wirklich untersucht. Zu sehr haben sich alle auf die Honigbiene als Nutztier konzentriert. Ich kann im vorliegenden Buch nicht ausführlich auf dieses Thema eingehen (Mittl, 2019), möchte aber zwei Punkte beleuchten. Einen hat der Forstbeamte Ruppertshofen in seinem Buch «Der Wald summt» 1982 benannt:

> «In unseren Urwäldern waren Naturhöhlen vielfach in Eichen zu finden. Sie bildeten sich dort, wo ein Trockenast ausfiel, wo Wassertöpfe im Baum entstanden. Die Spechte waren Baumeister solcher Höhlen, die dann auch von Eulen und Käuzen, Meisenarten, Trauerfliegenschnäppern, Gartenrotschwänzen, Kleibern, Staren, Wendehals und Wiedehopf bewohnt wurden. Im lebenden Baum hat eine Höhle eine lange Bestandsdauer. Dort, wo Bienen einziehen, ist durch die Austapezierung mit Kittharz eine fast unendliche Haltbarkeit gegeben.» (Ruppertshofen, 1982)

Abb. 81: Eine Baumhöhle wird über das Jahr gesehen von vielen Arten bewohnt. © Frank. In: (Frank, 1997)

Wild lebende Honigbienen können resistent gegen die Varroamilbe werden. Gilt das auch für andere Krankheiten? Können wir ruhigen Gewissens davon ausgehen, dass wild lebende Honigbienen für unsere Imkervölker eher unschädlich sind? Die Forschungsergebnisse der letzten Jahre beantworten diese Frage mit einem klaren «Ja». Wild lebende Honigbienen können auch resistent gegen die Amerikanische Faulbrut (AFB), *Nosema apis* und/oder *ceranae* oder Viren werden und sind daher in ihrer Mehrzahl als absolut schützender Genschatz mit hohem Nutzen im Rahmen eines integrierten Bienenmanagements anzusehen. (Rangel et al., 2916) (Genersch, 2010) (LeConte et al., 2007) Für alle Krankheiten ergibt sich das gleiche Bild, das ich anhand der Ergebnisse für die Amerikanische Faulbrut zusammenfassen möchte. Da diese Themen sehr kontrovers diskutiert werden, möchte ich mit Zitaten arbeiten. Eine deutsche Mikrobiologin fasst 2010 die Ergebnisse wie folgt zusammen:

> «Unter normalen Imkerpraxis-Bedingungen ist die AFB hoch ansteckend, seit die Verbreitung der Krankheit durch das Austauschen von Beuten und Bienenmaterial zwischen Völkern, durch das Bewirtschaften zahlreicher Beuten in begrenzten Gebieten und durch den Handel von Königinnen, Völkern (‹Paket-Bienen›) und Honig erleichtert wird.» (Genersch, 2010)

Goodwin et al. haben 1994 viele Daten zusammengetragen und fassen ihre Ergebnisse wie folgt zusammen:

> «Vielleicht haben die verwilderten Völker ein größeres Risiko, sich mit AFB von Völkern in Imkerhand zu infizieren, als es andersherum der Fall ist. (…) Das geringe Vorhandensein dieser Krankheit in verwilderten Völkern deutet darauf hin, dass ein Großteil der AFB-Fälle, die von den beimkerten Völkern gemeldet werden, auf die Imkertechniken zurückzuführen sind anstatt auf die Überkreuz-Kontamination von verwilderten Völkern.» (Goodwin et al., 1994)

Wie wichtig auch der Schwarmakt zur Bereinigung von Erregern dient, haben Fries et al. nachgewiesen. Sie zeigten, dass in dem am alten Standort zurückgebliebenen Tochtervolk die klinischen Symptome der Amerikanischen Faulbrut (AFB) die ganze Saison über erhalten blieben, während sich das Muttervolk, das als Vorschwarm mit einer hohen Sporenlast aufgebrochen ist, sich im Laufe der Saison nach und nach der Sporen entledigt, bis zum Teil keine mehr nachgewiesen werden konnten. Interessant ist auch, dass Tochtervölker, die keine klinischen Symptome aufwiesen, sondern nur eine hohe Sporenlast, in derselben Zeit wie die Muttervölker nach und nach die Sporenlast vermindern, obwohl ja die Tochtervölker auf den potenziell sporenverseuchten Waben zurückbleiben. (Fries et al., 2006) Das heißt natürlich nicht, dass alle wild lebenden Honigbienenvölker frei von Krankheitserregern sind. Doch wir können mit großer Sicherheit davon ausgehen, dass kranke Völker im Rahmen der natürlichen Selektion nicht sehr lange überleben werden und von daher nur in den seltensten Fällen Krankheiten verbreiten. Für die Imkervölker müssen wir dagegen leider vom Gegenteil ausgehen.

Wild lebende Honigbienen unterstützen Imkervölker auf ihrem Weg zur Gesundheit

Die Studien zeigen, dass Honigbienenvölker, die isoliert auf Inseln, in abgelegenen Tälern oder Wäldern oder mindestens sechs Kilometer von anderen Imkerständen entfernt leben und nicht mehr behandelt werden, meist schon innerhalb weniger Jahre eine Varroaresistenz ausbilden können, die auch langfristig erhalten bleibt. Da die Königinnen der Westlichen Honigbiene mehrere Drohnensammelplätze anfliegen und sich mit Drohnen paaren können, die aus bis zu 15 km entfernten Bienenvölkern stammen können (Jensen et al.), mehrt die Anwesenheit von resistenten, wild lebenden und gesunden Drohnen die Chance, dieses wertvolle Erbgut im Rahmen der Paarung auch auf Völker der Imkerstände weiterzugeben. Sechs Kilometer deshalb, weil die meisten Drohnen nicht mehr als sechs Kilometer weit fliegen. (Ruttner, 1966) Vielleicht fliegen auch nur wirklich gesunde Drohnen weiter. Schwedische und walisische Imker, die nicht mehr gegen die Varroamilbe behandeln, sind davon überzeugt, dass die in der Nähe ihrer Bienenstände wild lebenden Honigbienen die Resistenz ihrer Völker mitverursachen. Je mehr wild lebende Honigbienenvölker in der Nähe leben, desto schneller scheint sich die Resistenz auszubilden. (Hudson et al., 2020) (Österlund, 2018)

Weitergabe der Resistenzgene durch resistente Drohnen an Völker in der Umgebung

Je mehr resistente Drohnen in einem Bienenvolk leben, desto höher ist die Chance, dass das ganze Bienenvolk mit der Varroamilbe besser zurechtkommt. Resistente Drohnen zeichnen sich dadurch aus, dass sie schon als Larven und Puppen die Fortpflanzungsrate der *Varroa* signifikant vermindern können. Wenn auch Arbeiterinnen diese Fähigkeit unter dem Druck der Varroainfektion ausbilden oder die Resistenzgene von ihrer Mutter mitbekommen, kann das gesamte Volk resistent werden. (Kurze et al., 2016) Kidner & Moritz gehen davon aus, dass sich Resistenzgene aufgrund der vitaleren resistenten Drohnen durch die Paarung mit Königinnen anderer Völker schneller in Honigbienenpopulationen ausbreiten. (Kidner et al., 2015) Dies unterstreicht die Bedeutung wild lebender resistenter Honigbienenvölker. Entscheidend ist dabei, dass Gegenden, in denen resistente Völker gezüchtet werden und/oder wild lebende resistente vorhanden sind, weiträumig vor (den Drohnen) anfälligen Völkern – auch vor der Wanderimkerei – geschützt werden, damit die Resistenz nicht durch die Gene anfälliger Drohnen wieder verwischt oder konterkariert wird. (van Alphen et al., 2020) (Seeley et al., 2015) Solche Gebiete müssen direkt unter Schutz gestellt werden.

Lassen Sie uns folgende Sätze mit in unsere Überlegungen einbeziehen:

> «Wichtig für die Entwicklung der Resistenz gegen *Varroa* in Südafrika war die ursprüngliche Empfehlung an die Imker, keine chemische Behandlung anzuwenden, bis feststeht, dass *Varroa* zum Zusammenbruch des Bienenvolkes führen würde. Ein weiterer Grund dafür, dass die natürliche Auslese schnell funktionieren konnte, war das Vorhandensein einer großen wilden Honigbienenpopulation. Daher konnte die natürliche Auslese sowohl bei kommerziell genutzten Bienen als auch bei den wilden Bienen ansetzen, ohne durch den weit verbreiteten Einsatz von Akariziden behindert zu werden.» (van Alphen et al., 2020)

Schlussfolgerungen

Am gesündesten sind Honigbienenvölker, die frei in der Natur und der Imkerhand entzogen leben und der natürlichen Selektion ausgesetzt sind. Die Fähigkeit von Honigbienenvölkern, trotz der Anwesenheit von Erregern gesund zu bleiben, zeigt sich weltweit, wird jedoch durch die Imkerpraktiken verschleiert. Je natürlicher die Honigbienenhaltung und die Honigbienenzucht sind und sich an den Erkenntnissen der Erforschung wild lebender Honigbienen orientieren, desto harmloser werden auch die Erreger.

17
Gesamtbetrachtung

In Afrika und Südamerika haben sich die einheimischen wild lebenden Unterarten der Westlichen Honigbiene *Apis mellifera* im Zuge der natürlichen Selektion sehr schnell an die Varroamilbe angepasst. Man geht davon aus, dass sie die ihnen innewohnenden Resistenzmechanismen schnell aktivieren konnten, was dazu führte, dass wegen dieser wild lebenden resistenten Honigbienen auch ein großer Prozentsatz der Imkerbienen überlebte und die flächendeckende Behandlung gegen die *Varroa* unnötig war. In Europa und Nordamerika mussten die Imkerstände hohe Verluste verkraften, was die Imker dazu führte, sofort und mit allen Mitteln den Kampf gegen die Milbe aufzunehmen. Manche Forscher glauben, dass die in Mitteleuropa heimischen Unterarten *Apis mellifera mellifera, Apis mellifera carnica* und *Apis mellifera ligustica* die Resistenzmechanismen nicht so gut aktivieren konnten wie ihre Schwester-Unterarten aus Afrika. Sie stützen ihre These auf ihre Beobachtung, dass die in Europa dokumentierten resistenten Populationen zum einen nur mithilfe der künstlichen Selektion durch den Menschen ihre Resistenz aufrechterhalten könnten, im Zuge der ausschließlichen natürlichen Selektion aber schon zusammengebrochen wären; zum anderen sei in vielen resistenten Populationen, sei es verwilderten oder beimkerten meist eine afrikanische Unterart eingekreuzt. (van Alphen et al., 2020) Dagegen sprechen aber meiner Ansicht nach neben vielen anderen dokumentierten varroaresistenten und nicht mehr bewirtschafteten Honigbienenvölkern in Europa die gesunde und stabile varroaresistente wild lebende Population in Amerikas Arnot-Forest. Bei den Honigbienen dort handelt es sich um Nachfahren der importierten Unterarten *Apis mellifera mellifera, Apis mellifera carnica* und *Apis mellifera ligustica.* Ich stelle eine andere Hypothese zur Diskussion: Die fast flächendeckende Nutzung der in weiten Teilen Mitteleuropas und im gesamten nordamerikanischen Raum standortfremden Honigbienenunterart, nämlich der Kärntner Biene *Apis mellifera carnica,* die hohe Imkerdichte und die intensiven Imkerpraktiken verbunden mit einer sehr geringen Anzahl wild lebender Honigbienenvölker haben dazu geführt, dass diese Unterarten ihre Kraft nicht wirklich entfalten konnten. Dass sie grundsätzlich die gleichen Resistenzmechanismen zur Verfügung haben, wurde weitreichend belegt. Wir wissen auch nicht, wie schnell sich die in Mitteleuropa einheimische Dunkle Biene mit der Varroamilbe arrangiert hätte. Wenn wir uns die Verbreitungsgebiete der Dunklen Biene und der Kärntner Biene noch einmal vor Augen halten, wird deutlich, dass sich die Dunkle Biene im Lauf der Evolution an klimatisch und ökologisch extrem unterschiedliche Regionen von den Pyrenäen bis zum Ural angepasst hat, während die Kärntner Biene doch vergleichsweise einfache Bedingungen zu meistern hatte. Ich gehe daher davon aus, dass sich die Dunkle Biene, wenn sie in ihrem Verbreitungsgebiet nicht schon Anfang des 19. Jahrhunderts durch die Menschen ausgerottet worden wäre, genauso vital und anpassungsfähig gegenüber der Varroamilbe gezeigt hätte. Die beiden Forscher sehen aber dennoch die Resistenzbildung in Europa und Nordamerika in Reichweite, wenn die natürliche und künstliche Selektion in geeigneten Regionen umgesetzt werden. Die dann resistenten Bienenvölker erhöhen durch die Verbreitung ihrer Resistenzgene das Resistenzniveau der gesamten Honigbienenpopulationen in der Umgebung. Sobald das Resistenzniveau innerhalb der Gesamtpopulation eine bestimmte Schwelle überschritten hat, könnten die Imker die Behandlung zurückfahren und der natürlichen Selektion den Raum geben, die «europäischen und nordamerikanischen Honigbienen vollständig gegen *Varroa* resistent zu machen.» (van Alphen et al., 2020) Wir können also durch geeignete Imkerpraktiken sehr viel dazu beitragen. Zudem wurden unsere Honigbienen in Imkerhand seit Jahrzehnten in intensiver Tierhaltung gehalten und massiv mit chemischen Behandlungsmitteln aller Art in ihrer Gesundheit und Widerstandskraft geschwächt. Weiterhin wurde über die Jahrzehnte entgegen des alten Wissens aus kranken Völkern weiter vermehrt, sodass insgesamt gesehen die Varroamilbe auf extrem ungesunde Honigbienen getroffen ist. Kehren wir den Trend um, sodass unsere künftigen Honigbienen den in Zukunft auf sie wartenden Herausforderungen mit Vitalität und Widerstandskraft begegnen können.

Viele Wissenschaftler und Imker glauben aber nicht, dass in unseren dicht besiedelten Landschaften der Weg der Resistenzzucht oder der natürlichen Selektion in Verantwortung gegenüber den Nachbarimkern möglich ist. In isolierten Gegenden könnten wir beginnen, diesen Weg einzuschlagen und in einigen Gegenden Europas verfolgen Imker genau diese Strategie mit großem Erfolg. Von diesen isolierten Gebieten ausgehend könnten wir nach und nach behutsam in die Fläche voranschreiten. Jedes durch natürliche Anpassung gewonnene wild lebende Honigbienenvolk hilft uns ebenfalls, die genetische Ausstattung der Imkervölker hinsichtlich ihrer Resistenz zu verbessern. Aber auch wenn sich viele Imker aus den verschiedensten Gründen gegen diesen Weg entscheiden, so macht doch die Geschichte unserer Honigbiene und die Ergebnisse des Umgangs mit Bienenkrankheiten eines klar: Über 40 Jahre Kampf gegen die *Varroa* hat unsere Honigbienen nicht gesünder gemacht, weshalb diese Strategie als gescheitert zu betrachten ist. Wir können nicht so weitermachen wie bisher. «Wenn die nächsten Parasiten kommen, der kleine Beutenkäfer und die Tropilaelaps-Milbe, und wir behandeln diese dann auch noch, potenzieren wir das Problem.» (Rosenkranz, 2016) Die wild lebenden Honigbienen machen es uns vor. Diese Tatsache

Abb. 83: Ein von einem Vogel attackierter Hirschkäfer sucht Schutz in einer Baumhöhle, die schon von wild lebenden Honigbienen besetzt ist. Eine Einigung ist wohl nicht möglich und die Honigbienen gewinnen. © Schwarz 2021

kann uns Mut machen. Die Forschung hat uns gelehrt, dass unsere Honigbienen gesünder sind, wenn sie so ungestört wie möglich leben können und ihre biologischen Mechanismen zur Aufrechterhaltung ihrer Gesundheit so weit wie möglich auch in der Imkerpraxis berücksichtigt werden. Die Befunde machen es uns eigentlich leicht, von der Natur zu lernen. Welche Mechanismen nutzt die Natur, unsere Honigbienen gesund zu erhalten und wie können wir diese in die passenden Imkerpraktiken übersetzen? Wir haben all diese Themen ausführlich beleuchtet und brauchen sie jetzt nur noch in eine nachhaltige Imkerpraxis gießen. Dies wollen wir jetzt in Teil VI gemeinsam tun.

Teil VI

Die Kriterien nachhaltiger Bienenhaltung – Was wir von wild lebenden Honigbienen für unsere Imkerpraxis lernen können

Wenn Sie nur die einzelnen Maßnahmen lesen, mag es sein, dass Sie sich denken: «Was? Das soll es gewesen sein, das soll etwas fundamental Neues sein?» Ja, das ist es. Wenn Sie sich die letzten 240 Seiten durchgelesen und ernsthaft realisiert haben, in welchem Zustand unsere Honigbienen sind und wodurch sie in diesen geraten sind, dann mag es sein, dass Sie den Entschluss gefasst haben, etwas anders zu machen. «Wo aber Gefahr ist, wächst das Rettende auch» , sagte Hölderlin. Die Natur zeigt uns seit langem, wie sie es macht. Wir wollten lange nicht hinsehen, aber jetzt ist die Zeit reif, aus Vergangenheit und Gegenwart für die Zukunft zu lernen. Nicht gegen die Natur arbeiten, sondern mit ihr zusammen und von ihr das Wissen abgucken, das wir für eine nachhaltige Imkerpraxis brauchen, ist die Erkenntnis aus dieser langen Geschichte von Mensch und Honigbiene. Lassen Sie uns zusammen ein neues Kapitel der Bienenhaltung aufschlagen mit dem klaren Ziel, der Natur gesunde Honigbienen zurückzugeben, die Quelle der wild lebenden Honigbienen wieder aufzufüllen und als Imkerin und Imker am Bienenstand endlich gesunde Honigbienen zu halten. Dabei wünsche ich Ihnen viel Freude!

18
Unser Ziel – Land ohne Bienenseuchen – oder: Land mit gesunden Honigbienen

Es ist von entscheidender Bedeutung für die Gesundung der Honigbienen, dass die Lehrbienenstände, Hobby-Imkerinnen und -imker sowie geeignete Erwerbsimkereien ihre bisherige Imkerpraxis überdenken und beginnen, so viele Stressfaktoren wie möglich von den Bienen zu nehmen, indem sie neben der Nutzung von warmhaltigen Bienenbeuten oder Nutzung eines gedämmten Schiedes die artgerechte Honigbienenhaltung und artgerechte Wahlzucht mit dem Ziel der Resistenzbildung gegen *Varroa* und andere Erreger in den Blick nehmen und umzusetzen beginnen. Es geht aber nicht nur um die Gesundung der Honigbienen in Imkerhand und die Etablierung gesunder wild lebender Honigbienenvölker, sondern auch um die Erhaltung der Gesundheit der Wildbienen. Fürst et al. (2014) zeigen in ihrem Forschungsgebiet, dass überall da, wo infizierte Honigbienen vorkamen, auch infizierte Hummeln vorkamen. Eine Übertragung von virulenten Krankheitserregern wie dem Flügeldeformationsvirus von Honigbienen in Imkerhand auf Wildbienen wie in diesem Fall Hummeln sei sehr wahrscheinlich und könnte für den Rückgang dieser Art mit verantwortlich sein (Fürst et al., 2014). Wir müssen auch an die Nahrungskonkurrenz zwischen Wildbienen und Imkerbienen denken.

Ich möchte Sie, liebe Imkerinnen und Imker dazu anregen, neue Wege zu gehen und Ihre Methoden der Bienenhaltung von den Strategien der gesunden wild lebenden Honigbienen abzuschauen. Die zentralen Punkte, die wir von wild lebenden Honigbienen lernen können, sind:

- Verringerung der horizontalen Weitergabe von Krankheiten durch geringere Größe der Bienenstände und verflugsmindernde Aufstellung der Völker (Fries et al., 2001)
- Vermeiden des Austausches von Bienen und Brut zwischen Völkern (Fries et al., 2001)
- Vermeiden aller Verhaltensweisen, die das Abkoten in den Völkern oder das Zerdrücken von Bienen hervorruft (Fries et al., 2001)
- Ermöglichen des Schwärmens, wenn dies auch für Erwerbsimkereien praxisfern ist (Fries et al., 2001)
- Nachzucht von neuen Völkern ausschließlich von Völkern, die frei von klinischen Symptomen sind (Fries et al., 2001)
- Einschlagen von Schwärmen nie direkt auf Mittelwände oder ausgebaute Waben (Ritter, 2016)
- Erweiterung der Bienenwohnung nur im Einklang mit der Volksstärke (Ritter, 2016)

- Warmhaltige Bienenwohnungen, die in den Parametern der natürlichen Baumhöhle ähneln (Gerstung, 1902)
- Zuckerfütterung nur in Ausnahmefällen

Die Wege hin zu wirklich gesunden Honigbienen sind so unterschiedlich wie die Imkerinnen und Imker, die sie gehen. Es kann kein Entweder-Oder geben, sondern nur verschiedene Ziele. Für einige wird weiterhin der Honigertrag an erster Stelle stehen, für andere eine radikale Kehrtwende in Form der Umsetzung der Bond-Methode anstehen. Viele tasten sich langsam heran: Sie halten einige Völker in intensiver Bienenhaltung und einige in natürlicher, extensiver, wesensgemäßer oder behandlungsfreier Bienenhaltung. Sie behandeln mit Milbenvernichtungsmitteln oder/und nutzen die komplette Brutentnahme oder überlassen ihre Völker der natürlichen Selektion.

Ich denke, es ist an der Zeit, die Warnungen der frühen Bienenwissenschaftler endlich umzusetzen und nicht die immer gleichen Fehler wieder und wieder zu wiederholen. Wie können wir wirklich Tierwohl und echte Bienengesundheit mit unseren Wünschen nach Zusammensein mit den Honigbienen und dem Ernten von Honig in Einklang bringen? Der Weg, den ich vorschlage, wird ein langer und auch schmerzhafter sein, da wir immer wieder neu entscheiden müssen, welches Volk wirklich vital und gesund ist und welches nicht und dann auch die Konsequenzen ziehen müssen. Das Ergebnis aber lohnt sich: Wir werden uns in Zukunft mehr an der Tierethik orientieren und die besten Lebensbedingungen schaffen können, die Tiere in unserer Obhut auch verdienen. Wir halten gesunde Honigbienen und tragen dazu bei, der Natur und den Wäldern gesunde Honigbienen zurückzugeben. Ich habe ausgehend von den Studienergebnissen in diesem Buch Imkerpraktiken vorgestellt, die wir beenden sollten und Strategien, die Erfolg versprechen auf dem Weg, die Gesundheit und Vitalität unserer Honigbienen wiederherzustellen. Aus all diesen Informationen und den Warnungen berühmter Bienenwissenschaftlerinnen und -wissenschaftler habe ich versucht, die Grundlagen für eine neue, nachhaltige Imkerpraxis zu entwickeln.

Die Demeter©-Richtlinien sind im Moment die Richtlinien, die der Gesunderhaltung und der artgerechten Bienenhaltung am nächsten kommen; allerdings sind auch sie an einer wirtschaftlichen Betriebsweise ausgerichtet und gestatten (Bio-)Zuckerfütterung und Behandlung mit Säuren, sodass das Ideal einer tierethisch begründeten Bienenhaltung nicht wirklich erreicht werden kann. Meiner Ansicht nach zeichnen sich gesunde Tiere, auch Honigbienen, dadurch aus, dass sie ohne regelmäßig notwendige medikamentöse Behandlung gesund aus eigener

Kraft (über-)leben können. Honigbienen, die wir drei- bis viermal im Jahr gegen die Varroamilbe behandeln, sind nicht gesund! Gesundheit und damit ein starkes Immunsystem der Honigbienen können wir aber nur dann gewährleisten, wenn wir unsere Honigbienen wirklich bienengerecht halten. Dazu gehört auch, kranke Völker sterben zu lassen. Da wir die Honigbienen als Nutztiere halten möchten, können wir nicht jeden Stress vermeiden. Das Ziel aber muss sein, so viel wie möglich Stress zu vermeiden und die Honigbienen ihr bienengerechtes Leben so weit wie möglich leben zu lassen. Auch unser Nutztier Honigbiene möchte glücklich leben – soweit dies für ein von uns als Nutztier gehaltenes Wesen überhaupt möglich ist – und dafür können wir sorgen.

Die vorliegenden Vorschläge für den Weg hin zu einem art- und bienengerechten, behandlungsfreien Imkern legen den Grundstein für gesunde und widerstandsfähige Honigbienen, orientieren sich an den höchsten bienenethischen Grundsätzen und stellen Imkereiprodukte wie Honig, Wachs und Propolis von höchster Güte zur Verfügung. Diese Vorschläge werden aller Voraussicht nach zuerst von den Hobby-Bienenhalterinnen und Bienenhaltern umgesetzt werden und hoffentlich nicht viel später auch von Erwerbsimkereien. Die Produkte haben einen so hohen Wert, dass sie bessere Preise erzielen werden. Erstes Ziel aber ist neben der unbeschwerten Freude an der Bienenhaltung vor allem der Aufbau von widerstandsfähigen und gesunden Honigbienen – die, wenn sie als Schwarm in der freien Natur eine Höhle finden – bestmöglich für das Überleben vorbereitet und gerüstet sind. Auf diese Weise geben wir der Natur gesunde Honigbienen zurück und werden von ihr auch mit gesunden Honigbienen belohnt, wenn wir Schwärme aus dem Wald geschenkt bekommen.

Ist es nicht ein lohnenswertes Ziel, ein Land ohne Bienenseuchen zu werden? Dr. Beitz erinnerte seine Imker in der Imkerzeitschrift *Die Bienenpflege* 1927 (!) an eine Beobachtung, die uns allen Ansporn sein kann:

«Länder ohne Bienenseuchen. Wenn ich recht weiß, ist nicht nur Japan frei von Bienenseuchen, sondern auch ein europäisches Land, die Niederlande. Wie in der Provinz Hannover, ist in den Niederlanden die Korbbienenzucht noch weit verbreitet. (…) Die Erfahrung beweist nicht dafür, daß der bewegliche Bau, wie man es erwarten könnte, die Beherrschung der Bienenseuchen fördere. Es scheint, wie bei so viel anderem, hauptsächlich auf den Imker anzukommen.» (Beitz, 1927)

19 Die Grundlagen nachhaltigen Imkerns

Mit welcher Honigbiene imkern?

Am besten angepasst ist die jeweils einheimische Unterart. In Deutschland ist dies die Dunkle Biene *Apis mellifera mellifera*, in Österreich die Dunkle Biene und die Kärntner Biene *Apis mellifera carnica*, je in ihrem ursprünglichen Verbreitungsgebiet, und in der Schweiz die Dunkle Biene und in Teilgebieten die Italienische Biene *Apis mellifera ligustica*. Wo die jeweils einheimische Unterart ausgestorben ist, muss zur Wiederansiedlung auf ausländische Ressourcen zurückgegriffen werden. Viele Züchter züchten mittlerweile wieder Dunkle Bienen. Nachhaltig ist es, von Züchtern zu kaufen, die gesunde Dunkle Bienen halten und züchten, d. h. Honigbienen, die ohne Behandlung gegen Varroamilben gesund leben. Am besten kaufen wir gesunde Dunkle Bienen beim Züchter um die Ecke. Dort konnten sie sich gut an die lokalen Umweltbedingungen anpassen. Allerdings empfehle ich das Imkern mit der Dunklen Biene nur in Gegenden, in denen eine Vermischung mit anderen Unterarten bzw. mit der «Landbiene» vermieden wird. Das Genmaterial der Dunklen Biene ist so selten, dass eine Verkreuzung nicht verantwortbar ist.

Kommt das Imkern mit der jeweils einheimischen Honigbienen-Unterart nicht in Frage oder ist es nicht möglich, so imkern wir mit der «Landbiene», die eine Mischung aus Kärntner Biene und anderen Unterarten darstellt. Am besten angepasst sind Honigbienen der «Landbiene», die schon lange in einer Gegend gesund leben. Von diesen Schwärme zu erhalten, bietet die beste Grundlage für nachhaltiges Imkern.

Die einzige von Menschen gezüchtete Bienenrasse ist die Buckfast-Biene. Das Imkern mit dieser Honigbiene sollte aber nur in Gegenden erfolgen, in denen a) keine resistenten wilden Honigbienen der jeweils einheimischen Unterart leben, b) keine resistenten verwilderten, d. h. aus Imkerhand entkommenen Honigbienen der «Landbiene» leben, c) nicht schwerpunktmäßig die Haltung, Zucht und Betreibung von Belegstellen für die Dunkle Biene vorgenommen werden und d) keine Wiederansiedlungsprojekte für die Dunkle Biene oder die Kärntner Biene in ihren Ursprungsgebieten umgesetzt werden.

Abstände der Bienenvölker voneinander – Einzelaufstellung

Ein Kriterium für die Gesunderhaltung der Honigbienenvölker ist der Abstand der Honigbienenvölker voneinander. Je näher die Völker beieinanderstehen, desto häufiger fliegen Honigbienen von einem Volk in ein fremdes. Dieses Phänomen wird «Verflug» genannt. Auf diese Weise werden Krankheitserreger wie die Varroamilbe und verschiedene Viren schnell und leicht verbreitet. Der Verflug ist umso geringer, je weiter die Völker voneinander entfernt stehen.

Der Verflug wird bei 70 m Abstand zwischen zwei Völkern um 100 % reduziert, bei 20–30 m Abstand um 80 % und immerhin noch signifikant vermindert bei wenigstens 9 m Abstand. Eine nachweisbare Verminderung des Verfluges können Sie auch erreichen, wenn zwischen zwei Reihen von Beuten mindestens 18 m Abstand besteht.

Der Verflug kann auch durch das Design der Reihe vermindert werden, wie z. B. durch die Aufstellung in U-Form, V-Form oder S-Form oder dadurch, dass Beuten in Vierecken oder Kreisen aufgestellt werden oder dadurch, dass die Fluglöcher in verschiedene Richtungen zeigen. Farbige Tafeln über oder unter den Fluglöchern vermindern den Verflug ebenfalls.

Art und Dämmung der Bienenwohnung

Die in der Bienenhaltung verwendeten Bienenwohnungen (Beuten) sollten in ihren Eigenschaften den natürlichen Bienenwohnungen wie Baumhöhlen, Felsspalten oder Erdlöchern nachempfunden werden. Die wichtigste Eigenschaft der Höhlen ist die ausgeglichene Temperatur und relative Luftfeuchte und damit eine geringe Schwankungsbreite von Temperatur und relativer Luftfeuchte. Die Wände des Baumes sorgen dafür, dass extreme Spitzen von Temperatur und Luftfeuchtigkeit gekappt und damit abgefedert werden. Die Honigbienen stellen in allen Bereichen ihres Nestes verschiedenste Temperaturen und relative Luftfeuchten gradgenau ein. In dünnwandigen Beuten schlagen Temperatur und Luftfeuchte sofort bis in das Innerste des Bienennestes durch, was die Honigbienen dazu zwingt, diese Extremwerte mit hohem Energieaufwand aktiv zu regulieren. Diese Energie fehlt ihnen dann für andere Arbeiten, die der Gesundheit des gesamten Volkes dienen.

Die Auswertung der in früheren Zeiten benutzten Bienenwohnungen zeigt, dass in Gegenden mit ausgeglichenem Klima (warme Sommer, milde Winter) Klotzstülper, Rutenstülper, Strohbeuten und Tonröhren genutzt wurden und in Gegenden mit rauerem Klima (heißen Sommern, kalten Wintern) Klotzbeuten und doppelwandige Beuten. Die Nutzung von einfachwandigen Bretterbeuten galt schon den frühen Bienenforschern als ein Grund für die Zunahme von Krankheiten. Es gilt: Je besser die Beuten gedämmt sind und damit Temperaturspitzen der Außenluft abfedern, desto weniger Energie müssen die Honigbienen für die

Regulation von Temperatur und Luftfeuchtigkeit gerade in den Übergangszeiten im Herbst und im Frühling zusätzlich aufbringen. Honigbienen schließen im Herbst alle Ritzen, um Zugluft zu vermeiden. Außer einem Flugloch, welches häufig nur etwa 10 cm Breite und 1–2 cm Höhe aufweist oder rund ist mit einem Durchmesser von ca. 5–8 cm, weisen Baumhöhlen in der Regel keine weiteren Öffnungen auf. Offene Gitterböden und dünnwandige Deckel, wie sie meistens in der Bienenhaltung verwendet werden, sind Gift für das von den Honigbienen sorgsam austarierte Innenklima. Stressreduzierend sind neben doppelwandigen Beuten daher geschlossene Böden und gedämmte Deckel.

Einfachwandige Beuten können mit Kork nachträglich gedämmt werden. Die Nutzung eines mit Stroh oder Hanf gedämmten Schiedes ist bei größeren Beuten von Vorteil, um die Honigbienen warm zu halten. Wer nicht dämmen kann, sollte gerade in den Übergangszeiten im Herbst und im Frühling seine Beuten mit Dämmmaterial gut einpacken.

Wenn Sie Beuten aus Holz verwenden, rauen Sie die Bretter innen an oder verwenden Sie sägeraue Bretter; dies löst bei den Honigbienen den Reflex aus, die Innenwände zu propolisieren – Propolis schützt vor dem Ausbruch von Krankheiten.

Wenn Sie neue Beuten kaufen, suchen sie nach gut gedämmten Beuten und natürlichen Materialien.

Natürliche Baumhöhlen weisen keine Trennung von Brut- und Honigraum auf; ungeteilte Bienenwohnungen sind daher naturnäher als Beuten mit getrenntem Brut- und Honigraum.

Die Honigbienen bauen ihre Waben in der Natur selbst und das sollten sie auch in der Bienenhaltung tun dürfen. Wenn Sie Mittelwände nutzen, dann pestizidfreie.

Größe der Bienenwohnungen

Die Größe der künstlichen Bienenwohnungen sollte sich an den Größen der natürlichen Bienenwohnungen in freier Natur orientieren. Diese weisen durchschnittliche Volumina von 10–60 Litern auf. In dicht besiedelten Gebieten bietet das Imkern in kleinen Bienenbeuten die Möglichkeit, den neuen Weg einzuschlagen. Kleine Beutenvolumina erhöhen die Wahrscheinlichkeit, dass die Honigbienen einige ihrer Mechanismen zur Varroaresistenz umsetzen können, nämlich z. B. kleinere Völker, höhere Schwarmrate, besseres Hygieneverhalten, besseres varroasensitives Hygieneverhalten (VSH), Recapping usw. Die Gefahr, umliegende Bienenstände mit kranken Völkern zu belasten, ist dadurch wesentlich verringert. Zwei Mini-Plus-Zargen aus Holz weisen ein Volumen von gesamt ca. 16 l auf und entsprechen so in etwa der Größe einer Spechthöhle. Dämmen Sie die Beuten noch mit einer Korkwand von 10 cm Stärke (wenigstens aber 5 cm).

Jegliche Vermeidung der waagrechten Übertragung

Die wissenschaftlichen Erkenntnisse zeigen eindeutig, dass ein wesentlicher Weg hin zu gesunden Honigbienen die Vermeidung aller Weisen der horizontalen oder waagrechten Übertragungswege von Krankheitserregern darstellt. Sie vermeiden diese Wege, indem Sie folgende Punkte beachten:

- Kein Bienenhaus
- Keine Wanderung
- Abstände der Bienenbeuten voneinander müssen so weit wie möglich sein (siehe oben)
- Keine Ablegerbildung; keine Bildung von Sammelbrutablegern
- Keine Waben, Brut oder Honig von einem Volk in ein anderes geben
- Kein Vereinigen oder Verstärken von Bienenvölkern mit fremden Honigbienen
- Kranke Völker, die Zeichen von schwerem Nosemabefall, Milbenbefall oder klinische Symptome anderer Krankheiten zeigen, werden abgeschwefelt
- Stockmeisel oder sonstige Werkzeuge vor jedem Zugang in ein anderes Volk abflammen
- Eigene Gänsefeder für jedes Volk; regelmäßig erneuern
- Lagerung von Waben im Wabenkasten des Volkes, aus dem die Waben stammen

Anmerkung: Sobald die Völker wieder gesund sind, ist das Imkern mit Absperrgitter und maßvolle Ablegerbildung usw. auch wieder möglich, wie die Erfahrungen von Clive und Shan Hudson aus Wales uns zeigen.

Völkervermehrung

Honigbienen vermehren und verbreiten ihre Art ausschließlich durch den Prozess des Schwärmens, indem eine Königin mit einem Teil des Volkes die Bienenwohnung verlässt und sich einen neuen Wohnort sucht. Diese Honigbienenschwärme bilden seit Tausenden von Jahren die Grundlage der Bienenhaltung überhaupt. Mit einem Schwarm das Imkern zu beginnen ist die natürlichste Art des nachhaltigen Imkerns, und mit Bienenschwärmen den Bienenstand zu erweitern, bildet eine Grundlage für gesunde Honigbienen. Nur gesunde Honigbienen zu vermehren, sollte selbstverständlich werden.

Die Schwärme sollten Sie in eine Beute einlaufen lassen oder einlogieren und bei Bedarf mit etwas Honig füttern. Die Beute sollte nur mit Oberträgern oder leeren Rähmchen ausgestattet sein, damit sich der Schwarm wie in der Natur zur Schwarmtraube zusammenfinden kann.

Folgende Eingriffe sollten Sie nur vornehmen, wenn Sie in einem Imkerkurs schon Grundkenntnisse erworben haben:

- Einen Schwarm «vorwegzunehmen» ist nicht natürlich, aber naturnäher als die übliche Ablegerbildung. Der Zeitpunkt dazu ist gekommen, wenn ein Bienenvolk die ersten Weiselzellen angelegt hat. Dann fängt man die aktuell eierlegende Königin, gibt sie in ein Kästchen, und dieses in einen neuen Bienenkasten und schüttet einen Teil der Honigbienen aus dem Bienenvolk dazu.
- Folgende Praxis ist zwar nicht natürlich, kann aber zum Aufbau von resistenten und gesunden Honigbienenvölkern als Übergangspraxis hilfreich sein: Sie besorgen sich überzählige Schwarmzellen aus resistenten Völkern, fixieren sie in kleinen Kästchen (Mini-Plus, Apidea u. a.) und geben Bienen aus einem anderen gesunden Volk dazu. So sorgen Sie für den Aufbau von Ersatzvölkchen, die Sie nach und nach in größere Beuten umlogieren können.
- Wenn Sie übergangsweise einen Ableger bilden möchten, dann nur aus Völkern, die wenig oder gar keinen Milbenfall aufweisen und auch sonst gesund sind.
- Kranke Völker, die Zeichen von schwerem Nosemabefall, Milbenbefall oder klinische Symptome anderer Krankheiten zeigen, sollten abgeschwefelt werden.

Durchsicht des Bienenvolkes

In freier Natur werden Honigbienen höchstens durch Feinde wie Spechte oder Baummarder gestört, wissen sich aber gut zu verteidigen. Sind sie krank oder schwach, werden sie gefressen oder sterben von selbst. Die oft täglichen oder wöchentlich durchgeführten Eingriffe durch die Imkerinnen und Imker sind absolut widernatürlich. Jeder Eingriff zieht eine Störung und Disharmonie der von den Honigbienen exakt regulierten Temperatur- und Luftfeuchteverhältnisse nach sich. Die Bienen benötigen mehrere Stunden bis Tage, um auch nur minutenlang dauernde Eingriffe auszugleichen. Dieser Stress kann den Ausbruch von Krankheiten fördern oder die Heilung von bestehenden Krankheiten erheblich stören bis verhindern. Daher sollte eine Durchsicht am besten gar nicht oder nur zwei- bis dreimal pro Jahr erfolgen. In der Phase, in der das Imkern gelernt wird, bleibt eine häufigere Öffnung der Bienenbeute unvermeidlich; alle 2–3 Wochen sind wesentlich günstiger als alle 2–3 Tage. Wenn mit einem Schied gearbeitet wird, wird etwa alle 2–3 Wochen zur Erweiterung des Brutnestes die Beute geöffnet; das ist nicht schön, aber in diesem Fall unvermeidlich. In manchen Fällen kann es auch angezeigt sein, die Beute zur Begradigung von Waben bei Naturwabenbau im Rähmchen (Mobilbau) häufiger zu öffnen. Das Brutnest bleibt aber bei all diesen Eingriffen unangetastet und die Waben im Brutraum werden bei Nutzung von Rähmchen nicht umsortiert.

Die besten Bienenforscher beherrschten in früheren Zeiten eine fast vergessene Kunst, nämlich das Ablesen des Zustandes des Volkes durch Beobachtung am Flugloch und Interpretation des Gemülls auf der Holzwindel. Der berühmte Züchter der «Sklenar 47», Guido Sklenar, konnte am Flugbild vor der Beute erkennen, ob ein Volk drohnenbrütig oder buckelbrütig war, ob es krank war und um welche Krankheit es sich handelte. Diese Kunst sollte wieder erlernt werden.

Zuchtziele

In früheren Zeiten war es selbstverständliche Imkerpraxis, kranke Völker aufzulösen, also abzuschwefeln und damit zu töten. Es wurden nur Bienenvölker vermehrt, die bestimmte Kriterien erfüllten. Diese Kriterien wurden als Zuchtziele definiert. Die wichtigsten Zuchtziele waren und sollten wieder sein:

- Winterfutterselbstversorgung: Ein Volk muss in der Lage sein, für sich selbst genug Winterfutter zu sammeln, um ohne Zusatzfütterung den Sommer und den gesamten Winter gesund zu überleben. Kann es das nicht, ist es zur Vermehrung nicht geeignet. Eine Fütterung ist damit aber nicht ausgeschlossen. Sie sollte nur im Notfall durchgeführt werden und dann am besten mit Honig oder bei Nichtvorhandensein von eigenem Honig mit Enzymatischem Zuckersirup oder selbst hergestelltem Zuckerwasser.
- Winterfestigkeit: Ein Volk muss den Winter gut überleben. Liegen am Ende des Winters Tausende von Honigbienen tot auf dem Bodenbrett, so muss gut

abgewogen werden, ob das Volk wieder aufgebaut werden kann oder eher abgeschwefelt werden muss.

- Gesundheit: Völker, die dauerhaft gegen Krankheiten behandelt werden müssen, sind nicht gesund. Ungesunde Völker sollten grundsätzlich nicht vermehrt werden.
- Resistenz gegen *Varroa* und *Nosema:* Als wichtigste Aufgabe für die Zukunft sollte das Ziel von *varroa-* und nosemaresistenten Honigbienen angesteuert werden. Unterstützung aus den Landwirtschaftsbehörden könnte ein guter Antrieb sein. Als bewährte Methoden bieten sich in geeigneten Gegenden die Bond-Methode oder Soft-Bond-Methode unter Nutzung des Methodenhandbuchs der AGT an (siehe unten).
- Die Vitalität und Gesundheit eines Volkes ist immer höher zu bewerten als die Erhaltung eines kranken Einzelvolkes. Eine Behandlung kann im Notfall angezeigt sein, sollte aber kein Dauerzustand sein.

Auslese von varroaresistenten Honigbienen

Wir als Imkerinnen und Imker können keine Testung auf direktes VSH-Verhalten oder milbenunterdrückendes Resistenzverhalten durchführen, aber wir können den Milbenbefall und die grundsätzlichen Hygienefähigkeiten eines Volkes überprüfen. Die Auslese von Völkern auf Resistenz erfolgt über das Zählen der Milben auf der Windel oder das Erfassen der Milbenlast mithilfe der Puderzuckermethode. Das Methodenhandbuch der AGT liefert dazu die Anleitung. Es kann über www.toleranzzucht.de kostenlos heruntergeladen oder günstig als Buch erworben werden. Zudem können auch verbissene Milben und die Anzahl der durchsichtigen Antennen der Puppen auf der Windel gezählt werden, wie es Ron Hoskins (Hoskins, 2020) getan hat, und/oder die Anzahl der Varroamilben in den Brutzellen ermittelt werden, wie es Erik Österlund (Österlund, 2018) tut.

Drohnenschneiden ist letztlich keine Lösung, weil wir damit auch mögliche resistente Drohnen vernichten.

Völker, die gemäß der Vorgaben des Schadschwellenmanagements behandelt werden müssen, da sie hohe Milbenzahlen aufweisen, sollten abgetötet werden.

Völker, die mittelmäßig belastet sind, können ausnahmsweise behandelt werden, wenn sie ansonsten nachzuchtwürdige Merkmale aufweisen, sollten aber später umgeweiselt werden und zwar mit der Tochter einer Königin, die ihr Talent zur Resistenz zeigt oder schon bewiesen hat.

In sehr isolierten Gegenden kann eine Imkerin oder ein Imker oder ein ganzes Dorf die natürliche Selektion walten lassen, die die besten Erfolge für gesunde Honigbienenvölker bringt.

In dicht besiedelten Gebieten können Sie mit kleinen Beuten (ca. 16 l, entspricht zwei hölzernen Mini-Plus-Zargen) imkern und die Honigbienen dadurch anregen, ihre Resistenzmechanismen anzukurbeln. Siehe auch bei «Größe der Bienenwohnungen».

Honigentnahme

Honig ist für unsere Honigbienen Nahrung und Medizin zugleich. Das Belassen des Honigs ist für die Aufrechterhaltung bzw. die Wiedergewinnung der Gesundheit elementar. Aus diesem Grund sollte im Herbst nur wirklich überzähliger Honig entnommen werden, d. h. der Honig, den die Honigbienen nicht als Winterfutter benötigen. Da dies oft nicht wirklich beurteilt werden kann, bietet sich die Entnahme im Frühjahr kurz vor Beginn der Haupttracht an, also etwa ab April oder Mai. Klotzbeutenimker in Russland haben häufig das Flugloch in der Mitte der Klotzbeute angebracht und im Herbst nur den Honig, den die Honigbienen unterhalb des Brutnestes eingelagert haben, entnommen. Der Honig oberhalb des Brutnestes war als Winterfutter für die Bienen und die Brut bestimmt und blieb unangetastet.

Auflösen von kranken oder weisellosen Völkern

Wenn klinische Symptome an den Honigbienen oder im Volk sichtbar werden (z. B. massive Verkotung durch *Nosema,* Bienen mit verkrüppelten Flügeln, zitternde Bienen, rasche Abnahme der Anzahl Bienen im Volk), müssen diese Völker so aufgelöst werden, dass die Honigbienen sich nicht in andere Völker einbetteln und die Krankheit dorthin ausbreiten. Zur Not ist Abschwefelung nötig. Nur so kann die horizontale Verbreitung vermieden bzw. vermindert werden, die zu resistenten und aggressiven Erregern führen kann. Das Wabenwerk von sichtbar kranken Völkern muss vernichtet bzw. eingeschmolzen werden und die Werkzeuge und Beuten sind danach zu desinfizieren.

Krankheitsbehandlung

Die Behandlung gegen eine Erkrankung war bis vor wenigen Jahrzehnten nur als kurzfristige Maßnahme akzeptiert und durchgeführt. Jeder achtsame Imker war sich der Ausbreitung von Krankheiten durch kranke Völker bewusst und löste die Völker eher auf, als sie dauerhaft zu behandeln. Zu dieser Praxis sollten wir zurückkehren, wenn wir nachhaltig mit gesunden Honigbienen imkern möchten. Wenn eine Behandlung durchgeführt werden muss, sollten mechanische Mittel wie Bildung eines Kunstschwarmes, Käfigen der Königin oder die Entnahme und Vernichtung der Brut Vorrang vor dem Einsatz chemischer Mittel haben.

Fütterung

Honig ist Nahrung und Medizin zugleich. Eine Notfütterung sollte daher am besten mit eigenem Honig durchgeführt werden. Früher hatten die Imker nicht allen Honig genutzt oder verkauft, sondern einen Teil für solche Notzeiten in einer «Futtertonne» aufbewahrt. Diese Imkerpraxis könnte wieder reaktiviert werden. Ist kein Honig vorhanden, ist der Einsatz von enzymatischem Zuckersirup oder selbst hergestelltem Zuckerwasser im Verhältnis 3:1 oder 1:1 noch weniger schädlich als der Einsatz von Invertzuckersirup.

Rücksichtnahme auf Wildbienen und wild lebende Honigbienen

Wildbienen sind zum großen Teil extrem gefährdet. Sie sind auf die letzten naturnahen Sand- und Kalkmagerrasen und blütenreiche Wiesen angewiesen, um ihre Art zu erhalten. Wir können Wildbienen dadurch unterstützen, dass wir unsere Honigbienen nicht in Naturschutzgebiete oder allgemein in Gebiete stellen, die dem Schutz der Wildbienen, Schmetterlinge, Schwebfliegen etc. gewidmet sind. Da diese Insekten mit unseren Honigbienen in Imkerhand um die wertvollen Nahrungsstoffe Nektar und Pollen konkurrieren müssen, ist es Wildbienenschutz, die Bienenbeuten an anderen Stellen aufzustellen oder nur wenige Beuten dort aufzustellen. Da auch Krankheitserreger von Imkerbienen auf Wildbienen übertragen werden können, ist es Wildbienenschutz, die letzten Magerrasen den Wildbienen und anderen Wildinsekten zu überlassen.

In Gegenden, in denen Wiederansiedlungsprogramme mit einheimischen Honigbienen laufen, wie in Deutschland mit der Dunklen Biene *Apis mellifera mellifera*, ist es wichtig, seine Imkerbienen nicht in deren Nähe aufzustellen. In Wäldern, in denen viele verwilderte Honigbienen leben, empfiehlt es sich ebenfalls, seine Honigbienen nicht aufzustellen, um diese nicht zu gefährden.

Zeidlerei

Die Waldbienenzucht ist eine uralte Tradition. Sie wiederzubeleben ist gut. Dabei sollten allerdings einige Punkte beachtet werden. Zeidelhöhlen bieten neue Lebensräume für Honigbienen, werden aber auch Bestandteil des Ökosystems Wald und beeinflussen somit zum einen verwilderte Honigbienen, die schon im Wald leben, zum anderen auch andere Tierarten. Um diese nicht zu gefährden, sollten die Honigbienen in Zeidelhöhlen so nachhaltig wie möglich gehalten werden. Varroabehandlung und Zuckerfütterung führen zu anfälligeren Honigbienen, die Krankheiten auf wild lebende Honigbienen, Wildbienen und andere Arten übertragen können und müssen unterlassen werden. Für das Ökosystem Wald von Vorteil, für den Imker/die Imkerin von Nachteil wäre es, die Einfluglöcher so groß zu belassen, dass anderen Arten die Baumhöhlen auch zur Verfügung stünden. All diese Maßnahmen vermindern das Krankheitsrisiko für auf diese Art gehaltene Honigbienen, da sie der natürlichen Selektion ausgesetzt wären.

Ausblick

Diese Grundlagen bilden in allererster Linie ein Gerüst, an dem wir uns entlanghangeln können. Ich habe versucht, die großen Linien herauszuarbeiten, die in Zukunft zu einer nachhaltigen Imkerpraxis führen können. Wer sich angesprochen fühlt, möge dieses Gerüst mit praktischen Erfahrungen und Methoden füllen. Sie können sich gerne an mich wenden, um Ihre Erfahrungen, Misserfolge und Erfolge mit mir zu teilen. Wir werden daraus eine nachhaltige und im besten Sinne behandlungsfreie Imkerpraxis entwerfen und diese dann wiederum allen zur Verfügung stellen. Dazu möge dieses Buch seinen Beitrag leisten. Ich danke Ihnen sehr für Ihr Interesse und wünsche Ihnen jetzt viel Freude mit und an Ihren gesunden Honigbienen.

Literaturverzeichnis

Alber, M. 1953. Milbenseuche – woher und wohin? *Die Bienenzucht im Spiegel der Wissenschaft und der Praxis 5 (3).* 1953, S. 75–77.

Albrecht, G. und Wollkopf, P. 1990. *Rentierjäger und frühe Bauern: Steinzeitliche Besiedlung zwischen dem Bodensee und der Schwäbischen Alb.* Konstanz: Verlag Städtische Museen: Rosgartenmuseum, 1990.

Arbeitsgemeinschaft Toleranzzucht. 2013. *Methodenhandbuch, 2. Auflage.* Kirchhain: s.n., 2013.

Armbruster, L. 1939. Die Bejen und die Franken. Vom alteuropäischen Waldbienenfang und vom feudalen Imkern. *Archiv für Bienenkunde 20 – Heft 2/3.* 1939, S. 49–112.

—. 1939. Die Immen, die Schwaben und die Sachsen nebst Übersicht über die Betriebs- und Rechtsformen der altdeutschen Imkerei. *Archiv für Bienenkunde 20 – Heft 4/5.* 1939, S. 113–169.

—. 1933. Imkerei-Betriebsformen. I. *Archiv für Bienenkunde 14 (1).* 1933, S. 120.

—. 1960. Über alte Bienenzucht in Irland und Wales. *Archiv für Bienenkunde 37–42. Jg.* 1960, S. 39–48.

Bailey, L. 1964. The «Isle of Wight Disease»: The origin and significance of the myth. *Bee World 45 (1).* 1964, S. 32–37.

Bailey, L. 1968. Honey bee pathology. *Annual Review of Entomology 13.* 1968, S. 191–212.

Bailey, L. und Perry, J.N. 2001. The natural control of the tracheal mite of honey bees. *Experimental & Applied Acarology 25.* 2001, S. 745–749.

Bak, B. und Wilde, J. 2015. Grooming behavior by worker beees of various subspecies of honey bees to remove Varroa destructor mites. *Journal of Apicultural Research 54 (3).* 2015, S. 207–215.

Behrens, D. et al. 2011. Three QTL in the honey bee Apis mellifera L. suppress reproduction of the parasitic mite Varroa destructor. *Ecology and Evolution 1 (4).* 2011, S. 451–458.

Beitz 1927. Länder ohne Bienenseuchen. *Die Bienenpflege 40 (4).* 1927, S. 81.

Benazzi, S. et al. 2011. Early dispersal of modern humans in Europe and implications for Neanderthal behaviour. *Nature 479.* 2011, S. 525–528.

Berner, U. 1960. Einige Bemerkungen zum Lüneburger Imkerbeil. *Archiv für Bienenkunde 37–42. Jg.* 1960, S. 48.

—. 1920. Geschichte der Betriebsweisen der deutschen Bienenzucht in den Grundlinien. *Archiv für Bienenkunde 2.* 1920, S. 291–309.

Berthold, P. 2018. *Unsere Vögel – Warum wir sie brauchen und wie wir sie schützen können.* Berlin: Ullstein Buchverlage, 2018.

Bindseil 1942. Die Eingliederung unserer Wälder in den großdeutschen Lebensraum. *Deutscher Imkerführer 16 (3).* 1942, S. 31–32.

Blaser, M.J. 2017. *Antibiotika Overkill.* Freiburg im Breisgau: Herder Verlag, 2017.

Blume, D. 1996. *Schwarzspecht, Grauspecht, Grünspecht.* Heidelberg: Spektrum Akademischer Verlag, 1996.

Boecking, O. und Spivak, M. 1999. Behavioral defenses of honey bees against *Varroa jacobsoni* Oud. *Apidologie 30.* 1999, S. 141–158.

Borchert, A. 1930. *Die seuchenhaften Krankheiten der Honigbiene.* Berlin: Verlagsbuchhandlung Richard Schoetz, 1930.

Borchert, A. 1940. Das Bienenvolk als Organismus und seine Beeinflussung durch äußere und innere Schadumstände. Tierärztliche Wochenschrift 15

Bosch, T.C.G. 2017. *Der Mensch als Holobiont.* Kiel: Ludwig Verlag, 2017.

Böttcher, F.K. 1955. Bericht über die Tätigkeit der Bayerischen Landesanstalt für Bienenzucht Erlangen in den Jahren 1945 bis 1954. *Der Imkerfreund 10 (4).* 1955, S. 109–112.

Bramanti, B. et al. 2009. Genetic discontinuity between local hunter-gatherers and Central Europe's first farmers. *Science 326 (5949).* 2009, S. 137–140.

Brehm, A.E., Roßmäßler, E.A. 1867. *Die Thiere des Waldes – Zweiter Band: Die wirbellosen Thiere des Waldes.* Leipzig und Heidelberg: Winter'sche Verlagsbuchhandlung, 1867.

Brodschneider, R. und Crailsheim, K. 2010. Nutrition and health in honey bees. *Apidologie 41.* 2010, S. 278–294.

Bruder Adam. 1968. «Isle of Wight» or Acarine disease: its historical and practical aspects. *Bee World 49 (1).* 1968, S. 6–18.

—. 2002. *Meine Betriebsweise – Ertragreich imkern wie im Kloster Buckfast.* Stuttgart: Franckh-Kosmos-Verlag – 7. Auflage, 2002.

Bruder Adam, Herr Kehrle. 1953. Bienenzüchtung – Vortrag am 29.3.1953 in Hannover. *Deutschen Bienenwirtschaft 4.Jg. Nr. 5, Nr. 7, Nr. 8.* 1953.

Büchler, R., Berg, S. und Le Conte, Y. 2010. Breeding for resistance to Varroa destructor in Europe. *Apidologie 41.* 2010, S. 393–408.

Büchler, R. et al. 2014. The influence of genetic origin and its interaction with environmental effects on the survival of Apis mellifera L. colonies in Europe. *Journal of Apicultural Research 53 (3).* 2014, S. 205–214.

Burley, L.-M. 2007. The effects of Miticides on the reproductive physiology of honey bee (*Apis mellifera* L.) queens and drones. *Virginia Polytechnic Institute.* 2007, S. 83.

Carson, Rachel. *Der stumme Frühling.* München : Biederstein, 1962.

Castro, A. et al. 2010. Effects of paraffin incorporation in beeswax foundation on comb-building and brood survivorship in apis mellifera colonies. *Zootecnia Tropical 28 (3).* 2010, S. 353–361.

Chen, Y., Evans, J. und Pettis, J.S. 2008. Nosema ceranae is a long-present and wide-spread microsporidian infection of the European honey bee *(Apis mellifera)* in the United States. *Journal of Invertebrate Pathology 97 (2).* 2008, S. 186–188.

Currie, R. und Tahmasbi, G. 2008. The ability of high- and low-grooming lines of honey bees to remove the parasitic mite Varroa destructor is affected by environmental conditions. *Canadian Journal of Zoology 86 (9).* 2008, S. 1059–1067.

Dall'Olio, R. et al. 2007. Genetic characterization of Italian honeybees, Apis mellifera ligustica, based on microsatellite DNA. *Apidologie 38.* 2007, S. 207–217.

Danka, R.G. et al. 1995. A USDA-ARS project to evaluate resistance to Varroa jacobsoni by honey bees of far-eastern Russia. *American Bee Journal 135 (11).* 1995, S. 746–748.

de Capitani, A. et al. 2002. Die jungsteinzeitliche Seeufersiedlung Arbon / Bleiche 3 – Funde. [Hrsg.] Amt für Archäologie des Kantons Thurgau. *Archäologie in Thurgau – Band 11.* 2002.

De Mattos, I.M., De Jong, D. und Soares, A.E.E. 2017. Island population of European honey bees in Northeastern Brazil that have survived Varroa infestations for over 30 years. *Apidologie 47.* 2017, S. 818–827.

DeGrandi-Hoffman, G. et al. 2010. The effect of diet on protein concentration, hypopharyngeal gland development and virus load in worker honey bees (*Apis mellifera* L.). *Journal of Insect Physiology 56.* 2010, S. 1184–1191.

Deutscher Imkerbund. 1952. Anzeige für das Milbenbekämpfungsmittel Delacan. *Deutsche Bienenwirtschaft 3 (8).* 1952.

—. **1966.** Anzeige für das Nosemabekämpfungsmittel Nosemack. *Deutsche Bienenwirtschaft 17 (8).* 1966.

Di Pasquale, G. et al. 2013. Influence of pollen nutrition on honey bee health: do pollen quality and diversity matter? *PLoS ONE 8(8): e72016.https://doi.org/10.1371/journal.pone.0072016.* 2013.

Die Bienenpflege. 1932. Anzeige für Regina-Kunstwaben. *Die Bienenpflege 54 (3).* 1932.

Dietz, M. und Simon, O. 2008. Fledermäuse im Nationalpark Kellerwald-Edersee. Vom Arteninventar zur Zönosenforschung. *Forschungsberichte des Nationalparks Kellerwald-Edersee 1.* 2008, S. 87 S.

Doering. 1952. Wilde Völker. *Imkerfreund 7 (12).* 1952, S. 386-387.

Dormann, A. 1956. Biene und Wald. *Deutsche Bienenwirtschaft 7 (3).* 1956, S. 57–58.

Elsässer, J. 1903. *Bessler's illustriertes Lehrbuch der Bienenzucht – 3. Auflage.* Stuttgart und Berlin: W. Kohlhammer Verlag, 1903.

Engel, M. S. 1999. The taxonomy of Recent and fossil honey bees (Hymenoptera: Apidae; Apis). *Journal of Hymenoptera Research 8 (2).* 1999, S. 165–196.

Engelbrecht, T. und Köhnlein, C. 2020. *Virus-Wahn – Corona/COVID-19, Masern, Schweinegrippe, Vogelgrippe, SARS, BSE, Hepatitis C, AIDS, Polio.* Lahnstein: Emu-Verlag – 9. Auflage, 2020.

Erler, S. et al. 2014. Diversity of honey stores and their impact on pathogenic bacteria of the honeybees, Apis mellifera. *Ecology and Evolution 20 (4).* 2014, S. 3960–3967.

Evenius, J. 1952. Die Arbeitsgemeinschaft der Institute für Bienenforschung. *Deutsche Bienenwirtschaft 3 (11).* 1952, S. 222–224.

—. **1965.** Die Arbeitsgemeinschaft der Institute für Bienenforschung. *Deutsche Bienenwirtschaft.* 1965, S. 274–277.

Fewlass, H. et al. 2020. A 14C chronology for the Middle to Upper Palaeolithic transition at Bacho Kiro Cave, Bulgaria. *Nature Ecology & Evolution 4.* 2020, S. 794–801.

Fischer, F. 1938. Sind hohle Bäume Faulbrutherde? *Die Bienenpflege 60 (12).* 1938, S. 344–345.

Forfert, N. et al. 2015. Parasites and pathogens of the honeybee *(Apis mellifera)* and their influence on intercolonial transmission. *PLoS ONE 10 (10): e0140337.* 2015.

Francé-Harrar, A. *Die letzte Chance für eine Zukunft ohne Not.* München : Bayerischer Landwirtschaftsverlag, 1950.

Frank, R. 1997. Zur Dynamik der Nutzung von Baumhöhlen durch ihre Erbauer und Folgenutzer am Beispiel des Philosophenwaldes in Gießen an der Lahn. *Zeitschrift für Vogelkunde und Naturschutz in Hessen – Vogel und Umwelt 9.* 1997, S. 59–84.

Frey, E. et al. 2013. Activation and interruption of the reproduction of Varroa destructor is triggered by host signals (Apis mellifera). *Journal of Invertebrate Pathology 113 (1).* 2013, S. 56–62.

Fries, I. und Camazine, S. 2001. Implications of horizontal and vertical pathogen transmission for honey bee epidemiology. *Apidologie 32 (3).* 2001, S. 199–214.

Fries, I. et al. 1996. Nosema ceranae n.sp. (Microspora, Nosematidae), morphological and molecular characterization of a microsporidian parasite of the Asian Honey bee Apis cerana (Hymenoptera, Apidae). *European Journal of Protistology 32.* 1996, S. 356–365.

Fries, I., Imdorf, A. und Rosenkranz, P. 2006. Survival of mite infested (varroa destructor) honey bee (Apis mellifera) colonies in a nordic climate. *Apidologie 37 (5).* 2006, S. 564–570.

Fries, I., Lindström, A. und Korpela, S. 2006. Vertical transmission of American foulbrood (Paenibacillus larvae) in honey bees *(Apis mellifera). Veterinary Microbiology 114.* 2006, S. 269–274.

Fürst, M. et al. 2014. Disease associations between honeybees and bumblebees as a threat to wild polinators. *Nature 506.* 2014, S. 364–366.

Garnery, L., Cornuet, J.-M. und Solignac, M. 1992. Evolutionary history of the honey bee *Apis mellifera* inferred from mitochondrial DNA analysis. *Molecular Ecology 1 (3)* . 1992, S. 145–154.

Genersch, E. 2010. American foulbrood in honeybees and its causative agent, Paenibacillus larvae. *Journal of Invertebrate Pathology 193.* 2010, S. 510–519.

Gerstäcker, A. 1862. Über die geographische Verbreitung und die Abänderungen der Honigbiene nebst Bemerkungen über die ausländischen Honigbienen der alten Welt. *Mitteilungen aus dem Zoologischen Museum in Berlin III. Band – 1905–1908 – innerhalb eines Artikels von Buttel-Reepen.* 1862, S. 124–154.

Gerstung, F. 1902. *Das Grundgesetz der Brut- und Volksentwicklung des Biens.* Freiburg: P. Waetzel Verlag, 1902.

—. 1910. *Der Bien und seine Zucht – 4. Auflage.* Berlin: Fritz Pfennigstorff, 1910.

Gherman, B.I. et al. 2014. Pathogen-associated self-medication behavior in the honeybee *Apis mellifera. Behavioral Ecology and Sociobiology 68 (11).* 2014, S. 1777–1784.

Gilliam, M. 1997. Identification and roles of non-pathogenic microflora associated with honey bees. *FEMS Microbiology Letters 155.* 1997, S. 1–10.

Gontarski, H. 1952. Biologische Erkenntnisse als Grundlage der Betriebsweise. *Südwestdeutscher Imker 4 (11).* 1952, S. 342--347.

—. 1953. Biologische Grundlagen der Betriebsweise. *Deutsche Bienenwirtschaft 4 (10).* 1953, S. 217–221.

—. 1955. Erfahrungen mit der Nosemack-Behandlung im Frühjahr 1955. *Deutsche Bienenwirtschaft 6 (8).* 1955, S. nicht mehr nachvollziehbar.

Goodwin, R., Ten Houten, A. und Perry, H. 1994. Incidence of American foulbrood infections in feral honey bee colonies in New Zealand. *New Zealand Journal of Zoology Vol. 21.* 1994, S. 285–287.

Gramacho, K.P. et al. 1999. Influence of body fluid from pin-killed honey bee pupae on hygienic behavior. *Apidologie 30.* 1999, S. 367–374.

Grashen, O. 1892. Wanderungen in bayerischen Bergen – III. Auerhahnbalz im Bayerischen Walde. *Das Bayerland – Illustrierte Wochenschrift für bayerische Geschichte und Landeskunde 3 (31).* 1892, S. 366–368.

Gridland, J.M., Tsutsui, N.D. und Ramirez, S.R. 2017. The complex demographic history and evolutionary origin of the Western honey bee, *Apis mellifera. Genome Biology and Evolution 49 (2).* 2017, S. 457–472.

Grimm, J. und Grimm, W. 1854-1960. Deutsches Wörterbuch. [Online] 1854–1960. [Zitat vom: 2. Juli 2020.] Digitalisierte Version im Digitalen Wörterbuch der deutschen Sprache. https://www.dwds.de/wb/dwb/seidel.

Gruber, A. und Pauli, A. *Flechtwerk – auf den Spuren eines alten Handwerks mit Bind- und Flechtpflanzen.* [Hrsg.] Amt der Niederösterreichischen Landesregierung Abteilung Naturschutz. St. Pölten: s.n.

Günther, E., Hellmann, M. 1995. Die Entwicklung von Höhlen der Buntspechte (Picoides) in naturnahen Laubwäldern des nordöstlichen Harzes (Sachsen-Anhalt) – Ergebnisse mehr als zehnjähriger Untersuchungen zur Nutzung natürlicher Baumhöhlen. *Ornithologisches Jahrbuch Meuseum Heineanum 13.* 1995, S. 27–52.

Guzman-Novoa, E. et al. 2012. Genotypic variability and relationships between mite investation levels, mite damage, grooming intensity and removal of Varroa destructor mites in selected strains of worker honey bees (*Apis mellifera* L.). *Journal of Invertebrate Pathology 110 (3).* 2012, S. 314–320.

Haarmann, T. et al. 2002. Effects of fluvalinate and coumaphos on queen honey bees (Hymenoptera: Apidae) in two commercial queen rearing options. *Journal of Economic Entomology 95 (1).* 2002, S. 28–35.

Hallmann, C.A. et al. More than 75 % decline over 27 years in total flying insect biomass in protected areas. *PLoS One 12 (10): e0185809.* 2017

Han, F., Wallberg, A. und Webster, M. 2012. From where did the Western honeybee *(Apis mellifera)* originate? *Ecology and Evolution 2 (8).* 2012, S. 1949–1957.

Harbo, J.R. und Harris, J.W. 1999. Heritability in Honey Bees (Hymenoptera: Apidae) of characteristics associated with resistance to Varroa jacobsoni (Mesostigmata: Varroidae). *Journal of Economic Entomology 92 (2).* 1999, S. 261–265.

—. **1999.** Selecting honeybees for resistance to Varroa jabobsoni. *Apidologie 30 (2-3).* 1999, S. 183–196.

—. **2005.** Suppressed mite reproduction explained by the behavior of adult bees. *Journal of Apicultural Research 44 (1).* 2005, S. 21–23.

Harbo, J.R. und Hoopingarner, R.A. 1997. Honey bees (Hymenoptera: Apidae) in the United States that express resistance to Varroa jacobsoni (Mesostigmata: Varroidae). *Journal of Economic Entomology 90 (4).* 1997, S. 893–898.

Harris, J.W. 2007. Bees with Varroa Sensitive Hygiene preferentially remove mite infested pupae aged ≤ five days post capping. *Journal of Apicultural Research 46 (3).* 2007, S. 134–139.

Harris, J.W. und Harbo, J.R. 1999. Low sperm counts and reduced fecundity of mites in colonies of honey bees (Hymenoptera: Apidae) resistant to Varroa jacobsoni (Mesostigmata: Varroidae). *Journal of Economic Entomology 92 (1).* 1999, S. 83–90.

Harris, J.W., Danka, R.G. und Villa, J.D. 2010. Honey Bee (Hymenoptera: Apidae) with the trait of Varroa Sensitive Hygiene remove brood with all reproductive stages of Varroa mites. *Annals of the Entomological Society of America 103 (2).* 2010, S. 146–152.

Harris, J.W. et al. 2003. Variable Population Growth of Varroa destructor (Mesostigmata: Varroidae) in Colonies of Honey Bees (Hymenoptera: Apidae) During a 10-Year Period. *Environmental Entomology 32 (6).* 2003, S. 1305–1312.

Harvati, K. et al. 2019. Apidima cave fossils provide earliest evidence of Homo sapiens in Eurasia. *Nature 571.* 2019, S. 500–504.

Heaf, D. 2020. *http://www.dheaf.plus.com/warrebeekeeping/warre_experiment_heaf_2011.htm.* s.l.: http://www.dheaf.plus.com/, 2020.

Helldin, J.O. 2000. Seasonal diet of pine marten Martes martes in southern boreal Sweden. *Acta Theriologica 45 (3).* 2000, S. 409–420.

Hernández- Pacheco, E. 1924. *Las pinturas prehistóricas de las cuevas de la araña (Valencia) – Memoires Comisión de Investigaciones Paleontológicas y Prehistóricas.* Madrid: Museo nacional de ciencias naturales, 1924. S. 221. Bd. 34.

Herries, A. et al. 2020. Contemporaneity of Australopithecus, Paranthropus, and early *Homo erectus* in South Africa. *Science 368 (6486).* 3. April 2020.

Heßberg, von. 1953. Bienen im Fuchsbau. *Der Imkerfreund 8. Jg. Heft 6.* Juni 1953, S. 209.

—. **1954.** Vorwachshüllen bei freibauenden Schwärmen? *Der Imkerfreund 9. Jg. Heft 9.* September 1954, S. S. 310.

Himmer, A. 1927. *Der heutige Stand der Bienenseuchenforschung, Bienenzucht und Bienenforschung.* Neumünster: Karl Wachholtz, 1927.

Hofmann, K. 1904. *Die Bienenbrutpest oder Faulbrutkrankheiten.* Memmingen: Bayerischer Landesbienenzuchtverein (Hrsg.), 1904.

Honeybee Genome Sequencing Consortium. 2006. Insights into social insects from the genome of the honeybee Apis mellifera. *Nature 443.* 2006, S. 931–949.

Hoskins, R. 2020. *http://www.swindonhoneybeeconservation.org.uk/.* 2020.

Hublin, J.-J. et al. 2017. New fossils from Jebel Irhoud, Morocco and the pan-African origin of Homo sapiens. *Nature 546.* 2017, S. 289–292.

Hudson, C. und Hudson, S. 2019. 11 years of treatment free beekeeping. *The Welsh Beekeeper 206.* 2019.

—. 2020. per mail. 2020.

—. 2016. Varroa has Lost its Sting. *BBKA News Incorporating The British Bee Journal 223.* 2016, S. 429–431.

—. 2015. Wild honey bees of the Glaslyn Estuary, Snowdonia . *The Welsh Beekeeper 190.* 2015.

Hummel, A. 1952. Laßt Windeln sprechen. *Südwestdeutscher Imker 4 (2).* 1952, S. 44–45.

Ibrahim, A. und Spivak, M. 2006. The relationship between hygienic behavior and supression of mite reproduction as honey bee *(Apis mellifera)* mechanisms of resistance to Varroa destructor. *Apidologie 37.* 2006, S. 31–40.

Jensen, A.B. et al. Quantifying honey bee mating range and isolation in semi-isolated valleys by DNA microsatellite paternity analysis. *Conservation Genetics 6 (4).* S. 527–537.

Johnson, R., Pollock, H. und Berenbaum, M. 2009. Synergistic interactions between in-hive miticides in *Apis mellifera. Journal of Economic Entomology 102 (2).* 2009, S. 474–479.

Jordan, R. 1964. Imker, lasse Deine Bienen sich «gesund fliegen»! *Deutsche Bienenwirtschaft 15 (6).* 1964, S. 121–123.

Kaeser, W. 1951. Einige Untersuchungen zur Biologie der Innenmilbe. *Südwestdeutscher Imker 3 (11).* 1951, S. 318–319.

Kaeser, W. 1962. Biologie und Technik in der Imkerei. *Deutsche Bienenwirtschaft 13 (1).* 1962, S. 22–25.

Kefuss, J. et al. 1996. A practical method to test for disease resistance in honey bees. *American Bee Journal 136 (1).* 1996, S. 31–32.

Kefuss, J. et al. 2015. Selection for resistance to varroa destructor under commercial beekeeping conditions. *Journal of Apicultural Research 54.* 2015, S. 563–576.

Kegel, B. 2010. *Epigenetik – Wie Erfahrungen vererbt werden.* Köln: DuMont Buchverlag, 2010.

Kidner, J. und Moritz, R.F.A. 2015. Host–parasite evolution in male-haploid hosts: an individual based network model. *Evolutionary Ecology 29.* 2015, S. 93–105.

Klink 1954. Auslands-Rundschau mit dem Thema «Wildbienen und Krankheiten». *Südwestdeutscher Imker 6 (10).* 1954, S. 311.

Klose, H. 1925. Über Waldbienenzucht in Lithauen und einigen Nachbargebieten. *Abhandlungen der mathematisch-naturwissenschaftlichen Abteilung der Bayerischen Akademie der Wissenschaften – Supplement-Band 3. Teil.* 1925, S. 343–406.

—. 1929. Waldbienenzucht in den brandenburgischen Heiden. *Brandenburgisches Jahrbuch 4.* 1929, S. 67–81.

Kotthoff, U., Wappler, T., Engel, M.S. 2013. Greater past disparity and diversity hints at ancient migrations of European honey bee lineages into Africa and Asia. *Journal of Biogeography 40 (10).* 2013, S. 1832–1838.

Kramer, U. und Theiler, P. 1901. *Der Schweizerische Bienenvater – 5. Auflage.* Aarau: Im Selbstverlage der Verfasser, 1901.

Kraus, B und Velthuis, H.H.W. 1997. High Humidity in the Honey Bee (*Apis mellifera* L.) Brood Nest Limits Reproduction of the Parasitic Mite Varroa jacobsoni Oud. *Naturwissenschaften 84.* 1997, S. 217–218.

Kraus, B, Velthuis, H.H.W. und Tingek, S. 1998. Temperature profiles of the brood nests of *Apis cerana* and *Apis mellifera* colonies and their relation to varroosis. *Journal of apicultural research 37.* 1998, S. 175–181.

Kraus, B. und Velthuis, H. 1997. High humidity in the honey bee (*Apis mellifera* L.) brood nest limits reproduction of the parasitic mite Varroa jacobsoni Oud. *Naturwissenschaften 84.* 1997, S. 217–218.

Kurze, C., Routtu, J. und Moritz, R.F.A. 2016. Parasite resistance and tolerance in honeybees at the individual and social level. *Zoology 119 (4).* 2016, S. 290–297.

Küster, H. 2013. *Geschichte des Waldes – Von der Urzeit bis zur Gegenwart (3. Auflage).* München: Verlag C. H. Beck, 2013.

Landesfachgruppe Imker «Donauland». 1941. Einkreisung der Milbenseuche. *Der Donauland-Imker 52 (8).* 1941, S. 153.

Landesverband Bayerischer Imker. 1963. Anzeige für das Nosemabekämpfungsmittel Fumidil B. *Der Imkerfreund 18 (3).* 1963, S. 99.

Le Conte, Y., Arnold, G. und Desenfant, P. 1990. Influence of Brood Temperature and Hygrometry Variations on the Developement of the Honey Bee Ectoparasite Varroa jacobsoni. *Environmental entomology 19 (6).* 1990, S. 1780–1785.

Le Conte, Y., Ellis, M. D., Ritter, W. 2010. Varroa mites and honey bee health: can Varroa explain part of the colony losses? *Apidologie 41 (3).* 2010, S. 353–363.

Le Conte, Y. et al. 2007. Honey bee colonies that have survived varroa destructor. *Apidologie 38.* 2007, S. 566–572.

Lehzen, G. H. 1880. *Die Hauptstücke aus der Betriebsweise der Lüneburger Bienenzucht.* Hannover: s.n., 1880.

Levin, C.G. und Collison, C.H. 1990. Broodnest temperature differences and their possible effect on drone brood production and distribution in honeybee colonies. *Journal of apicultural research 29.* 1990, S. 35–45.

Lipsitch, M., Siller, S. und Nowak, M. 1996. The evolution of virulence in pathogens with vertical and horizontal transmission. *Evolution 50 (5).* 1996, S. 1729–1741.

Lipton, B. H. und Bhaerman, S. 2014. *Spontane Evolution.* Burgrain: KOHA-Verlag GmbH, 2014.

Lipton, B.H. 2018. *Intelligente Zellen – Wie Erfahrungen unsere Gene steuern.* Dorfen: KOHA-Verlag; 4. erweiterte Auflage, 2018.

Locke, B. 2015. Natural varroa mite-surviving Apis mellifera honeybee populations. *Apidologie 47.* 2015, S. 467–482.

Locke, B. und Fries, I. 2011. Characteristics of honey bee colonies *(Apis mellifera)* in Sweden surviving Varroa destructor infestation. *Apidologie 42.* 2011, S. 533–542.

Locke, B. et al. 2012. Acaricide treatment affects viral dynamics in Varroa destructor-infected honey bee colonies via both host physiology and mite control. *Applied and Environmental Microbiology 78 (1).* 2012, S. 227–235.

Locke, B. et al. 2012. Host adaptations reduce the reproductive success of Varroa destructor in two distinct European honey bee populations. *Ecology and Evolution 2 (6).* 2012, S. 1144–1150.

Locke, B., Forsgren, E. und de Miranda, J.R. 2014. Increased tolerance and resistance to virus infections: a possible factor in the survival of varroa destructor-resistant honey bees *(Apis mellifera). PLoS ONE 9 (6): e99998. d.* 2014.

Loftus, J.C., Smith, M.L. und Seeley, T.D. 2016. How honey bee colonies survive in the wild : testing the importance of small nests and frequent swarming. *PLoS ONE 11 (3): e0150362.* 2016.

Lutzner, H. und Birklein, L. 1955. Auszug aus dem Bericht über die Tätigkeit des Deutschen Imkerbundes e.V. 1954/55. *Deutsche Bienenwirtschaft 6 (9).* 1955, S. 193–208.

Maaßen, A. 1908. *Über die unter dem Namen «Faulbrut» bekannten seuchenhaften Bruterkrankungen der Honigbiene.* Berlin: Verlagsbuchhandlungen Paul Paren und Julius Springer, 1908.

Mager, F. 1936. Erinnerungen eines Weidmannes. *Vierteljahrsschrift für Sozial- und Wirtschaftsgeschichte 29.* 1936.

Medici, S. et al. 2012. The concentration effect of selected acaricides present in beewax foundation on the survival of Apis mellifera colonies. *Journal of Apicultural Research 51 (2).* 2012, S. 164–168.

Meixner, M. D. et al. 2011. The honey bees of Ethiopia represent a new subspecies of *Apis mellifera – Apis mellifera simensis* n. ssp. *Apidologie 42 (3).* 2011, S. 425–437.

Menold, H. 1951. Erfüllen unsere Belegstellen voll und ganz die ihnen zugedachte Aufgabe? *Südwestdeutscher Imker 3. Jg. Nr. 6.* 1951, S. S. 165.

Mentzer, J. 1951. Die gefährlichste Bienenkrankheit – die Milbenseuche. *Südwestdeutscher Imker 3 (2).* 1951, S. 32–33.

—. 1950. Milbenseuche und ihre Bekämpfung. *Südwestdeutscher Imker 2 (3).* 1950, S. 69–71.

Mikheyev, A. S. et al. 2015. Museum samples reveal rapid evolution by wild honey bees exposed to a novel parasite. *Nature communications 6.* 2015, S. 1–8.

Mirjanic et al. 2013. Impact of different feed on intestine health of honey bees. *http://www.apimondia.com/congresses/2013/Biology/Symposia/Impact%20Of%20Different%20Feed%20On%20Intestine%20Health%20Of%20Honey%20Bees%20-%20Goran%20Mirjanic.pdf.* [Online] 2013. Kyiv, Ukraine.

Mittl, S. 2017. *Apis mellifera* und das Bundesnaturschutzgesetz (BNatSchG) der BRD – Ist die Art Apis mellifera (Westliche Honigbiene) ein Wildtier und welche Folgen hätte das für Gesetzgebung und Artenschutz? – 2. überarbeitete Fassung. *https://bienen-dialoge.de.* Oktober 2017, S. 9 S.

—. 2019. Die Reinzuchtbelegstellen der Stämme der Dunklen Biene *Apis mellifera mellifera* und der Kärntner Biene *Apis mellifera carnica* zwischen 1934 und 1945 und die Geschichte der Zucht in dieser Zeit mit Ausblick in die Zeit danach – Teil 1. *https://bienen-dialoge.de.* 2019, S. 32.

—. 2019. Ein bisher kaum beachteter Mosaikstein im Ökosystem Wald: Die wild lebende Honigbiene *Apis mellifera* und die Rolle von Spechten und Pilzen für ihr Überleben. *https://bienen-dialoge.de.* 2019, S. 33.

—. 2017. Varroa-resistente und gesunde Honigbienen – Plädoyer und Argumente für eine artgerechte Honigbienenhaltung und -zucht. *https://bienen-dialoge.de.* Februar 2017, S. 20.

Molan, P.C. 1992. The antibacterial activity of honey. 1. The nature of the antibacteriel activity. *Bee World 73.* 1992, S. 5–28.

Mondet, F. et al. 2016. Specific cues associated with honey bee social defense against Varroa destructor infested brood. *Scientific Reports 6 (Artikelnr.: 25444).* 2016, S. 1–8.

Mordecai, G.J. et al. 2015. Superinfection exclusion and the long-term survival of honey bees in varroa-infested colonies. *The ISME Journal .* 2015, S. 1–10.

Morgenthaler, O. 1932. Ein Jahrzehnt Milbenkrankheit der Honigbiene – Entdeckung, Erforschung und Bekämpfung eines Seuchen-Erregers. *Zeitschrift für angewandte Entomologie 19 (3).* 1932, S. 449–489.

Moritz, R.F.A. et al. 2007. The size of wild honeybee populations *(Apis mellifera)* and its implications for the conservation of honeybees. *Journal of Insect Conservation 11.* 2007, S. 391–397.

Naumann, J. A. 1901. *Naturgeschichte der Vögel Mitteleuropas – neu bearbeitet.* Gera-Untermhaus: Köhler Verlag, 1901. (Hrsg.) Dr. Carl R. Hennicke.

Naumann, J. F. Beleuchtung der Klage: Über Verminderung der Vögel in der Mitte von Deutschland. [Hrsg.] F. A. L. Thienemann. *Rhea: Zeitschrift für die gesammte Ornithologie 2.* 1849, S. 131–144.

Nell, A. et al. 1999. A review of the eurasian fossil species of the bee Apis. *Palaeontology 42 (2).* 1999, S. 243–285.

Nietzsche, Friedrich. *Kritische Studienausgabe Bd. 12.* München : dtv/de Gruyter, 1980.

Oddie, M. et al. 2018. Rapid parallel evolution overcomes global honey bee parasite. *Scientific reports 8: 7704.* 2018, S. 1–9.

Oddie, M.A.Y., Dahle, B. und Neumann, P. 2018. Reduced postcapping period in honey bees surviving Varroa destructor by means of natural selection. *Insects 9 (4): 149.* 2018.

Oddie, M.A.Y., Dahle, B. und Neumann, P. 2017. Norwegian honey bees surviving Varroa destructor mite infestations by means of natural selection. *PeerJ 5:e3956.* 2017.

Oken, L. 1835. *Allgemeine Naturgeschichte für alle Stände – Band 5.* Stuttgart: Hoffmann'sche Verlagsbuchhandlung, 1835.

Österlund, E. 2018. Elgon bee – breeding resistance. [Online] 2018. [Zitat vom: 24. November 2020.] http://www.elgon.es/resistancebreeding.html.

Panek, N. und Sperber, G. 2019. *Wildnis, Rothirsch, Fichtenforst – Aldo Leopold und das «Deutsche Problem».* Vöhl-Basdorf: Ambaum-Verlag, 2019.

Panziera, D., Van Langevelde, F. und Blacquière, T. 2017. Varroa sensitive hygiene contributes to naturally selected varroa resistance in honey bees. *Journal of Apicultural Research 56 (5).* 2017, S. 635–642.

Pfeiffer, K. und Crailsheim, K. 1998. Drifting of honeybees. *Insectes Sociaux 59.* 1998, S. 151–167.

Pohl, P. und Rutschmann, B. 2018. The neglected bee trees: European beech forests as a home for feral honey bee colonies. *PeerJ 6: e4602.* 2018.

Pollmann, A. 1889. *Werth der verschiedenen Bienenracen und deren Varietäten, bestimmt durch Urtheile namhafter Bienenzüchter – zweite vermehrte Auflage.* Leipzig: Verlag von Hugo Voigt, 1889.

Pott, R. 1993. *Farbatlas Waldlandschaften: ausgewählte Waldtypen und Waldlandschaften unter dem Einfluß des Menschen.* Stuttgart: Ulmer Verlag, 1993.

Ramsey, S. D. et al. 2019. Varroa destructor feeds primarily on honey bee fat body tissue and not hemolymph. *Proceedings of the National Academy of Sciences 116 (5).* 2019, S. 1792–1801.

Rangel, J. et al. 2016. Prevalence of Nosema species in a feral honey bee population: a 20-year survey. *Apidologie 47.* 2916, S. 561–571.

Rheinheimer, O. 1952. *Anleitung zur zeitgemäßen Bienenzucht.* Leipzig: Hachmeister & Thal; 1. und 2. Auflage, 1952.

Rinderer, E.T. et al. 2001. Resistance to the parasitic mite varroa destructor in honey bees from far-eastern russia. *Apidologie 32.* 2001, S. 381–394.

Ritter, W. 2016. *Bienen gesund erhalten – 2. überarbeitete und erweiterte Auflage.* Stutgart: Ulmer Verlag, 2016.

—. 2016. http://www.diebiene.de. [Online] 22. April 2016. [Zitat vom: 1. November 2016.] http://www.diebiene.de/05/2016-erweiterung-hygiene.

—. 1981. Varroa disease of the honeybee Apis mellifera. *Bee world 62 (4).* 1981, S. 141–153.

—. 2016. Vortrag: Gute imkerliche Praxis als Voraussetzung für gesunde Bienenvölker. *Mittelfränkischer Imkertag der BIV Mittelfranken. Private Mitschrift der Verfasserin.* 2016.

—. April 2016. Wie halten Sie's mit Schwärmen? *ADIZ – Allgemeine Deutsche Imkerzeitung.* April 2016, S. 7–9.

Ritter, W. 2014. Vortrag: «30 Jahre Varroa-Milbe». *Bienenkonferenz 2014.* Wien: s.n., April 2014.

Roffet-Salque, M. et al. 2015. Widespread exploitation of the honeybee by early Neolithic farmers. *Nature 527.* 2015, S. 226–230.

Rolle, M. und Mayr, A. 2006. *Medizinische Mikrobiologie, Infektions- und Seuchenlehre – 8. überarbeitete Auflage.* Stuttgart: Enke-Verlag, 2006.

Rosenkranz, P. Bienen in der Kulturlandschaft – Tagung des Bundesministerium für Ernährung und Landwirtschaft. Nürnberg : Private Mitschrift der Autorin, 2016.

Rosenkranz, P., Aumeier, P. und Ziegelmann, B. 2010. Biology and control of Varroa destructor. *Journal of Invertebrate Pathology 103.* 2010, S. 96–119.

Rothenbuhler, W.C. 1964. Behaviour genetics of nest cleaning in honey bees. I. Responses of four inbred lines to disease-killed brood. *Animal Behaviour 12.* 1964, S. 578–583.

Royce, A. et al. 1991. Reduction of tracheal mite parasitism of honey bee by swarming. *Philosophical Transactions of the Royal Society of London. Series B, Biological Sciences 331.* 1991, S. 123–129.

Royce, L.A. et al. 1993. Infestation of tracheal mites (Acari: Tarsonimidae) in feral and managed colonies of honey bees (Hymenoptera: Apidae). *Journal of Economic Entomology 86 (3).* 1993, S. 712–714.

Ruppertshofen, H. 1982. *Der Wald summt – Waldimkerei und Waldhygiene.* München: Ehrenwirth-Verlag, 5. Auflage, 1982.

Ruttner, F. und Hänel, H. 1992. Active defense against Varroa mites in a Carniolian strain of honeybee (Apis mellifera carnica Pollmann). *Apidologie 23.* 1992, S. 173–187.

Ruttner, F. 1996. *Zuchttechnik und Zuchtauslese bei der Biene.* München: Ehrenwirth-Verlag, 7. Auflage, 1996.

Ruttner, F. 1992. *Naturgeschichte der Honigbienen.* München: Ehrenwirth-Verlag, 1992.

Ruttner, H. 1977. Die Milbe Varroa jacobsoni Oudem., ein neuer Bienenparasit. *Anzeiger Schädlingskunde, Pflanzenschutz, Umweltschutz 50.* 1977, S. 165–169.

Ruttner, F. 1973. Drohnen von Apis cerana Fabr. auf einem Drohnensammelplatz. Apidologie, Springer Verlag, 4 (1), S. 41–44.

Ruttner, H., Ruttner, F. 1966. Untersuchungen über die Flugaktivität und das Paarungsverhalten der Drohnen. 3. Flugweite und Flugrichtung der Drohnen. *Zeitschrift für Bienenforschung 8.* 1966, S. 332–354.

Sachs, H. 1955. Milbenseuche – ihre biologische und chemische Bekämpfung. *Südwestdeutscher Imker 7 (11).* 1955, S. 232–234.

Scherzinger, W. 2011. Der Wald als Lebensraum der Vogelwelt. *Wald – Biotop und Mythos.* Wien: Böhlau-Verlag, 2011. S. 27–154.

Schier, B. 1939. *Der Bienenstand in Mitteleuropa.* [Hrsg.] H. Harmjanz und E. Röhr. Leipzig: Hirzel-Verlag, 1939. Bde. Volkstumsgeographische Forschungen In Verbindung mit dem Atlas der deutschen Volkskunde – Band 2.

Schmid-Hempel, P. 2011. *Evolutionary parasitology: the integrated study of iinfections, immunology, ecology and genetics.* Oxford: Oxford University Press, 2011.

Schöning, C. et al. 2012. Evidence for damage-dependent hygienic behaviour towards Varroa destructor-parasitised brood in the western honey bee, Apis mellifera. *Journal of Experimental Biology 215 (2).* 2012, S. 264–271.

Schulz-Langner, E. 1957. Die Rolle des Ventiltrichters (Proventriculus) bei der Resistenz der Honigbiene gegen die bösartige Faulbrut. *Zeitschrift für Bienenforschung 3 (10).* 1957, S. 234–237.

—. 1958. Über das Vorkommen hoher Körpertemperaturen bei der Honigbiene mit entwicklungshemmender Wirkung auf den Parasiten Nosema apis (Zander). *Zeitschrift für Bienenforschung 4 (4).* 1958, S. 67–86.

Schweizer, P. 2015. Klimatische Faktoren beeinflussen die Reproduktion der Varroa. *Schweizerische Bienenzeitung.* November 2015, S. 14–16.

Sedwick, C. 2008. What Killed the Woolly Mammoth? *PLoS Biol 6(4): e99. https://doi.org/10.1371/journal.pbio.0060099.* 2008.

Seeley, T.D. 2014. *Bienendemokratie – Wie Bienen kollektiv entscheiden und was wir davon lernen können.* Frankfurt a.M.: S. Fischer Verlag, 2014.

—. **2017.** Darwinian beekeeping: An evolutionary approach to apiculture. *American bee journal 157 (3).* 2017, S. 277-282.
—. **2017.** Life-history traits of wild honey bee colonies living in forests around Ithaca, NY, USA. *Apidologie 48.* 2017, S. 743–754.
Seeley, T. D. und Morse, R. 1976. The nest of the honey bee (Apis mellifera L.). *Insectes Sociaux 23 (4).* 1976, S. 495–512.
Seeley, T. D. und Smith, M. 2015. Crowding honeybee colonies in apiaries can increase their vulnerability to the deadly ectoparasite varroa destructor. *Apidologie 46 (6).* 2015, S. 716–727.
Seeley, T. D., Camazine, S. und Sneyd, J. 1991. Collective decision-making in honey bees: how colonies choose among nectar sources. *Behavioral Ecology and Sociobiology 28.* 1991, S. 277–290.
Seeley, T. D. et al. 2015. A survivor population of wild colonies of european honeybees in the northeastern United States: investigating its genetic structure. *Apidologie 46 (5).* 2015, S. 654–666.
Seeley, T. D. 2007. Honey bees of the Arnot Forest: a population of feral colonies persisting with Varroa destructor in the northeastern United States. *Apidologie 38.* 2007, Bd. 38, 1, S. 19–29.
Semaw, S. et al. 2020. Co-occurrence of Acheulian and Odowan artifacts with Homo erectus cranial fossils from Gona, Afar, Ethiopia. *Science Advances 6 (10).* 4. März 2020.
Sheppard, W. S. und Meixner, M. D. 2003. *Apis mellifera pomonella*, a new honey bee subspecies from Central Asia. *Apidologie 34.* 2003, S. 367–375.
Sikora, Luis G. 2008. Entwicklung von Schwarzspechthöhlen im östlichen Schurwald zwischen 1997 und 2007. *Ornithologisches Jahrbuch Baden-Württemberg 24.* 2008, S. 1v19.
Simone, M., Evans, J.D. und Spivak, M. 2009. Resin Collection And Social Immunity in Honey Bees. *Evolution 63 (11).* 2009, S. 3016–3022.
Simone-Finstrom, M. et al. 2017. Propolis counteracts some threats to honey bee health – review. *Insects 8 (46).* 2017, S. 20.
Singer, H.J., van Praagh, J.P. und Paulus, H.F. 2019. Interactions between honeybees and varroa mites influenced by cell sizes and hygienic behaviour. *Entomologia Generalis 38 (3).* 2019, S. 255–273.
Singh, S. (1957) Acarine disease in the Indian honey bee (Apis indica F.). Indian Bee J 19, 27–28. 1957. Acarine disease in the Indian honey bee (Apis indica F.). *Indian Bee Journal 19.* 1957, S. 27–28.
Sklenar, G. 1948. *Imkerpraxis – 6. Auflage.* Wien: s.n., 1948.
Smithonian Institution. 2020. Smithonian National Museum of Natural History. *What does it mean to be human? Homo erectus.* [Online] 27. Juni 2020. https://humanorigins.si.edu/evidence/human-fossils/species/homo-erectus.
Sperber, G. 1968. Die Reichswälder bei Nürnberg – aus der Geschichte des ältesten Kunstforstes -. *Mitteilungen aus der Staatsforstverwaltung Bayerns 37.* 1968, S. 179 S.
Spiess, C. F. 1955. Folbex hilft sicher gegen die Milbenseuche – Anzeige. *Deutsche Bienenwirtschaft 6 (4).* 1955, S. 152.
Spivak, M. und Reuter, G.S. 2001. Resistance to American foulbrood disease by honey bee colonies *Apis mellifera* bred for hygienic behavior. *Apidologie 32.* 2001, S. 555–565.
—. **2001.** Varroa destructor infestation in untreated honey bee (Hymenoptera: Apidae) colonies selected for hygienic behavior. *Journal of Economic Entomology 94 (2)l.* 2001, S. 326–331.
Spivak, M., Reuter, G. und Swenson, D. 2001. A sustainable approach to controlling Varroa mites of honey bees – Final Report. *Sustainable Agriculture Research & Education.* 2001, S. 13.
Stabentheiner, A. 2005. Individuelle und soziale Thermoregulation der Honigbiene. *Entomologica Austriaca 12 – Österr. Ent. Ges. (ÖEG).* 2005, S. 13–22.

Stabentheiner, A. et al. 2003. Endothermie heat production in honeybee winter clusters. *The Journal of Experimental Biology 206.* 2003, S. 353–358.
Stabentheiner, A., Kovac, H. und Brodschneider, R. 2010. Honeybee colony thermoregulation – regulatory mechanisms and contribution of individuals in dependence on age, location and thermal stress. *PLoS ONE 5 (1).* 2010, S. 13 S.
Stamets, P. et al. 2018. Extracts of polypore mushroom mycelia reduce viruses in honey bees. *Scientific Reports Volume 8:13936.* 2018, S. 8 S.
Stautner, ? 1889. Beiträge zur Geschichte der Bienenzucht insbesondere der Bienenzucht in Bayern – I. Zur älteren Geschichte oder Aus der älteren Zeit bis 1845. *34. Wanderversammlung deutscher und österreich.-ungar. Bienenzüchter in Regensburg.* 1889, S. 1–20.
Steche, W. 1961. Der Eiweisshaushalt des Bienenvolkes und die Nosematose der Honigbiene. *Zeitschrift für Bienenforschung 5 (6).* 1961, S. 145–176.
Steiner, R. 1923. Mensch und Welt. Das Wirken des Geistes in der Natur – Über das Wesen der Bienen . *Nachbemerkung zum Bienenvortrag von Herrn Müller – 10. Nov. 1923.* Bibl.-Nr. 351: Rudolf Steiner Nachlass-Verwaltung, 1923.
Stoeckhert, F. K. 1933. Die Bienen Frankens. *Beiheft der Deutschen Entomologischen Zeitschrift Jahrgang 1932.* 1933, S. 294 S.
Storch, H. 2012: Am Flugloch. Europäische Bienenzucht Ausgaben, 12. Auflage
Taschenberg, E. L. und Schmidt, O. 1869. *Illustriertes Thierleben – Band 6 – Wirbellose Thiere – Insekten, Tausendfüßler, Spinnenthiere.* [Hrsg.] A. E. Brehm. Hildburghausen: Verlag des Bibliographischen Institutes, 1869.
Tautz, J. 2015. *Die Suche nach der Zukunft der Imkerei.* [Befragte Person] Jürg Vollmer. 12. August 2015.
Thür, J. 1946. *Bienenzucht – Naturgerecht, einfach und erfolgssicher.* Wien: Selbstverlag, 1946.
Tribe, G. et al. 2017. Firewalls in bee nests – survival value of propolis walls of wild Cape honeybee (Apis mellifera capensis). *The Science of Nature 104 (29).* 2017.
van Alphen, J.J.M und Fernhout, B.J. 2020. Natural selection, selective breeding, and the evolution of resistance of honeybees *(Apis mellifera)* against Varroa. *Zoological Letters 6 (6).* 2020.
Vásquez, A. und Olofsson, T. 2011. The honey crop – the holy grail when antibiotics fail? *Microbiology today.* November 2011, S. 226–229.
Vásquez, A. et al. 2012. Symbionts as major modulators of insect health: lactic acid bacteria and honeybees. *PLoS ONE 7 (3): e33188.* 2012.
Vasquez, A., Olofsson, T. und Sammataro, D. 2009. A scientific note on the lactic acid bacterial flora in honeybees in the USA – A comparison with bees from Sweden. *Apidologie 40.* 2009, S. 26–28.
Vásquez, A. et al. 2012. Symbionts as Major Modulators of Insect Health: Lactic Acid Bacteria and Honeybees. *PLoS ONE 7(3): e33188.* 2012.
von Berlepsch, A. 1860. *Die Biene und die Bienenzucht in honigarmen Gegenden und dem gegenwärtigen Standpunct der Theorie und Praxis.* Mühlhausen in Thüringen: Verlag der Friedrich Heinrichshofenschen Buchhandlung, 1860.
von Berlepsch, H. 1929. *Der gesamte Vogelschutz – 12. Auflage.* Neudamm: Verlag Neumann, 1929.
von Buttel-Reepen, H. 1905-1908. Apistica – Beiträge zur Systematik, Biologie sowie zur geschichtlichen und geographischen Verbreitung der Honigbiene (*Apis mellifera* L.), ihrer Varietäten und der übrigen Apis-Arten. 1905-1908, S. 117–201.
—. 1915. *Leben und Wesen der Bienen.* Braunschweig: Friedr. Vieweg & Sohn, 1915.
Wagner, M. 1895. *Das Zeidelwesen und seine Ordnung im Mittelalter und in der neueren Zeit.* München: Inaugural-Dissertation Kgl. Bayerische Ludwigs-Maximilians-Universität zu München, 1895.

Wallberg, A. et al. 2014. A worldwide survey of genome sequence variation provides insight into the evolutionary history of the honeybee Apis mellifera. *Nature Genetics 46 (10).* 2014, S. 1081–1088.

Wallner, W. 1986. *Imker-Praxis – Das Grundwissen für die Bienenwirtschaft.* Wien: Verlagsunion Agrar, 1986.

Wedmore, E. 1954. Wildlebende Bienenvölker und Krankheiten. *Die Bienenzucht 7 (5).* 1954, S. 139.

Weiß, K., Böttcher, F.K. und Mautz, D. 1976. Die Tätigkeit der Bayerischen Landesanstalt für Bienenzucht Erlangen im Jahre 1975. *Der Imkerfreund 31 (3).* 1976, S. 66–76.

Weiß, K., Mautz, D. und Schaper, F. 1977. Die Tätigkeit der Bayerischen Landesanstalt für Bienenzucht Erlangen im Jahr 1976. *Der Imkerfreund 32 (3) – Sonderdruck.* 1977, S. 66–79.

Wheeler, M.M. und Robinson, G.E. 2014. Diet-dependent gene expression in honey bees: honey vs. sucrose or high fructose corn syrup. *https://www.nature.com/articles/srep05726.* [Online] 2014. [Zitat vom: 11. Juli 2015.]

Whitfield, C.W. et al. 2006. Thrice out of Africa: ancient and recent expansions of the honey bee, Apis mellifera. *Science 314 (5799).* 2006, S. 642–645.

Wilson, A.B. et al. 2013. Metabolomics reveals the origins of antimicrobial plant resins collected by honey bees. *PLoS ONE 8 (10): e77512.doi:10.1371/journal.pone.0077512.* 2013, S. 13.

Witzgall, J. (Hrsg.). 1898. *Das Buch von der Biene.* Stuttgart: Ulmer Verlag, 1898.

Wohlgemuth, E. 1957. Mehrzweckbeute. *Deutsche Bienenwirtschaft 8 (4).* 1957, S. 61–63.

Wohlgemuth, R. 1957. Die Temperaturregulation des Bienenvolkes unter Regeltheoretischen Gesichtspunkten. *Zeitschrift für vergleichende Physiologie (40).* 1957, S. 119–161.

Zahner, V. 2001. Strategie zum Vogelschutz im Bayerischen Wald – Zukunft oder Auslaufmodell. *Abh. Ber. Mus. Heineanum 5 – Sonderheft.* 2001, S. 23–29.

Zander, Enoch. 1916. Bericht über die Tätigkeit der K. Anstalt für Bienenzucht im Jahr 1915. *Landwirtschaftliches Jahrbuch für Bayern 2, 6.Jg.* 1916, S. 100–122.

—. 1916. Bericht über die Tätigkeit der K. Anstalt für Bienenzucht im Jahre 1915. *Landwirtschaftliches Jahrbuch für Bayern 6 (2).* 1916, S. 94–122.

—. 1915. Bericht über die Tätigkeit der K. Anstalt für Bienenzucht in Erlangen im Jahre 1914. *Zeitschrift für angewandte Entomologie II 1.* 1915, S. 168–212.

—. 1926. Bienenkrankheiten. *Erlanger Jahrbuch für Bienenkunde Band 4.* 1926.

—. 1910. *Die Faulbrut und ihre Bekämpfung – Handbuch der Bienenkunde in Einzeldarstellungen Band I.* Stuttgart: Verlagsbuchhandlung Eugen Ulmer, 1910.

—. 1916. Die volkswirtschaftliche Bedeutung und künftige Entwicklung der deutschen Bienenzucht. *Landwirtschaftliches Jahrbuch für Bayern 6 (2).* 1916, S. 123–167.

—. 1944. *Die Zucht der Biene – Handbuch der Bienenkunde in Einzeldarstellungen Band V .* Stuttgart: Eugen Ulmer Verlag, 6. neubearbeitete Auflage, 1944.

—. 1950 . *Immen und Imkerei – 2. Auflage.* Stuttgart: Ulmer Verlag, 1950 .

—. 1947. *Krankheiten und Schädlinge der erwachsenen Bienen – Handbuch der Bienenkunde in Einzeldarstellungen Band II – 5. Auflage.* Stuttgart: Ulmer Verlag, 1947.

Zohary, D., Hopf, M. und Weiss, E. 2012. *Domestication of plants in the Old World – The origin and spread of domesticated plants in Southwest Asia, Europe, and the Mediterranean Basin.* New York – 4. Auflage: Oxford University Press, 2012.

Bildnachweis

Der folgende Bildnachweis bezieht sich auf die Fotos, die jeweils zu Beginn eines Kapitels abgedruckt sind. Die Bildnachweise der übrigen Abbildungen sind jeweils am Ende der entsprechenden Bildlegende zu finden.

S. 18: © Jenny Cullinan, Kap-Biene *Apis mellifera capensis;* S. 26: © Jan Gutzeit, Dunkle Biene *Apis mellifera mellifera;* S. 46: © Vincent Albouy, wild lebendes Volk der *Apis mellifera* in einem Mauerwerk; S. 58: © Wolfgang Schwarz, Schwebfliegen gehören neben den Wildbienen und der Honigbiene zu den wichtigsten Bestäubern; S. 66: © Roland Sachs, Altes Bienenhaus mit Korb- und Strohbeuten; S. 84: © Roland Sachs, Honigbienen am Flugloch einer Gruibert-Beute; S. 92: © Wolfgang Schwarz, wild lebende Honigbienen in einer Spechthöhle; S. 98: © Markus Bollen, die Made einer Honigbienenkönigin wird von Ammenbienen gepflegt und gefüttert; S. 102: © Wolfgang Schwarz, Honigbienen überlegen, ob sie in eine Beute einziehen; S. 122: © Wolfgang Schwarz, Honigbiene kehrt vom Pollen sammeln zurück; S. 130: © Wolfgang Schwarz, Honigbienen holen Wasser; S. 148: © Roland Sachs, Honigbiene an einer Blüte; S. 156: © Marco Warstat, Honigbiene an einer Sal-Weide; S. 166: © Markus Bollen, Naturwabenbau ist auch mit Rähmchen möglich; S. 202: © Wolfgang Schwarz, Honigbiene kehrt vom Sammelflug zurück; S. 240: © Wolfgang Schwarz, wild lebende Honigbienen im Baum; S. 244: © Wolfgang Schwarz, Honigbienen im Naturwabenbau; S. 250: © Marco Warstat, Honigbiene an einer Schlehe; S. 254: © Wolfgang Schwarz, Honigbienenschwarm hat einen Naturwabenbau in einer Warré-Beute errichtet.

Register

I

J

K

Y

Z

Raum für Notizen